电机与电气控制技术

（第2版）

主　编　袁维义　杨静芬　陈　锐

副主编　高　南　马智浩　张金红　何　扬

参　编　王菲菲　李建荣

主　审　王　松

北京理工大学出版社
BEIJING INSTITUTE OF TECHNOLOGY PRESS

内 容 简 介

本书是根据高职高专电气自动化专业人才培养规格要求，以"强化应用，注重实践，符合行业企业需求，紧密结合生产实际，跟踪先进技术"为原则编写的。

全书共 10 章，主要内容包括变压器、直流电机、直流电动机的电力拖动、三相异步电动机、三相异步电动机的电力拖动、驱动和控制电机、常用低压电器、导线的选择与连接、电气识图、基本电气控制线路等。

本书参考维修电工国家职业标准相关部分，以电机及电气控制技术在实际生产中的应用为编写依据，在内容选择上结合目前我国大、中型企业实际情况，简化了一些与电机实际应用关联不大的理论分析和计算，突出基本知识与操作技能的培养，并总结了一些从业人员在实际工作中常见故障的分析和处理方法。

本书可作为高职高专、高等工科学校等电气自动化技术专业、机电一体化专业、工业机器人技术专业及相关专业的教材，也可作为职工培训教材。

图书在版编目（CIP）数据

电机与电气控制技术／袁维义，杨静芬，陈锐主编.
--2版. --北京：北京理工大学出版社，2021.6
ISBN 978-7-5682-9970-1

Ⅰ.①电… Ⅱ.①袁…②杨…③陈… Ⅲ.①电机学
-高等职业教育-教材②电气控制-高等职业教育-教材
Ⅳ.①TM3②TM921.5

中国版本图书馆 CIP 数据核字（2021）第 129125 号

出版发行／北京理工大学出版社有限责任公司
社　　址／北京市海淀区中关村南大街5号
邮　　编／100081
电　　话／（010）68914775（总编室）
　　　　　（010）82562903（教材售后服务热线）
　　　　　（010）68944723（其他图书服务热线）
网　　址／http：//www.bitpress.com.cn
经　　销／全国各地新华书店
印　　刷／唐山富达印务有限公司
开　　本／787毫米×1092毫米　1/16
印　　张／15.75　　　　　　　　　　　　　　责任编辑／陈莉华
字　　数／382千字　　　　　　　　　　　　　文案编辑／陈莉华
版　　次／2021年6月第2版　2021年6月第1次印刷　责任校对／周瑞红
定　　价／68.00元　　　　　　　　　　　　　责任印制／施胜娟

Foreword 前言

Foreword

本书是根据高职高专电气自动化专业人才培养规格要求，以"强化应用，注重实践，符合行业企业需求，紧密结合生产实际，跟踪先进技术"为原则编写的。

本书以培养高级应用型人才为目标，以技能培养为出发点，结合电机与电气控制技术在实际生产中的应用，在内容选择上结合目前我国大、中型企业实际情况，简化了一些与电机实际应用关联不大的理论分析和计算，突出基本知识与操作技能的培养，并总结了一些从业人员在实际工作中常见故障的分析和处理方法。

本书以工作任务为导向设计教学项目和实施步骤，通过一个个完整的项目学习，使学生掌握课程任务目标的各项知识和技能，有利于教学实施。

本书以能够胜任电气岗位相关工作任务为目标精选课程内容，内容包括变压器、直流电机、直流电动机的电力拖动、三相异步电动机、三相异步电动机的电力拖动、驱动和控制电机、常用低压电器、导线的选择与连接、电气识图、基本电气控制线路。

本书可作为高职高专自动化类和机电一体化专业教材，也可作为职工培训教材。全书共分10章，由河北工业职业技术学院袁维义、杨静芬、陈锐、高南、马智浩、张金红等，承德应用技术职业学院何扬、石家庄工程技术学校李建荣、河北鑫达钢铁集团王松共同编写。编写分工如下：绪论由袁维义编写，第2、3章由陈锐、何扬编写，第4、5、7章由杨静芬编写、第1章由马智浩编写，第9章由高南编写，第6章由张金红编写，第10章由王松编写，第8章由王菲菲编写，李建荣参与了部分章节的编写工作。本书由袁维义、杨静芬、陈锐担任主编，高南、马智浩、张金红、何扬担任副主编，王菲菲、李建荣参编了部分章节。全书由袁维义统稿，由河北鑫达钢铁集团王松担任主审。

在本书编写过程中石家庄焦化集团有限责任公司刘泽军、吕建忠两位高级工程师和程彦军、李建波两位高级技师，河北科技大学庞志峰、韩育两位教授以及河北钢铁集团石家庄钢铁有限责任公司刘海涛、陈明两位工程师提出了许多宝贵的意见和建议，在此表示衷心的感谢。

由于编写时间紧迫，编者水平有限，书中缺点和错误之处在所难免，敬请广大读者批评指正。

编　者

目录

Contents

绪　论

0.1　电机及电力拖动系统概述

0.1.1　电机

历经百年的发展,电机的应用领域已非常广泛。电机是生产、传输、分配及应用电能的主要设备,是国民经济中主要的耗电"大户"。目前我国工业能耗约占总能耗的 70%,其中电机能耗占工业能耗的 60%~70%。在现代化生产过程中,电力拖动系统则是实现各种生产工艺过程必不可少的传动系统,是生产过程电气化、自动化的重要前提。

电机是利用电磁感应原理工作的机械,它应用广泛,种类繁多,性能各异。电机的分类方法也很多,常用的分类方法主要有两种:一种是按功能用途分,可分为发电机、电动机、变压器和控制电机四大类。发电机将机械能转换为电能;电动机将电能转换为机械能,是国民经济各部门应用较多的动力机械,也是主要的用电设备;变压器的作用是将一种电压等级的电能转换为另一种电压等级的电能;控制电机主要用于信号的变换与传递,在各种自动化控制系统中作为多种控制元件使用,如国防工业、数控机床、计算机外围设备、机器人和音像设备等均大量使用控制电机。另一种是按电机的结构或转速分,可分为变压器和旋转电机。变压器为静止不旋转电机。根据电源电流不同,旋转电机又分为直流电机和交流电机两大类,交流电机又分为同步电机和异步电机两类。

综合以上两种分类方法,电机分类如图 0.1 所示。

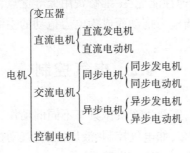

图 0.1　电机分类

0.1.2　电力拖动

用电动机作为原动机来拖动生产机械运行的系统,称为电力拖动系统。按照电动机的种类不同,电力拖动系统分为直流电力拖动系统和交流电力拖动系统两大类。电力拖动系统包括电动机、传动机构、生产机械、控制设备和电源五个部分,它们之间的关系如图 0.2 所示。

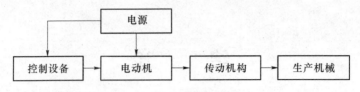

图 0.2　电力拖动系统各部分之间的关系

电动机把电能转换成机械能,通过传动机构把电动机的运动经过中间变速或变换运动方式后传给生产机械,驱动生产机械工作。生产机械是执行某一生产任务的机械设备,是电力拖动的对象。控制设备由各种控制电机、电器、电子元件及控制计算机等组成,用于控制电动机的运动,从而实现对生产机械运动的自动控制。为了向电动机及控制设备供电,电源是不可缺少的部分。

由于电力拖动具有控制简单、调节性能好、损耗小、经济、能实现远距离控制和自动控制等一系列优点,因此大多数生产机械均采用电力拖动。

纵观电力拖动的发展过程,交、直流两种拖动方式并存于各个生产领域。在交流电出现以前,直流电力拖动是唯一的一种电力拖动方式。19 世纪末期,由于研制出了经济实用的交流电动机,交流电力拖动在工业中得到了广泛的应用。但随着生产技术的发展,特别是精密机械加工与冶金工业生产过程的进步,对电力拖动在启动、制动、正反转以及调速精度与范围等静态特性和动态响应方面的应用提出了新的、更高的要求。由于交流电力拖动比直流电力拖动在技术上难以实现这些要求,所以 20 世纪以来,在可逆、可调速与高精度的拖动技术领域中,相当时期内几乎都采用直流电力拖动,而交流电力拖动则主要用于恒转速系统。

20 世纪 60 年代以后,随着电力电子技术的发展,半导体变流技术的交流调速系统得以实现。尤其是 20 世纪 70 年代以来,大规模集成电路和计算机控制技术的发展为交流电力拖动的广泛应用创造了有利条件。例如,交流电动机的串级调速、各种类型的变频调速、无换向器电动机调速等,使得交流电力拖动逐步具备了宽的调速范围、高的稳态精度、快的动态响应速度,以及在四象限可逆运行等良好的技术性能,在调速性能方面完全可与直流电力拖动相媲美。由于交流电力拖动具有调速性能优良、维修费用低等优点,现已广泛地应用于各个工业电气自动化领域,并逐步取代直流电力拖动而成为电力拖动的主流。

0.2　电气控制

不同产品的生产工艺不同,需要生产机械具有不同的动作,这就要求对拖动机械设备的电动机进行控制。控制方法有很多,如电气控制、液压控制、气动控制和机械控制等,多种控制方法也可以配合使用,但以电气控制应用最为普遍。

电气控制由手动控制逐步向自动控制方向发展,手动控制是利用刀开关、按钮等手动控制电器,由操作人员操作来实现电动机的启动、停止或正反转等动作;自动控制是利用自动装置来控制电动机,操作人员只是发出信号,以监视生产机械的运行状况。

随着科学技术的进步,生产工艺越来越复杂,对电气控制的要求也越来越高,控制方法由手动控制向手动控制与自动控制并存,进而达到全自动控制。控制功能从简单到复杂,控制技术从单机到群控,推动了生产技术的不断更新和高速发展。各种控制装置像雨后春笋不断出现,从可编程控制器、单片计算机、工业控制计算机到计算机群控系统,即直接数控系统等,使自动控制系统的水平不断提高。

电气控制技术的发展是伴随着社会生产规模不断扩大、生产水平不断提高而不断发展的,同时电气控制技术的发展又促进了社会生产力的进一步提高。尽管自动化水平越来越高,但就我国目前多数企业来讲,继电器控制仍然非常普遍,故本书对这方面的内容向读者做了介绍。

0.3　本课程的性质、任务和内容

本课程是工业自动化、电气自动化、供用电技术和机电一体化等专业的一门专业基础课。它是将"电机学""电力拖动""控制电机"和"工厂电气控制设备"等课程有机结合而成的一门课程,在整个专业课程体系中起着承上启下的作用。

本课程的任务是使学生掌握变压器、交直流电机及控制电机的基本结构和工作原理,以及电力拖动系统的运行性能、分析计算、电机选择及试验方法和电气控制技术,为学习后续课程和今后的工作准备必要的基础知识。本书强化了交直流电机和变压器的运行维护和故障处理等方面的内容,培养学生在电机及电气控制方面分析和解决问题的能力,为学生参加工作后能尽快适应岗位要求打下良好的基础。

电机及电气控制课程在学生专业素质结构中的主要作用表现在以下几个方面。

(1) 通过层次性循序渐进的学习过程,使学生克服对枯燥的本课程知识、难理解的相关概念的畏惧感,激发学生的求知欲,培养学生敢于克服困难、终生探索的兴趣。

(2) 通过电机、拖动及控制方法的学习与技能训练,让学生掌握电机的应用,了解电机控制的基本知识与发展,从而使学生在未来的工作实践中能够把握该项技术的发展和应用趋势,更好地服务其专业工作。

(3) 通过该课程各项实践技能的训练,使学生经历基本的工程技术工作过程,学会使用相关先进技术工具从事生产实践,形成尊重科学、实事求是、与时俱进、服务未来的科学态度。

(4) 通过对电机及控制方法的认识和深刻领会,以及教学实训过程中创新方法的训练,培养学生独立分析问题、解决问题和技术创新的能力,使学生养成良好的思维习惯,掌握基本的思考与设计方法,在未来的工作中敢于创新、善于创新。

(5) 通过对电机、控制自身的深入认识,以及对其发展历史、相关边缘学科现状和水平的了解,使学生明确电气技术与其他专业技术领域的关系;使学生明白掌握好电机及电气控制技术可以更好地为其他专业技术服务,同样也可以借鉴其他学科专业的最新成果促进电机及控制技术的发展;也使学生更加关心相关技术的发展和应用动态,关注其给生活和生产带来的进步和产生的问题,树立正确的科学观。

0.4　课程目标

电机及电气控制课程的目标是通过电机的理论、应用、电气控制方法、电气控制系统的构成和设计方法的学习,让学生成为一名电机及控制技术方面的应用型技术人才。本课程的总目标如下。

（1）在学习电机及其控制技术的过程中培养学生独立思考、钻研探索的兴趣,在平时学习实践中不断获取成就感、满足感和兴奋感,并引发他们对后续课程中涉及的更先进的控制方法和系统的学习热情和渴望。

（2）通过学习基本的电机基础理论和电气控制基础知识,使学生具备收集和处理信息的能力、获取新知识的能力、综合运用所学知识分析和解决问题的能力,形成良好的思维习惯、工作方法和科学态度,在未来的工作岗位上有能力进一步学习新技术、解决新问题。

（3）通过层次性的技能训练,使学生具备初步的电机及其控制系统的维护、设计和推广能力,具备运用和开发先进技术来解决电机及其控制系统的思想和潜力。

（4）培养学生既具有独立思考的能力,又具有团队精神,以掌握系统工程方法,善于团结协作,共同完成技术问题。

（5）培养学生关注相关学科的发展动态,紧跟技术发展前沿,终生适应科技发展水平,树立创新意识,培养创新精神。

0.5 本课程的特点及学习方法

电机及电气控制既是一门理论性很强的技术基础课,又是一门具有专业课性质的课程,涉及的基础理论和实际知识面广,是电学、磁学、动力学、热学等学科知识的综合,理论性较强。当用理论分析各种电机及拖动的实际问题时,必须结合电机的具体结构、采用工程观点和工程分析方法。基本理论以够用为度,重在培养学生的应用能力和分析解决实际问题的能力,实践性较强。鉴于以上原因,为学好电机及电气控制这门课程,学习时应注意以下几点。

（1）从实际应用出发,抓主要矛盾,有条件地略去一些次要因素,找出问题的本质。

（2）要抓住重点,牢固掌握基本概念、基本原理、主要特性和典型的控制方法。

（3）要有良好的学习方法,可运用对比或比较的学习方法,找出各种电机的共性和特点,以加深对各种电机及拖动系统性能和原理的理解。

（4）学习时要理论联系实际,重视试验、实训和下厂实践。

（5）提倡多种教学形式,如讲授、讨论、现场教学、实训和网上查询、搜集资料等,以提高学生的学习兴趣,及时了解相关技术的最新动态。

第 1 章

...

变压器

【本章目标】

知道变压器的结构和工作原理；

能够读懂变压器铭牌；

知道变压器的运行特性；

知道三相变压器的连接组别；

知道变压器并联运行的条件；

知道自耦变压器的用途与结构特点以及电压、电流关系；

学会仪用互感器的安装，并知道使用注意事项；

知道电焊变压器的结构和外特性；

能够维护电力变压器；

能够分析处理变压器运行中的常见故障。

现代化生产和生活离不开电，而电力传输及获得各种等级的电压更离不开变压器。变压器是一种静止的电器，它通过线圈间的电磁感应作用可以把一种电压等级的交流电能转换成同频率的另一种电压等级的交流电能。

变压器按用途可分为：输配电用的电力变压器，包括升、降压变压器等；供特殊电源用的特种变压器，包括电焊变压器、整流变压器、电炉变压器、中频变压器等；供测量用的仪用变压器，包括电流互感器、电压互感器、自耦变压器（调压器）等；用于自动控制系统的小功率变压器；用于通信系统的阻抗变压器等。

1.1 变压器的基本工作原理和结构

1.1.1 变压器的基本工作原理

变压器是利用电磁感应原理工作的，图1.1所示为单相双绕组变压器工作原理示意。变压器的主要部件是一个铁芯和套在铁芯上的两个绕组，这两个绕组具有不同的匝数且互相绝缘，两绕组间只有磁的耦合而没有电的联系。其中，接于电源侧的绕组称为原绕组或一次绕组；接于负载侧的绕组称为副绕组或二次绕组。

若将绕组 1 接到交流电源上，绕组中便有

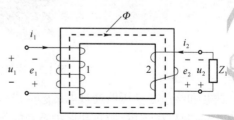

图1.1 单相双绕组变压器工作原理示意

交流电流 i_1 流过，在铁芯中产生与外加电压 u_1 相同频率且与原、副绕组同时交链的交变磁通 Φ，根据电磁感应原理，分别在两个绕组中感应出同频率的电动势 e_1 和 e_2：

$$e_1 = -N_1 \frac{\mathrm{d}\Phi}{\mathrm{d}t} \tag{1.1}$$

$$e_2 = -N_2 \frac{\mathrm{d}\Phi}{\mathrm{d}t} \tag{1.2}$$

式中，N_1 为原绕组匝数；N_2 为副绕组匝数。

若把负载接于绕组 2，在电动势 e_2 的作用下就能向负载输出电能，即电流 i_2 将流过负载，实现电能的传递。

由式(1.1)和式(1.2)可知，原、副绕组感应电动势与各自绕组的匝数成正比，而绕组的感应电动势又近似于各自的电压，因此只要改变绕组的匝数比，就能达到改变电压的目的，这就是变压器的变压原理，即

$$\frac{e_1}{e_2} = \frac{N_1}{N_2} \tag{1.3}$$

1.1.2　变压器的基本结构

变压器的主要部件有铁芯、绕组、油箱、冷却装置、绝缘套管和保护装置等。图 1.2 所示为油浸式电力变压器的结构。

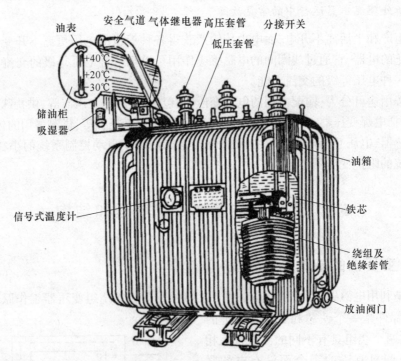

图 1.2　油浸式电力变压器的结构

铁芯和绕组是变压器通过电磁感应进行能量传递的部件，称为变压器的器身。油箱用于装油，同时起机械支撑、散热和保护器身的作用；变压器油起绝缘作用和冷却作用；套管的作用是使变压器引线与油箱绝缘；保护装置则起保护变压器的作用。

1. 铁芯

铁芯既是变压器的主磁路,又是它的机械骨架。铁芯由铁芯柱和铁轭两部分组成,铁芯柱上套装绕组,铁轭的作用则是使整个磁路闭合。叠片式铁芯按结构形式又分为芯式和壳式两种,如图 1.3 所示。芯式变压器结构简单,绕组的装配及绝缘也较容易,国产电力变压器的铁芯主要采用芯式结构。

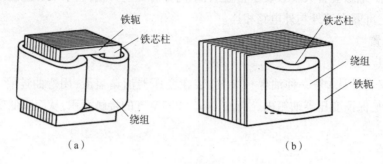

图 1.3　铁芯结构类型

(a) 芯式;(b) 壳式

2. 绕组

变压器绕组有同芯式和交叠式两种。我国生产的电力变压器基本上只有一种结构形式,即芯式变压器,所以绕组都采用同芯式结构,如图 1.4 所示。

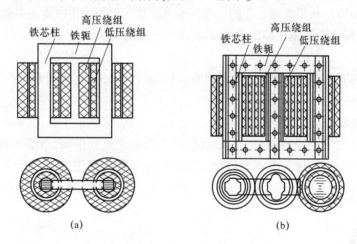

图 1.4　芯式变压器绕组和铁芯的装配

(a) 单相;(b) 三相

所谓同芯绕组,就是在铁芯柱的任一横断面上,绕组都是以同一圆筒形线套在铁芯柱的外面。在一般情况下,将低压绕组放在里面靠近铁芯处,将高压绕组放在外面。高压绕组与低压绕组之间及低压绕组与铁芯柱之间都必须留有一定的绝缘间隙和散热通道(油道),并用绝缘纸板筒隔开,绝缘距离的大小取决于绕组的电压等级和散热通道所需的间隙。当低压绕组放在里面靠近铁芯柱时,因它和铁芯柱之间所需的绝缘距离比较小,所以绕组的尺寸可以减小,整个变压器的外形尺寸也减小了。

3. 油箱和冷却装置

油浸式变压器的器身浸在充满变压器油的油箱里。变压器油既是绝缘介质,又是冷却介质,它通过受热后的对流将铁芯和绕组的热量带到箱壁及冷却装置,再散发到周围空气中。

4. 绝缘套管

绝缘套管是将线圈的高、低压引线引到箱外的绝缘装置,它将引线对地(外壳)绝缘,起固定引线的作用。绝缘套管大多数装于箱盖上,中间穿有导电杆,套管下端伸进油箱与绕组引线相连,套管的上部露在箱外与外电路相连。

5. 保护装置

1) 储油柜

储油柜(又称油枕)是一种油保护装置,装在变压器油箱盖上,用弯曲连管与油箱连通。储油柜的作用是保证变压器油箱内充满油,减小油和空气的接触面积,从而降低变压器油受潮和老化的速度。

2) 吸湿器

通过吸湿器(又称呼吸器),大气与油枕内连通。当变压器油因热胀冷缩而使油面高度发生变化时,气体将通过吸湿器进出。吸湿器内装有硅胶或活性氧化铝,用于吸收进入油枕中空气的水分。

3) 安全气道

安全气道(又称防爆筒)装于油箱顶部,是一个长钢圆筒,上端口装有一定厚度的玻璃板或酚醛纸板,下端口与油箱连通。它的作用是当变压器内部因发生故障而引起压力骤增时,让油气流冲破玻璃板或酚醛纸板释放出来,以免造成箱壁爆裂。

4) 净油器

净油器(又称热虹吸净油器)是利用油的自然循环,使油通过吸附剂进行过滤,以改善运行中变压器油的性能。

5) 气体继电器

气体继电器(又称瓦斯继电器)装在油枕和油箱的连通管中间,当变压器内部发生故障(如绝缘击穿、匝间短路、铁芯事故等)产生气体时,或者油箱漏油使油面降低时,气体继电器动作,发出信号,以便运行人员及时处理;若事故严重,气体断路器就自动跳闸,对变压器起保护作用。

6. 分接开关

当变压器负载运行时,二次端电压随负载大小及功率因数的变化而变化,如果电压变化过大,将对用户产生不利影响。为了保证二次端电压的变化在允许范围内,通常在变压器高压侧设置分接头,并装设分接开关,用于调节高压绕组的工作匝数,从而调节二次端电压。分接之所以设置在高压侧,是因为高压绕组套在最外面,便于引出分接头;再者,高压侧电流相对较小,分接头的引线及分接开关载流部分的导体截面积也较小,开关触点易制造。

中小型电力变压器一般有三个分接头,记作 $U_N \pm 5\%$。大型电力变压器则采用五个或更多的分接头,如 $U_N \pm 2 \times 2.5\%$ 或 $U_N \pm 8 \times 1.5\%$ 等。

分接开关有两种形式:一种是只能在断电的情况下进行调节,称为无载分接开关;另一种是可以在带负载的情况下进行调节,称为有载分接开关。

1.1.3 变压器的铭牌

每台变压器上都装有铭牌,在铭牌上标明了变压器工作时规定的使用条件,我国颁布的电力变压器国家标准规定,变压器的铭牌必须标注的项目有变压器的种类、标准代号、制造厂名、出厂序号、制造年月、相数、额定容量、额定频率、各绕组额定电压和分接范围、各绕组额定电流、连接组标号、以百分数表示的短路阻抗实测值、冷却方式、总质量和油质量等,变压器铭牌如图 1.5 所示。

1. 变压器型号

变压器型号表示一台变压器的结构、额定容量、电压等级、冷却方式等内容。

2. 额定容量 $S_N(kV \cdot A)$

额定容量指在铭牌规定额定使用条件下所能输出的视在功率,对三相变压器而言,额定容量指三相容量之和。

3. 额定电压 $U_N(kV$ 或 $V)$

额定电压指变压器长时间运行时所能承受的工作电压。一次额定电压 U_{1N} 指规定加到一次侧的电压;二次额定电压 U_{2N} 指变压器一次侧加额定电压时,二次侧空载时的端电压,在三相变压器中,额定电压指线电压。

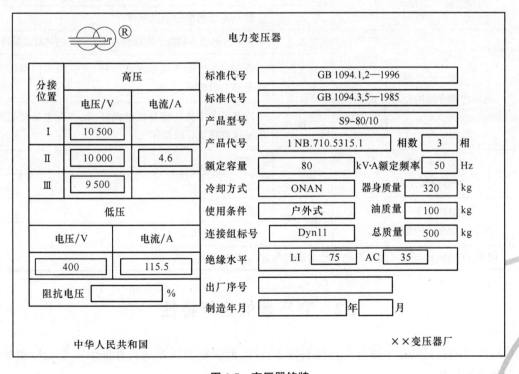

图 1.5 变压器铭牌

4. 额定电流 $I_N(A)$

额定电流指变压器在额定容量下,允许长期通过的电流。同样,三相变压器的额定电流也指线电流。

额定容量、额定电压、额定电流之间的关系如下。

（1）单相变压器：

$$S_N = U_N I_N \tag{1.4}$$

（2）三相变压器：

$$S_N = \sqrt{3}\, U_N I_N \tag{1.5}$$

5. 额定频率 f_N(Hz)

我国规定变压器的额定频率为 50 Hz。

6. 冷却方式

变压器的冷却方式是由冷却介质和循环方式决定的。油浸变压器的冷却方式是由四个字母代号表示的，如表 1.1 所示。干式变压器的冷却方式分为自然空气冷却（AN）和强迫空气冷却（AF）。自然空气冷却时，变压器可在额定容量下长期连续运行。强迫空气冷却时，变压器输出容量可提高 50%，适用于断续过负荷运行或应急事故过负荷运行。

表 1.1　油浸变压器冷却方式的表示方法及含义

字母含义	字母	具体要求
第一个字母 与绕组接触的冷却介质	O	矿物油或燃点大于 300 ℃ 的绝缘液体
	K	燃点大于 300 ℃ 的绝缘液体
	L	燃点不可测出的绝缘液体
第二个字母 内部冷却介质的循环方式	N	流经冷却设备和绕组内部的油流是自然的热对流循环
	F	冷却设备中的油流是强迫循环，流经绕组内部的油流是热对流循环
	D	冷却设备中的油流是强迫循环，至少在主要绕组内的油流是强迫导向循环
第三个字母 外部冷却介质	A	空气
	W	水
第四个字母 外部冷却介质的循环方式	N	自然对流
	F	强迫循环（风扇、泵等）
例如，ONAN：冷却方式为内部油自然对流冷却方式，即油浸自冷式。		

1.2　变压器的运行特性

变压器的运行特性主要有外特性与效率特性，而表征变压器运行性能的主要指标则是电压变化率和效率。

1.2.1　变压器的外特性

当电源电压和负载的功率因数等于常数时，二次端电压随负载电流变化的规律曲线称为变压器的外特性。

在负载运行时，由于变压器内部存在电阻和漏抗，故当负载电流流过时，变压器内部将产生阻抗压降,使二次端电压随负载电流变化而变化。图 1.6 表示不同负载性质时,变压器的外特性曲线。由图 1.6 可知,变压器二次电压的大小不仅与负载电流的大小有关,而且与负载的功率因数有关。图 1.6 中 $U_2^* = \dfrac{U_2}{U_{2N}}$、$I_2^* = \dfrac{I_2}{I_{2N}}$ 分别为二次绕组电压、电流的标幺值。

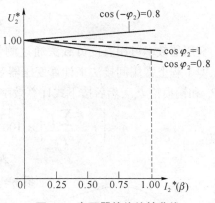

图 1.6　变压器的外特性曲线

1.2.2　电压变化率

为了表征 U_2 随负载电流 I_2 变化而变化的程度,引进电压变化率的概念。所谓电压变化率,是指变压器原边施以交流 50 Hz 的额定电压,副边空载电压 U_{20} 与带负载后在某一功率因数下副边电压 U_2 之差和副边额定电压 U_{2N} 的比值,电压变化率的大小反映了供电电压的稳定性,用 ΔU 表示,即

$$\Delta U = \frac{U_{20} - U_2}{U_{2N}} \times 100\%$$

$$= \frac{U_{2N} - U_2}{U_{2N}} \times 100\% \tag{1.6}$$

1.2.3　变压器的损耗

变压器在能量传递过程中会产生损耗,但变压器没有旋转部件,因此没有机械损耗。变压器的损耗主要包括铁损耗和原、副绕组的铜损耗两部分。由于无机械损耗,故变压器效率比旋转电机效率高,一般中、小型电力变压器效率在 95% 以上,大型电力变压器效率在 99% 以上。

1. 铁损耗

变压器的铁损耗包括基本铁损耗和附加铁损耗两部分。基本铁损耗为铁芯中磁滞和涡流损耗,它取决于铁芯中磁通密度大小、磁通交变的频率和硅钢片的质量。附加铁损耗包括由铁芯叠片间绝缘损伤引起的局部涡流损耗、主磁通在结构部件中引起的涡流损耗等,一般为基本铁损耗的 15%~20%。

变压器的铁损耗与一次侧外加电源电压的大小有关,而与负载大小无关。当电源电压一定时,变压器铁损耗就基本不变了,故铁损耗又被称为不变损耗。

2. 铜损耗

变压器的铜损耗也分为基本铜损耗和附加铜损耗两部分。基本铜损耗是电流在原、副绕组直流电阻上的损耗,而附加铜损耗包括因趋肤效应引起导线等效截面积变小而增加的损耗以及漏磁场在结构部件中引起的涡流损耗等,附加铜损耗为基本铜损耗的 0.5%~20%。变压器铜损耗的大小与负载电流的平方成正比,所以铜损耗又称为可变损耗。

1.2.4　变压器的效率和效率特性

变压器效率的大小反映了变压器运行的经济性能好坏,是表征变压器运行性能的重要指标之一。变压器效率是指变压器的输出功率 P_2 与输入功率 P_1 之比,用百分数表示,即

$$\eta = \frac{P_2}{P_1} \times 100\% \tag{1.7}$$

变压器效率可用直接负载法通过测量输出功率 P_2 和输入功率 P_1，再通过式（1.7）来确定。但工程上常用间接法来计算变压器效率，即通过空载试验和短路试验求出变压器的铁损耗 P_{Fe} 和铜损耗 P_{Cu}，然后按下式计算效率：

$$\eta = \left(1 - \frac{\sum P}{P_1}\right) \times 100\% = \left(1 - \frac{P_{Fe} + P_{Cu}}{P_2 + P_{Fe} + P_{Cu}}\right) \times 100\% \tag{1.8}$$

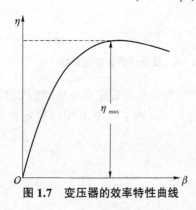

图 1.7　变压器的效率特性曲线

在功率因数一定时，变压器效率与负载系数之间的关系 $\eta = f(\beta)$ 称为变压器的效率特性曲线，如图 1.7 所示。其中，负载系数 $\beta = \frac{I_2}{I_{2N}}$，$I_2$ 为变压器运行时的实际电流，I_{2N} 为变压器的额定电流。

从图 1.7 可以看出，空载时，$\beta = 0$，$P_2 = 0$，$\eta = 0$；负载增大时，变压器效率增加很快；当负载达到某一数值时，变压器效率最大，然后又开始降低。这是因为负载增加，变压器效率随之增加。当超过某一负载值时，因铜耗与负载电流的平方成正比增大，变压器效率反而降低。

1.3　三相变压器

三相变压器可以用三台单相变压器组成，这种三相变压器称为三相变压器组，还有一种由铁轭把三个铁芯柱连在一起的三相变压器，称为三相芯式变压器。

从运行原理角度来看，三相变压器在对称负载下运行时，各相电压、电流大小相等，各相位相差 120°，就其一相来说，和单相变压器没有区别。因此，单相变压器的基本方程式及运行特性的分析方法与结论等完全适用于三相变压器。

1.3.1　三相变压器的磁路系统

三相变压器的磁路系统按其铁芯结构可分为组式磁路和芯式磁路。

1. 组式变压器

三相组式变压器是由三台单相变压器组成的，相应的磁路称为组式磁路。由于每相的主磁通 Φ 各沿自己的磁路闭合，彼此不相关联。当一次侧外施三相对称电压时，各相的主磁通必然对称，由于磁路三相对称，显然其三相空载电流也是对称的。三相组式变压器的磁路系统如图 1.8 所示。

2. 芯式变压器

三相芯式变压器每相有一个铁芯柱，三个铁芯柱用铁轭连接起来，构成三相铁芯，如图1.9所示。这种磁路的特点是三相磁路彼此相关，从图 1.9 可以看出，任何一相的主磁通都要通过其他两相的磁路作为自己的闭合磁路。

三相芯式变压器可以看成是由三相组式变压器演变而来的，即可以把三台单相变压器的铁芯合并成图 1.9（a）所示的形式。

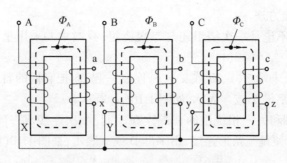

图1.8 三相组式变压器的磁路系统

在外施对称三相电压时,三相主磁通是对称的,中间铁芯柱的磁通 $\dot{\Phi}_A + \dot{\Phi}_B + \dot{\Phi}_C = 0$,即中间铁芯柱无磁通通过,因此可将中间铁芯柱省去,如图1.9(b)所示。

为制造方便和降低成本,把B相铁轭缩短,并把三个铁芯柱置于同一平面,便得到三相芯式变压器铁芯结构,如图1.9(c)所示。

三相芯式变压器的磁路系统如图1.9(d)所示。

与三相组式变压器相比,三相芯式变压器省材料、效率高、占地少、成本低、运行维护方便,故应用广泛。

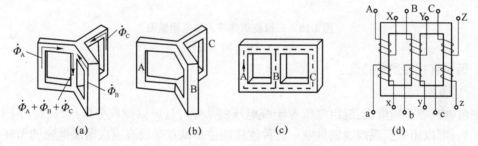

图1.9 三相芯式变压器的磁路系统

1.3.2 三相变压器的连接组别

1. 三相绕组的标志

为了在使用变压器时能正确连接而不致发生错误,变压器绕组的每个出线端都有一个标记,电力变压器绕组首、末端的标记如表1.2所示。

表1.2 电力变压器绕组首、末端的标记

绕组名称	三相变压器		中性点
	首端	末端	
高压绕组	A、B、C	X、Y、Z	N
低压绕组	a、b、c	x、y、z	n

2. 三相绕组的连接方法

在三相变压器中,不论是一次绕组还是二次绕组,我国主要采用星形和三角形两种连接方法。

把三相绕组的三个末端 X、Y、Z(或 x、y、z)连在一起,而把它们的首端 A、B、C(或 a、b、c)引出便是星形连接,用字母 Y 或 y 表示,如图 1.10(a)所示。

把一相绕组的末端和另一相绕组的首端连在一起,顺次连接成一闭合回路,然后从首端 A、B、C(或 a、b、c)引出便是三角形连接,用字母 D 或 d 表示,如图 1.10(b)所示。

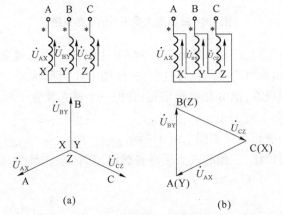

图 1.10　三相绕组连接方法及相量图
(a) Y 连接;(b) D 连接

3. 两种连接组别的特征

1) Y 连接

绕组电流等于线电流,绕组电压等于线电压的 $1/\sqrt{3}$,且可以做成分级绝缘;另外,中性点引出接地,可以用来实现四线制供电。这种连接的主要缺点是没有三次谐波电流的循环回路。

2) D 连接

D 连接的特征与 Y 连接的特征正好相反。

我国颁布的国家规范《民用建筑电气设计规范》《工业与民用供配电系统设计规范》《10 kV 及以下变电所设计规范》等推荐采用 Dyn11 连接变压器作为配电变压器,现在国际上大多数国家的配电变压器均采用 Dyn11 连接。

1.4　变压器的并联运行

变压器的并联运行是指几台变压器的一、二次绕组分别连接到一、二次侧的公共母线上,共同向负载供电的运行方式,并联运行有以下优点。

(1) 提高供电的可靠性,并联运行时,如果某台变压器故障或需要检修,另几台变压器可继续供电。

(2) 可根据负载变化的情况随时调整投入并联运行变压器的台数,以提高变压器的运行效率。

(3) 可以减少变压器的备用容量。

(4) 对负载逐渐增加的变电所,可减少安装时的一次投资。

当然,并联变压器的台数过多也是不经济的,因为一台大容量变压器的造价要比总容量相同的几台小变压器的造价低,占地面积也小。

1.4.1 并联运行的理想状态

(1)空载时并联运行的各变压器绕组之间应无环流,以免增加绕组铜损耗。

(2)带负载后,各变压器的负载系数相等,即各变压器所分担的负载电流按各自容量大小成正比例分配,"各尽所能",以使并联运行的各台变压器容量得到充分利用。

(3)带负载后,各变压器所分担的电流应与总负载电流同相位,这样在总负载电流一定时,各变压器所分担的电流最小。

1.4.2 变压器并联运行的条件

若要达到上述理想并联运行状态,并联运行的变压器须满足以下条件。

(1)各变压器一、二次侧的额定电压应分别相等,即变比相同。

(2)各变压器的连接组别必须相同。

(3)各变压器的短路阻抗(或短路电压)的标幺值 Z_S^*(或 U_S^*)要相等,且短路阻抗角也相等。

若满足了前两个条件,则可保证空载时变压器绕组之间无环流。当满足第三个条件时,各台变压器能合理分担负载。在实际并联运行时,同时满足以上三个条件不容易也不现实,所以除第二条必须严格保证外,其余两条允许稍有差异。

1.5 其他用途的变压器

在电力系统中,除了大量采用双绕组变压器,还常用到多种特殊用途的变压器,这些变压器的种类繁多,本节仅介绍较常用的自耦变压器、仪用互感器和电焊变压器。

1.5.1 自耦变压器

1. 用途与结构特点

普通双绕组变压器的一、二次绕组是相互绝缘的,它们之间只有磁的耦合,没有电的直接联系。如果将双绕组变压器的一、二次绕组串联起来作为新的一次侧,而二次绕组仍作二次侧与负载阻抗相连接,便得到一台降压自耦变压器,如图1.11所示。显然,自耦变压器一、二次绕组之间不仅有磁的联系,而且有电的联系。

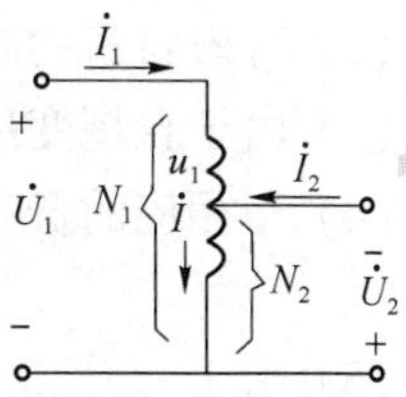

图 1.11 降压自耦变压器的原理

自耦变压器能节省大量材料,降低成本,减小变压器的体积、质量,且有利于大型变压器的运输和安装。目前,在高电压、大容量的输电系统中,自耦变压器主要用来连接两个电压等级相近的电力网,作联络变压器之用。在实验室中还常采用二次侧有滑动接触的自耦变压器作调压器,此外,自耦变压器还可用作异步电动机的启动补偿器。

2. 电压关系

自耦变压器是利用电磁感应原理工作的。当一次绕组两端加交变电压 $\dot{U}_1$ 时,铁芯中产生交变磁通,并分别在一、二次绕组中产生感应电动势,若忽略漏阻抗压降,则有

$$\begin{cases} \dot{U}_1 \approx \dot{E}_1 = 4.44 fN_1 \dot{\Phi}_\mathrm{m} \\ \dot{U}_2 \approx \dot{E}_2 = 4.44 fN_2 \dot{\Phi}_\mathrm{m} \end{cases} \qquad (1.9)$$

自耦变压器的变比为

$$k_\mathrm{a} = \frac{E_1}{E_2} = \frac{N_1}{N_2} \approx \frac{U_1}{U_2} \qquad (1.10)$$

3. 电流关系

负载运行时，外加电压为额定电压，主磁通近似为常数，总励磁磁通势仍等于空载磁通势。根据磁通势平衡关系可知

$$N_1 \dot{I}_1 + N_2 \dot{I}_2 = N_1 \dot{I}_0 \qquad (1.11)$$

若忽略励磁电流，则得

$$N_1 \dot{I}_1 + N_2 \dot{I}_2 = 0$$

从而有

$$\dot{I}_1 = -\frac{N_2}{N_1} \dot{I}_2 = -\frac{\dot{I}_2}{k_\mathrm{a}} \qquad (1.12)$$

可见，一、二次绕组电流的大小与匝数成反比，相位相差180°。因此，流经公共绕组的电流为

$$\dot{I} = \dot{I}_1 + \dot{I}_2 = -\frac{\dot{I}_2}{k_\mathrm{a}} + \dot{I}_2 = \left(1 - \frac{1}{k_\mathrm{a}}\right) \dot{I}_2 \qquad (1.13)$$

在数值上电流为

$$I = I_2 - I_1 \qquad (1.14)$$

式(1.14)说明，自耦变压器的输出电流为公共绕组中电流与一次绕组中电流之和，由此可知，流经公共绕组中的电流总是小于输出电流的。

4. 自耦变压器的特点

（1）由于自耦变压器的设计容量小于额定容量，故在同样的额定容量下，自耦变压器的尺寸小，有效材料(硅钢片和铜线)和结构材料(钢材)都较节省，从而降低了成本。

（2）有效材料的减少使得铜损耗和铁损耗也相应减少，故自耦变压器的效率较高。

（3）由于自耦变压器的尺寸小、质量轻，故便于运输和安装，占地面积也小。

（4）与相应的普通双绕组变压器相比，自耦变压器的短路阻抗标幺值较小，因此短路电流较大。

（5）由于一、二次绕组间有电的直接联系，运行时一、二次侧都须装设避雷器，以防高压侧产生过电压，引起低压绕组绝缘损坏。

（6）为防止高压侧发生单相接地而引起低压侧非接地相对地电压升得较高，造成对地绝缘击穿，自耦变压器中性点必须可靠接地。

1.5.2　仪用互感器

仪用互感器是一种测量用的设备，分为电流互感器和电压互感器两种，它们的工作原理与变压器相同。

使用互感器有三个目的：一是为了工作人员的安全，使测量回路与高压电网隔离；二是可

以使用小量程的电流表、电压表分别测量大电流和高电压；三是统一了电流表、电压表的量程，减少备用仪表的规格型号。互感器的规格各种各样，但电流互感器副边额定电流都是 5 A 或 1 A，电压互感器副边额定电压都是 100 V。

互感器除了用于测量电流和电压，还用于各种继电保护装置的测量系统，因此它的应用极为广泛。

1. 电流互感器

1）电流互感器的连接

图 1.12 所示是电流互感器原理，电流互感器的一次绕组匝数少，二次绕组匝数多。它的一次侧串联接入主线路，被测电流为 I_1。二次侧接内阻抗极小的电流表或功率表的电流线圈，二次侧电流为 I_2。因此，电流互感器的运行情况相当于变压器短路运行。

如果忽略励磁电流，由变压器的磁通势平衡关系，可得

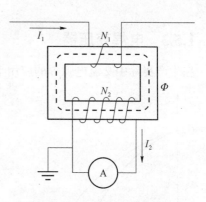

$$k_i = \frac{I_1}{I_2} = \frac{N_2}{N_1} \qquad (1.15)$$

式中，k_i 为电流变比，是一个常数。

图 1.12 电流互感器原理图

根据误差的大小，电流互感器分为 0.2、0.5、1.0、3.0、10.0 等精度等级，如 0.5 级的电流互感器表示在额定电流时误差最大不超过 ±0.5%。

2）电流互感器使用注意事项

二次侧绝对不许开路。因为副边开路时，电流互感器处于空载运行状态，此时一次侧被测线路电流全部为励磁电流，使铁芯中磁通密度明显增大。这一方面使铁损耗急剧增加，铁芯过热甚至烧坏绕组；另一方面将使二次侧感应出很高电压，不仅使绝缘击穿，而且危及工作人员和其他设备的安全。因此在一次侧电路工作时，如果需要检修和拆换电流表或功率表的电流线圈，必须先将互感器二次侧短路。

为了使用安全，电流互感器的二次绕组必须可靠接地，以防绝缘击穿后，电力系统的高电压危及二次侧回路中的设备及操作人员的安全。

2. 电压互感器

1）电压互感器的连接

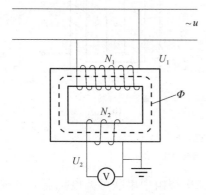

图 1.13 电压互感器原理图

图 1.13 所示是电压互感器原理图。一次侧直接并联在被测的高压电路上，二次侧接电压表或功率表的电压线圈。一次绕组匝数 N_1 多，二次绕组匝数 N_2 少，且由于电压表或功率表的电压线圈内阻抗很大，所以电压互感器实际上相当于一台二次侧处于空载状态的降压变压器。

如果忽略漏阻抗压降，则有

$$k_u = \frac{U_1}{U_2} = \frac{N_1}{N_2} \qquad (1.16)$$

式中，k_u 为电压变比，是一个常数。

将电压互感器的二次电压数值乘以常数 k_u 即得一次侧被测电压的数值。

2）电压互感器使用注意事项

使用时电压互感器的二次侧不允许短路，电压互感器正常运行时接近空载，如果二次侧短路，则会产生很大的短路电流，绕组将因过热而烧毁。

为安全起见，电压互感器的二次绕组连同铁芯一起必须可靠接地。

电压互感器有一定的额定容量，使用时二次侧不宜接过多的仪表，以免影响互感器的精度等级。

1.5.3 电焊变压器

在生产实际中交流电弧焊的应用十分广泛，而交流电弧焊的电源通常是电焊变压器，实际上它是一种特殊的降压变压器。为了保证电焊的质量和电弧燃烧的稳定性，对电焊变压器有以下几点要求。

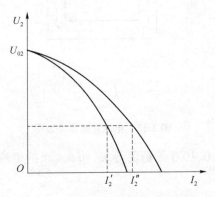

图 1.14　电焊变压器的外特性曲线

（1）电焊变压器应具有 60～75 V 的空载电压，以保证容易起弧，但考虑操作的安全，电压一般不超过 85 V。

（2）电焊变压器应有迅速下降的外特性，如图 1.14 所示，以满足电弧特性的要求。

（3）为了满足焊接不同工件的需要，要求能够调节焊接电流的大小。

（4）短路电流不应太大，也不应太小。短路电流太大，会使焊条过热、金属颗粒飞溅，易烧穿工件；短路电流太小，引弧条件差，电源短路时间过长。一般短路电流应不超过额定电流的两倍，在工作中电流比较稳定。

为了满足上述要求，电焊变压器应有较大的可调电抗。电焊变压器的一、二次绕组一般分装在两个铁芯柱上，以使绕组的漏抗比较大。改变漏抗的方法很多，常用的有磁分路法和串联可变电抗法，如图 1.15 所示。

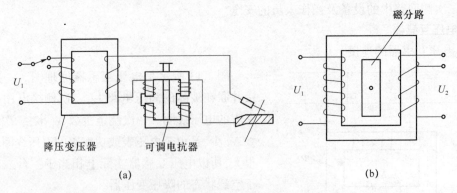

图 1.15　电焊变压器的原理接线

（a）带电抗器的电焊变压器；（b）磁分路电焊变压器

带电抗器的电焊变压器如图 1.15（a）所示，它是在二次绕组中串联可调电抗器。电抗器中的气隙可以用螺杆调节，当气隙增大时，电抗器的电抗减小，电焊工作电流增大；反之，当气隙减小时,电抗器的电抗增大,电焊工作电流减小。另外,在一次绕组中还备有分接头,以便调节起弧电压的大小。

磁分路电焊变压器如图 1.15(b)所示。在一、二次绕组铁芯柱中间加装一个可移动的铁芯,提供了一个磁分路。当磁分路铁芯移出时,一、二次绕组的漏抗减小,电焊变压器的工作电流增大;当磁分路铁芯移入时,一、二次绕组的总漏抗增大,电焊变压器的工作电流变小。这样,通过调节磁分路的磁阻即可调节漏抗大小和工作电流大小,以满足焊件和焊条的不同要求。在二次绕组中还常备有分接头,以便调节空载时的起弧电压。

项目 1 变压器的运行维护

任务 1 变压器的容量选择

配电变压器的容量选择非常重要,如果容量选择过小,将会造成过负荷,会烧坏变压器;如果容量选择过大,变压器将得不到充分利用,不仅增加了设备投资,而且会使功率因数降低,线路损耗和变压器本身的损耗变大,效率降低。一般电力变压器的容量可按式(1.17)选择:

$$S = \frac{PK}{\eta \cos\varphi} \tag{1.17}$$

式中,S 为变压器容量;P 为用电设备的总容量;K 为同一时间投入运行的设备实际容量与设备总容量的比值,一般为 0.7 左右;η 为用电设备的效率,一般为 0.85~0.9;$\cos\varphi$ 为用电设备的功率因数,一般为 0.8~0.9。

一般在选择变压器容量时,还应考虑到电动机直接启动的电流是额定电流的 4~7 倍。通常在直接启动的电动机中,最大一台的容量不宜超过变压器容量的 30%。

任务 2 变压器的维护

1. 变压器的运行标准

在正常情况下,变压器可以长期连续运行。变压器的正常运行包括以下几方面。

(1) 变压器完好:主要包括变压器本体完好,无任何缺陷;各种电气性能符合规定;变压器油的各项指标符合标准,油位正确,声响正常;各辅助设备(如冷却装置、调压装置、套管、瓦斯继电器、压力释放阀等)完好无损,其状态符合变压器的运行要求。

(2) 变压器的运行电压一般不应高于该运行分接头额定电压的 105%,在特殊情况下允许在不超过 110% 的额定电压下运行。

(3) 变压器的上层油温一般不应超过 85 ℃,最高不应超过 95 ℃。

(4) 变压器的负荷应根据其容量合理分配,输出电流过大将导致发热严重,容易使绝缘老化,降低使用寿命,甚至造成事故;长期欠载将使功率因数降低,设备得不到充分利用。

(5) 对三相不平衡负荷,应监视最大相电流。

(6) 变压器中性线电流允许值为额定电流的 25%~40%。

(7) 运行环境符合要求:主要包括变压器接地良好,各连接头紧固,各侧避雷器工作正常,各继电保护装置工作正常等。

（8）冷却系统完好。

2. 变压器的巡视

变压器在运行期间,应每天至少巡视一次,每周应进行一次夜间巡视,在天气恶劣的情况下还要加强巡视,每次巡视应做好详细记录。现场巡视检查应按下列项目进行。

（1）检查变压器上层油温是否正常,是否接近或超过允许限额。

（2）检查变压器油枕上的油位是否正常,是否与油温相对应。

（3）检查变压器运行的声响与以往相比有无异常,是否出现声响增大或有其他新的响声等。

（4）检查变压器各侧套管表面是否清洁,有无破损、裂纹及放电痕迹;对于充油套管,还应检查油位是否正常,有无渗油现象。

（5）检查变压器各侧接线端子或连接金具是否完整、紧固,有无过热痕迹。

（6）检查变压器油箱有无渗漏油现象,箱壳上各种阀门的状态是否符合运行要求。

（7）检查冷却装置运行是否正常,如风扇、潜油泵是否按要求运行,风扇、潜油泵的运行声音是否正常,风向和油的流向是否正确。

（8）检查调压分接头位置指示是否正确。对于并联运行的变压器或单相变压器组,还应检查各调压分接头的位置是否一致。

（9）检查呼吸器中的硅胶是否变红,呼吸器小油杯中的油面是否合适。

（10）检查电控箱和机构箱内各种电气装置是否完好,位置和状态是否正确,箱壳密封是否良好。

任务3　变压器的异常情况处理

（1）在变压器运行中值班人员发现不正常现象(如漏油、油位过高或过低、温度过高、异常声响、冷却系统异常等)时应尽快消除,并报告上级领导且将情况记入运行记录和缺陷记录。

（2）变压器有下列情况之一时,应立即退出运行并检查修理。

① 内部响声过大,有爆裂声;

② 在正常负荷和冷却条件下,变压器温度不正常,并不断上升;

③ 储油柜或安全气道喷油;

④ 严重漏油使油面下降,并低于油位计的指示限度;

⑤ 油色变化过多,油内出现炭质;

⑥ 瓷套管有严重的破损和放电现象。

（3）变压器油温的升高超过许可限度时,应检查变压器的负荷和冷却介质的温度,并与在同一负荷和冷却介质温度下的油面核对,要核对温度表,并检查变压器室内的风扇运行状况或变压器室内的通风情况。

（4）变压器的气体继电器动作后应按如下要求进行处理。

① 检查变压器防爆管有无喷油、油面是否降低、油色有无变化及外壳有无大量漏油;

② 使用专用工具提取气体继电器内的气体进行试验,气体继电器内的气体若无色、无臭且不可燃,则变压器可以继续运行,但应监视动作间隔时间;

③ 气体继电器内的气体若有色、可燃,应立即进行气体的色谱分析;

④ 气体继电器内若无气体,则检查二次回路和接线柱及引线绝缘是否良好;

⑤ 因油面下降而引起气体继电器瓦斯保护信号与跳闸同时动作,应及时采取补救措施,且未经检查和试验合格不得再投入运行。

（5）变压器自动跳闸或一次侧熔丝熔断,需要进行检查试验,以查明跳闸原因,或者进行必要的内部检查。

（6）变压器着火时首先应断开电源,并迅速用灭火装置灭火。

任务4　变压器运行中常见故障分析

1. 变压器绕组的主绝缘和匝间绝缘故障

变压器绕组的主绝缘和匝间绝缘是容易发生故障的部位,主要原因如下。

（1）长期过负荷运行、散热条件差或使用年限长,使变压器绕组绝缘老化脆裂,抗电强度大大降低。

（2）变压器多次受到短路冲击,使绕组受力变形,隐藏着绝缘缺陷,一旦遇到电压波动就有可能将绝缘击穿。

（3）变压器油中进水使绝缘强度大大降低而不能承受允许的电压,造成绝缘击穿。

（4）在高压绕组加强段处或低压绕组部位,由于绝缘膨胀,油道阻塞,影响了散热,绕组绝缘由于过热而老化,发生击穿短路。

（5）由于防雷设施不完善,在大气过电压作用下,发生绝缘击穿。

2. 变压器套管故障

变压器套管故障主要有套管闪络和爆炸。变压器高压侧一般使用电容套管,套管瓷质不良或有沙眼和裂纹、套管密封不严、漏油现象、套管积垢太多等都有可能造成闪络和爆炸。

3. 铁芯故障

（1）硅钢片紧固不好,使漆膜被破坏产生涡流而发生局部过热。

（2）夹紧铁芯的穿芯螺丝、压铁等部件损坏,若绝缘损坏也会发生过热现象。

（3）若变压器内残留有铁屑或焊渣,使铁芯两点或多点接地,会造成铁芯故障。

4. 分接开关故障

分接开关故障是变压器常见故障之一。

（1）分接开关长时间靠压力接触,会出现弹簧压力不足,使开关连接部分的有效接触面积减小,以及接触部分镀银层磨损脱落,引起分接开关在运行中发热损坏。

（2）分接开关接触不良,经受不住短路电流的冲击造成分接开关烧坏而发生故障。

（3）在有载调压的变压器中,分接开关油箱与变压器油箱一般是互不相通的,若分接开关油箱发生严重缺油,则分接开关在切换中会发生短路故障,使分接开关烧坏。

5. 瓦斯保护动作故障

瓦斯保护是变压器的主保护,轻瓦斯保护作用于信号,重瓦斯保护作用于跳闸。下面分析瓦斯保护动作的原因及处理办法。

（1）轻瓦斯保护动作后发出信号,其原因是变压器内部有轻微故障、变压器内部存在空气、二次回路故障等。运行人员应立即检查,如果未发现异常现象,应进行气体取样分析。

（2）瓦斯保护动作跳闸时,变压器内部可能产生严重故障,引起变压器油分解出大量气体,也可能二次回路故障等。出现瓦斯保护动作跳闸时,应先投入备用变压器,然后进行外部检查。首先检查油枕防爆门,其次检查各焊接缝是否裂开、变压器外壳是否变形,最后检查气体的可燃性。

小　结

一、变压器的原理和用途

变压器是一种变换交流电能的静止电气设备,它利用一、二次绕组匝数不同,通过电磁感应作用,把一种电压等级的交流电能转变成同频率的另一种电压等级的交流电能,以满足电能传输、分配和使用的需要。

在分析变压器内部电磁关系时,通常将其磁通按实际分布和所起作用不同,分成主磁通和漏磁通两部分,主磁通以铁芯作闭合磁路,在一、二次绕组中均感应电动势,起着传递能量的媒介作用;而漏磁通主要以非铁磁性材料作闭合磁路,只起电抗压降作用,不能传递能量。

二、变压器的结构

变压器的基本结构部件有铁芯、绕组、油箱、冷却装置、绝缘套管和保护装置等,其主要部件及作用如表1.3所示。

表1.3　变压器主要部件及作用

部件名称		主要作用
铁芯		铁芯是变压器的主磁路,又是它的机械骨架
绕组		油浸式变压器的器身浸在充满变压器油的油箱里
油箱和冷却装置		变压器油既是绝缘介质,又是冷却介质,通过受热后的气流将铁芯和绕组的热量带到箱壁及冷却装置,再散发到周围空气中
绝缘套管		绝缘套管是将线圈的高、低压引线引到箱外的绝缘装置,它将引线对地(外壳)绝缘,又起固定引线的作用
分接开关		用于调节高压绕组的工作匝数,从而调节二次端电压
保护装置	储油柜	储油柜是一种油保护装置,装在变压器油箱盖上,用弯曲连管与油箱连通。储油柜的作用是保证变压器油箱内充满油,减小油和空气的接触面积,从而降低变压器油受潮和老化的速度
	吸湿器	用于吸收进入油枕中空气的水分
	安全气道	当变压器内部因发生故障而引起压力骤增时,油气流便冲破玻璃板或酚醛纸板释放出来,以免造成箱壁爆裂
	净油器	使油通过吸附剂进行过滤,以改善运行中变压器油的性能
	气体继电器	当变压器内部发生故障产生气体时,或者油箱漏油使油面降低时,气体继电器动作,发出信号以便运行人员及时处理,若事故严重,可使断路器自动跳闸,对变压器起保护作用

三、变压器的运行特性

电压变化率 ΔU 和效率 η 是衡量变压器运行性能的两个主要指标。电压变化率 ΔU 反映了变压器负载运行时二次端电压的稳定性,而效率 η 则反映了变压器运行时的经济性。ΔU 和 η 的大小不仅与变压器本身的参数有关,而且与负载的大小和性质有关。

四、三相变压器

三相变压器分为三相组式变压器和三相芯式变压器。三相组式变压器每相有独立的磁路,三相芯式变压器各相磁路彼此相关。

三相变压器的电路系统实质上就是变压器两侧线电压(或线电动势)之间的相位关系。变压器两侧电压的相位关系通常用时钟法来表示,即连接组别。影响三相变压器连接组别的因素除了绕组绕向和首末端标志,还有三相绕组的连接方式。变压器共有 12 种连接组别,国家规定三相变压器有 5 种标准连接组别。

五、变压器并联运行的条件

(1)各变压器一、二次绕组的额定电压应分别相等,即变比相同。

(2)各变压器的连接组别必须相同。

(3)各变压器的短路阻抗(或短路电压)标幺值应相等,且短路阻抗角也相等。

前两个条件保证了空载运行时变压器绕组之间不产生环流,第三个条件是保证并联运行变压器的容量得以充分利用。除组别相同这一条件必须严格满足外,其他条件允许有一定的偏差。

六、其他用途的变压器

1. 自耦变压器

自耦变压器的特点是一、二次绕组间不仅有磁的耦合,而且有电的直接联系,故其一部分功率不通过电磁感应,而直接由一次侧传递到二次侧。与同容量普通变压器相比,自耦变压器具有省材料、损耗小、体积小等优点。但自耦变压器也有缺点,如短路电抗标幺值较小、短路电流较大等。

2. 仪用互感器

仪用互感器是测量用的变压器,使用时应注意将其副边接地,电流互感器二次侧绝不允许开路,而电压互感器二次侧绝不允许短路。

3. 电焊变压器

电焊变压器是一种特殊的降压变压器,为使其具有迅速下降的外特性,采用人为增大漏抗的方法,即串联可调电抗器或在磁路中装设可移动铁芯的磁分路。

七、变压器的运行维护

1. 变压器的容量选择

一般电力变压器的容量可按下式选择:

$$S = \frac{PK}{\eta \cos\varphi}$$

2. 变压器的运行标准

变压器的运行电压一般不应高于该运行分接头额定电压的 105%；变压器的上层油温一般不应超过 85 ℃，最高不应超过 95 ℃；变压器的负荷应根据其容量合理分配；对三相不平衡负荷，应监视最大相电流；变压器中性线电流允许值为额定电流的 25%~40%。

3. 变压器的维护

掌握变压器运行维护的基本工作内容。

4. 变压器的异常运行及处理

掌握变压器在运行过程中出现各种故障的现象及处理方法。

习题 1

1.1 油浸式电力变压器有哪些主要部件，其功能是什么？

1.2 有一台单相变压器，$S_N = 50$ kV · A，$U_{1N}/U_{2N} = 10\ 500/230$，试求一、二次绕组的额定电流。

1.3 电力变压器的效率与哪些因素有关？何时效率最高？

1.4 什么是三相变压器的连接组别，三相绕组的主要连接方法有哪些？

1.5 变压器并联运行的条件是什么？

1.6 使用电流互感器时须注意哪些事项？

1.7 使用电压互感器时须注意哪些事项？

1.8 如何选择电力变压器的容量？

1.9 简述变压器的运行标准。

1.10 对变压器进行维护的内容有哪些？

1.11 变压器在什么情况下应立即退出运行并检查修理？

第2章

直流电机

【本章目标】

知道直流电机的结构与工作原理；

能够读懂直流电机铭牌数据；

会制作直流电机的绕组；

知道直流电机的电枢电动势和电磁转矩；

知道如何改善直流电机的换向状况；

知道直流发电机的励磁方式；

知道他励直流电动机的工作特性；

会对直流电动机进行运行维护与故障处理。

直流电机是电机主要种类之一，广泛应用于民用电器产品以及工业生产中调速要求比较高的场合。一台直流电机既可以作为发电机使用，也可以作为电动机使用。

2.1　直流电机的结构

直流电机的结构

直流电动机和直流发电机的结构相同，由可旋转部分和静止部分组成，可旋转部分称为转子（或电枢），是机械能和电能相互转化的枢纽，静止部分称为定子，主要用来产生磁通。直流电机的结构如图 2.1 所示。

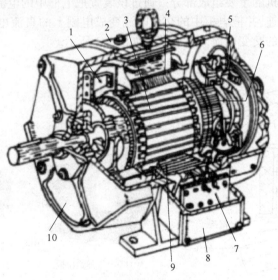

图 2.1　直流电机的结构

1—风扇；2—机座；3—电枢；4—主磁极；5—电刷装置；

6—换向器；7—接线板；8—出线盒；9—换向极；10—端盖

2.1.1　定子

定子主要由主磁极、机座、电刷装置、换向极和端盖组成。直流电机的剖面结构如图 2.2 所示。

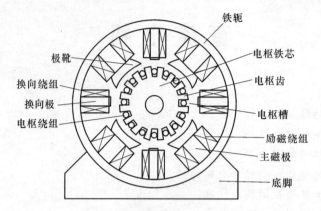

图 2.2　直流电机的剖面结构

1. 主磁极

主磁极的作用是产生恒定、有一定空间分布形状的气隙磁通密度。主磁极由铁芯和放置在铁芯上的励磁绕组构成，主磁极铁芯分为极身和极靴。极靴的作用是使气隙磁通密度的空间分布均匀并减小气隙磁阻，同时极靴对励磁绕组也起支撑作用。为减小涡流损耗，主磁极铁芯采用 1.0~1.5 mm 厚的低碳钢板冲成一定形状，然后用铆钉把冲片铆紧，固定在机座上。主磁极上的线圈是用来产生主磁通的，称为励磁绕组。主磁极的结构如图 2.3 所示。

2. 机座

直流电机的机座有两种形式：一种为整体机座，另一种为叠片机座。整体机座是由导磁效果较好的铸钢材料制成的，能同时起到导磁和机械支撑作用。

3. 电刷装置

电刷装置是直流电机的重要组成部分。通过该装置把电枢中的电流与外部静止电路相连或把外部电源与电枢相连，并把电枢中的交变电流变成电刷上的直流电流或把外部电路中的直流电流变换为电枢中的交变电流。电刷装置如图 2.4 所示。

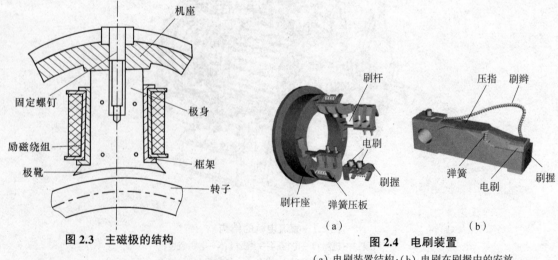

图 2.3　主磁极的结构

图 2.4　电刷装置

（a）电刷装置结构；（b）电刷在刷握中的安放

4. 换向极

换向极又称为附加极,由铁芯和换向极绕组组成。其作用是改善直流电机的换向,一般电机容量超过 1 kW 时均应安装换向极。

5. 端盖

端盖主要起支撑作用。

2.1.2 转子

直流电机的转子是电机的转动部分,由电枢铁芯、电枢绕组、换向器、电机转轴和轴承等组成。

1. 电枢铁芯

电枢铁芯是主磁路的一部分,对放置在其上的电枢绕组起支撑作用。为减少当电机旋转时铁芯中由于磁通方向发生变化而引起的磁滞损耗和涡流损耗,电枢铁芯通常用 0.5 mm 厚的低硅硅钢片或冷轧硅钢片冲压成型,并在硅钢片的两侧涂绝缘漆。硅钢片上冲出转子槽来放置绕组,冲制好的硅钢片叠装成电枢铁芯。图 2.5 所示为小型直流电机的电枢冲片和电枢铁芯装配图。

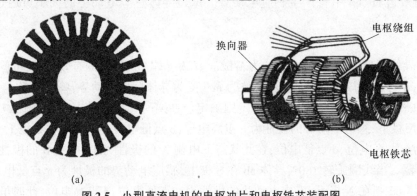

(a)　　　　　　　　　　　　　　(b)

图 2.5　小型直流电机的电枢冲片和电枢铁芯装配图

(a) 电枢冲片;(b) 电枢铁芯装配图

2. 电枢绕组

电枢绕组是直流电机的重要组成部分,其作用是产生感应电动势和通过电流产生电磁转矩,以实现机电能量转换。绕组由带绝缘的导体绕制而成,对于小型电机常采用铜导线绕制,对于大中型电机常采用成型线圈。在电机中每一个线圈称为一个元件,多个元件有规律地连接起来形成电枢绕组。绕制好的绕组或成型绕组放置在电枢铁芯上的槽内,放置在电枢铁芯槽内的直线部分在电机运转时将产生感应电动势,称为元件的有效部分;在电枢铁芯槽两端把有效部分连接起来的部分称为端接部分,端接部分仅起连接作用,在电机运行过程中不产生感应电动势。

3. 换向器

图 2.6　换向器

换向器又称为整流子。对于发电机,换向器的作用是把电枢绕组中的交变电动势转换为直流电动势向外部输出的直流电压;对于电动机,它是把外界供给的直流电流转换为绕组中的交变电流,以使电动机旋转。换向器采用导电性能好、硬度大、耐磨性能好的紫铜或铜合金制成,相邻换向片间以 0.6～1.2 mm 厚的云母片作为绝缘,如图 2.6 所示。

2.2　直流电机的基本工作原理

直流电机分为直流发电机和直流电动机两大类,其工作原理可通过直流电机的模型加以说明。

2.2.1　直流发电机的工作原理

图 2.7 所示为直流发电机模型。在图 2.7 中磁极固定不动,称为直流发电机的定子。固定在可旋转导磁圆柱体上的线圈连同导磁圆柱体是直流发电机的可转动部分,称为电机转子(又称电枢)。线圈的首末端 a、d 连接到两个相互绝缘并可随线圈一同转动的导电片上,该导电片称为换向片。转子线圈与外电路的连接是通过放置在换向片上固定不动的电刷进行的。在定子与转子间有间隙存在,称为空气隙,简称气隙。

在模型中,当有原动机拖动转子以一定的转速逆时针旋转时,根据电磁感应定律可知,在线圈两个有效边 ab、cd 中将产生感应电动势。每边导体感应电动势的大小可通过式(2.1)求得:

$$e = B_x l v \tag{2.1}$$

式中,B_x 为导体所处的磁通密度,单位为 Wb/m^2;l 为导体 ab 或 cd 的有效长度,单位为 m;v 为导体 ab 或 cd 与 B_x 间的相对线速度,单位为 m/s;e 为导体感应电动势,单位为 V。

导体中感应电动势的方向可用右手定则确定。在逆时针旋转情况下,如图 2.7(a)所示,导体 ab 在 N 极下,感应电动势的极性为 a 点高电位,b 点低电位;导体 cd 在 S 极上,感应电动势的极性为 c 点高电位,d 点低电位,在此状态下电刷 A 的极性为正,电刷 B 的极性为负。如图 2.7(b)所示,当线圈旋转 180°,导体 ab 在 S 极上,感应电动势的极性为 a 点低电位,b 点高电位;而导体 cd 则在 N 极下,感应电动势的极性为 c 点低电位,d 点高电位,此时虽然导体中的感应电动势方向已改变,但由于原来与电刷 A 接触的换向片已经与电刷 B 接触,而与电刷 B 接触的换向片同时换到与电刷 A 接触,因此电刷 A 的极性仍为正,电刷 B 的极性仍为负。

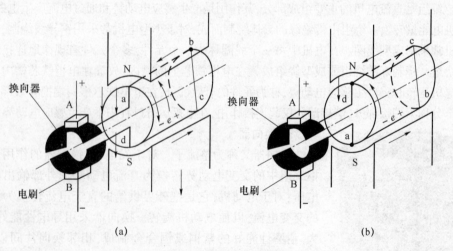

(a)　　　　　　　　　　　　　　　　(b)

图 2.7　直流发电机模型

综上分析可知,与电刷 A 接触的导体总是位于 N 极下,与电刷 B 接触的导体总是在 S 极上,因此电刷 A 的极性总为正,而电刷 B 的极性总为负,在电刷两端可获得直流电动势。

实际直流发电机的电枢是根据实际应用情况需要有多个线圈,线圈分布于电枢铁芯表面的不同位置上,并按照一定的规律连接起来,构成电机的电枢绕组。磁极也是根据需要 N、S 极交替放置多对。

2.2.2 直流电动机的工作原理

把电刷 A、B 接到直流电源上,电刷 A 接电源的正极,电刷 B 接电源的负极,此时在电枢线圈中将有电流流过。

根据毕-萨电磁力定律可知,导体每边所受电磁力的大小为

$$f = B_x l I \tag{2.2}$$

式中,I 为导体中流过的电流,单位为 A;f 为电磁力,单位为 N。

导体受力方向由左手定则确定。在图 2.8(a)所示情况下,位于 N 极下的导体 ab 的受力方向为从右向左,而位于 S 极上的导体 cd 的受力方向为从左向右。电磁力与转子半径之积即电磁转矩,该转矩的方向为逆时针。当电磁转矩大于阻力矩时,线圈按逆时针方向旋转。当线圈旋转到如图 2.8(b)所示位置时,原来位于 S 极上的导体 cd 转到 N 极下,其受力方向变为从右向左;而原来位于 N 极下的导体 ab 转到 S 极上,导体 ab 受力方向变为从左向右,该转矩的方向仍为逆时针方向,线圈在此转矩作用下继续按逆时针方向旋转。这样虽然导体中流通的电流为交变电流,但 N 极下导体所受力的方向和 S 极上导体所受力的方向并未发生变化,电动机在方向不变的转矩作用下转动。

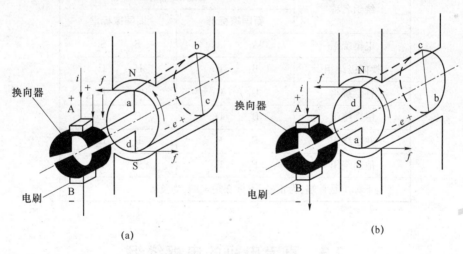

(a)   (b)

图 2.8　直流电动机模型

与直流发电机相同,直流电动机的电枢并非单一线圈,磁极也并非一对。

2.2.3 直流电机铭牌数据及主要系列

直流电机铭牌数据主要包括电机型号、额定功率、额定电压、额定电流、额定转速和励磁电流及励磁方式等,此外还包括电机的出厂数据,如出厂编号、出厂日期等。

国产电机的型号一般采用大写的汉语拼音字母和阿拉伯数字表示,其格式为:第一个字符是产品代号,用大写的汉语拼音表示;第二个字符是设计序号,用阿拉伯数字表示;第三个字符

是机座代号，用阿拉伯数字表示；第四个字符表示电枢铁芯长度序号，用阿拉伯数字表示。现以 Z_2-92 为例说明型号的含义，Z 代表一般用途直流电机，下角标 2 代表第二次设计，9 代表机座代号，2 代表电枢铁芯长度序号。

电机铭牌上所标的数据为额定数据，具体含义如下。

额定功率 P_N：在额定条件下电机所能供给的功率。对于电动机，额定功率是指电动机轴上输出的额定机械功率；对于发电机，额定功率是指电刷间输出的额定电功率。

额定电压 U_N：在额定工作条件下，电机出线端的平均电压。对于电动机，额定电压是指输入额定电压；对于发电机，额定电压是指输出额定电压。

额定电流 I_N：电机在额定电压情况下运行于额定功率，此时的电流为电机的额定电流。

额定转速 n_N：对应于额定电压、额定电流、额定功率时电机的转速。

额定励磁电流 I_{fN}：对应于额定电压、额定电流、额定转速及额定功率时的励磁电流。

励磁方式：直流电机的励磁线圈与其电枢线圈的连接方式。直流电机的励磁方式有他励、并励、串励和复励等。

在电机运行时，若所有物理量均与其额定值相同，则称电机运行于额定状态；若电机的运行电流小于额定电流，则称电机欠载运行；若电机的运行电流大于额定电流，则称电机过载运行。

直流电机出线端标志如表 2.1 所示。

表 2.1 直流电机出线端标志

绕组名称	出线端标志			
	新国家标准		旧国家标准	
电枢绕组	A_1	A_2	S_1	S_2
换向极绕组	B_1	B_2	H_1	H_2
补偿绕组	C_1	C_2	BC_1	BC_2
串励绕组	D_1	D_2	C_1	C_2
并励绕组	E_1	E_2	B_1	B_2
他励绕组	F_1	F_2	T_1	T_2

注：下标 1 是首端，为正极；下标 2 是末端，为负极

2.3　直流电机的电枢绕组

电枢绕组是直流电机的核心部分。电枢绕组放置在电机的转子上，当转子在电机磁场中转动时，不论是电动机还是发电机，绕组均产生感应电动势。当转子中有电流时将产生电枢磁通势，该磁通势与电机气隙磁场相互作用产生电磁转矩，从而实现机电能量的相互转换。

2.3.1　电枢绕组基本知识

电枢绕组是由多个形状相同的绕组元件按照一定的规律连接起来组成的。根据连接规律

不同,绕组可分为单叠绕组、单波绕组、复叠绕组、复波绕组及混合绕组等几种形式。下面介绍绕组中常用的基本知识。

1. 元件

构成绕组的线圈为绕组的元件,元件分为单匝和多匝两种。每一个元件无论是单匝还是多匝,均引出两根线与换向片相连,其中一根为首端,另一根为末端。

2. 极距

相邻主磁极间的距离称为极距。极距用 τ 表示,可用式(2.3)计算:

$$\tau = \frac{\pi D}{2p} \tag{2.3}$$

式中,D 为电枢铁芯外直径;p 为直流电机磁极对数。

3. 叠绕组

叠绕组是指相串联的后一个元件端接部分紧叠在前一个元件端接部分的上面,整个绕组呈折叠式前进。

4. 波绕组

波绕组是指相串联的两个元件呈波浪式前进。

直流电机的绕组如图 2.9 所示。

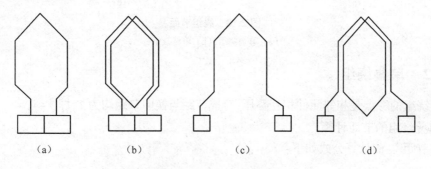

图 2.9 直流电机的绕组

(a) 单匝单叠;(b) 多匝单叠;(c) 单匝单波;(d) 多匝单波

5. 节距

节距是指被连接起来的两个元件边或换向片之间的距离,节距用跨过的元件边数或换向片数表示。节距可分为第一节距、第二节距、合成节距和换向节距四种。

第一节距:一个元件的两个有效边在电枢表面跨过的距离称为第一节距,第一节距用 y_1 表示。

第二节距:连至同一换向片上的两个元件中第一个元件的下层边与第二个元件的上层边的距离称为第二节距,第二节距用 y_2 表示。

合成节距:连至同一换向片上的两个元件对应边之间的距离,即第一个元件的上层边与第二个元件的上层边之间的距离或第一个元件的下层边与第二个元件的下层边之间的距离称为合成节距。合成节距用 y 表示,合成节距与第一节距、第二节距的关系如下。

单叠绕组:

$$y = y_1 - y_2 \tag{2.4}$$

单波绕组：

$$y=y_1+y_2 \tag{2.5}$$

换向节距：同一元件首、末端连接的换向片之间的距离称为换向节距，换向节距用 y_K 表示。

绕组节距如图 2.10 所示。

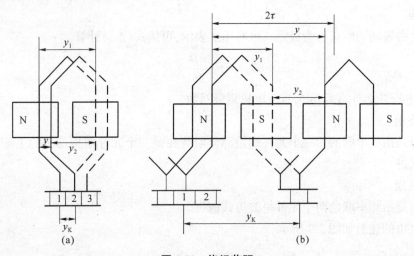

图 2.10　绕组节距

（a）单叠绕组；（b）单波绕组

2.3.2　单叠绕组

单叠绕组的特点是相邻元件相互叠压，合成节距与换向节距均为 1，即 $y=y_K=1$。

1. 单叠绕组的节距计算

第一节距 y_1 的计算公式如下：

$$y_1=\frac{Z}{2p}+\varepsilon \tag{2.6}$$

式中，Z 为电机电枢槽数；p 为磁极对数；ε 为使 y_1 为整数而加的一个小数。当 ε 为负小数时，线圈为短距线圈；当 ε 为正小数时，线圈为长距线圈。长、短距线圈有效边的长度是一样的，但长距线圈连接部分比短距线圈连接部分要长，使用铜导线较多，因此通常使用短距线圈。

单叠绕组的合成节距和换向节距相同，即 $y=y_K=\pm 1$，一般取 $y=y_K=+1$，此时的单叠绕组称为右行绕组，元件的连接顺序为从左向右。

单叠绕组的第二节距 y_2 为第一节距与合成节距之差，即

$$y_2=y_1-y \tag{2.7}$$

2. 单叠绕组的展开图

电机绕组的展开图是把放在铁芯槽里构成绕组的所有元件均取出来，画在同一张图里，其作用是展示元件相互间的电气连接关系。除了元件，展开图中还包括主磁极、换向片及电刷，以表示元件间、电刷与主磁极间的相对位置关系。在画展开图前应根据所给定的电机磁极对数 p、电机电枢槽数 Z、元件数 S 和换向片数 K 计算出各节距，然后根据计算值画出单叠绕组的展开图，如图 2.11 所示。

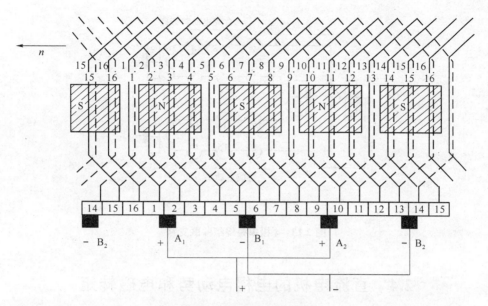

图 2.11　单叠绕组展开图

3. 单叠绕组的元件连接顺序及并联支路图

根据图 2.11 可以直接看出绕组中各元件之间是如何连接的。在图 2.11 中,根据第一节距值 $y_1 = 4$ 可知,第 1 槽元件 1 的上层边连接到第 5 槽的元件 1 的下层边,构成了第 1 个元件;根据换向节距 $y_K = 1$,第 1 个元件的首、末端分别接到第 1、2 两个换向片上;根据合成节距求得 $y_2 = 3$,第 5 槽的元件 1 的下层边连接到第 2 槽元件 2 的上层边,这样就把第 1、2 两个元件连接起来了。其余元件的连接以此类推,如图 2.12 所示。

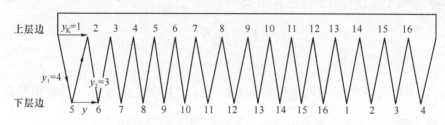

图 2.12　单叠绕组元件连接顺序

综上所述,单叠绕组有以下特点。

(1) 同一主磁极下的元件串联在一起组成一个支路,这样有几个主磁极就有几个支路。

(2) 电刷数等于主磁极数,电刷位置应使支路感应电动势最大,电刷间电动势等于并联支路电动势。

(3) 电枢电流等于各并联支路电流之和。

单叠绕组为保证两电刷间感应电动势最大、被电刷所短路的元件里感应电动势最小,电刷应放置在换向器表面主磁极的中心线位置上。

电刷放在中心线上,是指被电刷短路的元件的元件边位于几何中心线处。图 2.13 所示为 4 极单叠绕组并联支路。

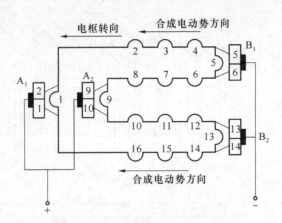

图 2.13　4 极单叠绕组并联支路

2.4　直流电机的电枢电动势和电磁转矩

当直流电机作为电动机运行时，电磁转矩为拖动转矩，通过电机轴带动负载，电枢感应电动势为反向电动势，与电枢所加外电压相平衡；当其作为发电机运行时，电磁转矩为阻转矩，电枢感应电动势为正向电动势向外输出电压，供给直流负载。

2.4.1　直流电机的电枢电动势

电枢绕组中的感应电动势简称电枢电动势。电枢电动势是指直流电机正、负电刷之间的感应电动势，即每个支路里的感应电动势，即

$$E_a = \frac{pN}{60a}\Phi n$$
$$= C_e \Phi n \tag{2.8}$$

式中，$C_e = \frac{pN}{60a}$ 为电动势常数，仅与电机的结构有关；a 为并联支路对数；N 为电枢导体总数；磁通 Φ 的单位为 Wb；转速 n 的单位为 r/min；感应电动势 E_a 的单位为 V。

式(2.8)表明直流电机的感应电动势与电机结构、气隙磁通和电机转速有关。当电机制造好以后，与电机结构相关的常数 C_e 不再变化，因此电枢电动势仅与气隙磁通和转速有关，改变转速和气隙磁通均可改变电枢电动势的大小。

2.4.2　直流电机的电磁转矩

根据电磁力定律，当电枢绕组中有电枢电流流过时，在磁场内电枢绕组将受到电磁力的作用，该力乘以电机电枢铁芯的半径即电磁转矩，计算公式如下：

$$T_{em} = C_T \Phi I_a \tag{2.9}$$
$$C_T = 9.55 C_e \tag{2.10}$$

式中，C_T 为转矩常数，仅与电机的结构有关；I_a 为电枢电流，电枢电流的单位为 A；磁通 Φ 的单位为 Wb；电磁转矩 T_{em} 的单位为 N·m。

从式(2.9)可看出，制造好的直流电机的电磁转矩仅与电枢电流和气隙磁通成正比。

2.5 直流电机的换向

直流电机电枢绕组中一个元件经过电刷从一个支路转换到另一个支路里时,电流方向改变的过程称为换向。

当电机带负载后,元件中的电流经过电刷时,电流方向会发生变化。换向不良会产生电火花或环火,严重时会烧毁电刷,导致电机不能正常运行,甚至引起事故。

2.5.1 换向概述

直流电机每个支路里所含元件的总数是相等的,但是就某一个元件来说它一会儿在这个支路里,一会儿又在另一个支路里。一个元件从一个支路换到另一个支路时,要经过电刷。当电机带了负载后,电枢元件中有电流流过,同一支路里各元件的电流大小与方向都是一样的,相邻支路里电流大小虽然一样,但方向却是相反的。可见,某一元件经过电刷从一个支路换到另一个支路时,元件里的电流必然改变方向。

元件从开始换向到换向终了所经历的时间叫作换向周期。换向问题很复杂,换向不良会在电刷与换向片之间产生火花,当火花大到一定程度时,有可能损坏电刷和换向器表面,从而使电机不能正常工作。但也不是说,直流电机运行时,一点儿火花也不许出现。产生火花的原因是多方面的,除了电磁原因,还有机械原因,此外换向过程中还伴随着电化学和电热学等现象,所以相当复杂。

2.5.2 改善换向的方法

改善换向的目的在于消除或削弱电刷下的火花。由于电磁原因是产生火花的主要因素,所以下面主要分析如何消除或削弱由此引起的电磁性火花。

1. 选用合适的电刷

电机用电刷的型号规格很多,其中碳-石墨电刷的接触电阻最大,石墨电刷和电化石墨电刷次之,铜-石墨电刷的接触电阻最小。

如果直流电机选用接触电阻大的电刷,则有利于换向,但接触压降较大,电能损耗大,发热厉害,同时由于这种电刷允许的电流密度较小,电刷接触面积和换向器尺寸以及电刷的摩擦都将增大。设计制造电机时应综合考虑两方面的因素,选择恰当的电刷牌号。

在使用维修中,欲更换电刷时,必须选用与原来同一牌号的电刷,如果配不到相同牌号的电刷,则应尽量选择特性与原来相接近的电刷,并全部更换。

2. 装设换向极

目前改善直流电机换向最有效的方法之一是装设换向极,换向极装设在相邻两主磁极之间的几何中心线上,如图 2.14 所示。

加装换向极的目的主要是在换向元件处产

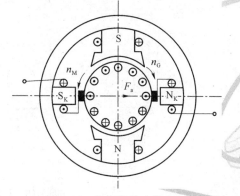

图 2.14 换向极的安装位置

生一个磁通势,首先把电枢反应磁通势抵消掉,使得切割电动势 $e_a=0$;其次还得产生一个气隙磁通密度,换向元件切割此磁场产生感应电动势去抵消电抗电动势。换向极绕组应与电枢绕组相串联,使换向极磁场随电枢磁场的强弱而变化,换向极极性的确定原则是使换向极磁场方向与电枢磁场方向相反。当换向极安装正确时可使合成电动势大为减小,甚至使 $\sum e=0$,换向为直线换向。1 kW 以上的直流电机几乎都安装换向极。

3. 安装补偿绕组

由于电枢反应的影响,主磁极下气隙磁通密度曲线被扭歪了,这样就增大了某几个换向片之间的电压。在负载变化剧烈的大型直流电机内有可能出现环火现象,即正负电刷间出现电弧。电机出现环火,可以在很短的时间内损坏电机。防止环火出现的方法是在主磁极上安装补偿绕组,从而抵消电枢反应的影响。

补偿绕组与电枢绕组串联,它产生的磁通势恰恰能抵消电枢反应磁通势。这样,当电机带负载后,电枢反应磁通势被抵消,不会再把气隙磁通密度曲线扭歪了,从而可以避免出现环火现象。补偿绕组装在主磁极极靴里,有了补偿绕组,换向极的负担就减轻了,有利于改善换向。

2.6 直流发电机

由直流电机原理可知,当用原动机拖动直流电机运行并满足一定的发电条件时,直流电机即可发出直流电,供给直流负载,此时的电机作为发电机状态运行,被称为直流发电机。

2.6.1 直流发电机的励磁方式

直流电机在发电状态下运行,除了需要原动机拖动,还需要给励磁绕组提供励磁电流。供给励磁绕组电流的方式叫作励磁方式,直流电机的励磁方式分为他励和自励两大类。发电机的励磁电流由其他直流电源单独供给的称为他励发电机,由发电机自身供给的称为自励发电机。自励发电机根据励磁绕组与电枢绕组的连接方式又可分为并励发电机、串励发电机和复励发电机三种。

并励发电机的励磁绕组与电枢绕组并联;串励发电机的励磁绕组与电枢绕组串联;而复励发电机是并励和串励两种励磁方式相结合。图 2.15 所示是直流发电机的励磁方式。

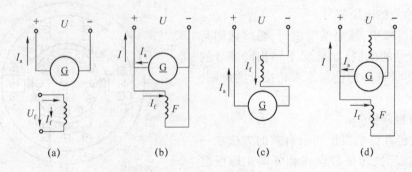

图 2.15　直流发电机的励磁方式
（a）他励方式；（b）并励方式；（c）串励方式；（d）复励方式

2.6.2 直流发电机的基本方程式

直流发电机的基本方程式包括电枢电动势公式、电压平衡方程、电磁转矩公式、电磁转矩平衡方程、励磁特性公式和效率公式。在列写直流电机的基本方程式之前,各有关物理量如电压、感应电动势、电流、转矩等,都应事先规定好它们的正方向。发电机各物理量的正方向标定是任意的,但一旦标定好后就不应再改变,所有方程均应按正方向的标定进行列写。按图 2.16 所标定的正方向称为发电机惯例。标定好正方向后,当物理量的瞬时值方向与所标定正方向相同时取正号,否则取负号。

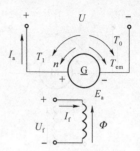

图 2.16 发电机方向标注惯例

1. 电枢电动势公式和电压平衡方程

根据图 2.16 中所标定的发电机惯例,电枢电动势为

$$E_a = C_e \Phi n \tag{2.11}$$

应用基尔霍夫电压定律可得电压平衡方程式为

$$E_a = U + R_a I_a \tag{2.12}$$

2. 电磁转矩公式和电磁转矩平衡方程

电磁转矩公式为

$$T_{em} = C_T \Phi I_a \tag{2.13}$$

作用在直流发电机轴上的转矩有三个:原动机输入给发电机的拖动转矩 T_1、电磁转矩 T_{em}、电机的机械摩擦以及铁损耗引起的转矩 T_0(空载转矩)。电磁转矩与空载转矩均是制动性转矩,即与转速 n 的方向相反。根据图 2.16 所示,稳态运行时电磁转矩平衡方程为

$$T_1 = T_{em} + T_0 \tag{2.14}$$

3. 励磁特性公式

直流发电机的励磁电流为

$$I_f = \frac{U_f}{R_f} \tag{2.15}$$

式中,R_f 和 U_f 分别为励磁绕组的总电阻和励磁绕组的励磁电压。

4. 效率公式

发电机的效率用 η 表示,其定义为

$$\eta = \frac{P_2}{P_1} \times 100\% \tag{2.16}$$

额定负载时,直流发电机的效率与电机的容量有关。10 kW 以下的小型电机效率为 75% ~ 85%;10~100 kW 的电机效率为 85% ~ 90%;100~1 000 kW 的电机效率为 88% ~ 93%,发电机的效率一般标在电机的铭牌上。

2.7 直流电动机

2.7.1 直流电动机的工作原理

在一定条件下,直流电机可作为发电机运行,把机械能转换为电能供给直流负载;而在其

他条件下又可作为电动机运行,把电能转换为机械能拖动机械负载。

1. 直流电机的可逆原理

直流电机的运行状态取决于所连接的机械设备及电源等外部条件,当其作为电动机运行

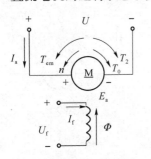

图2.17 电动机方向标注惯例

时,电磁功率转换为机械功率拖动机械负载;当其作为发电机运行时,机械功率转换为电磁功率供给直流电负载。作为电动机运行时,电磁转矩为拖动性转矩;作为发电机运行时,电磁转矩为制动性转矩。一台电机既可作发电机运行,又可作电动机运行,这就是直流电机的可逆原理。

2. 直流电动机的基本方程

在列写直流电动机的基本方程之前,与发电机类似也应规定好电动机各物理量的正方向,如图2.17所示,即电动机方向标注惯例。

$$E_a = C_e \Phi n \tag{2.17}$$
$$U = E_a + R_a I_a \tag{2.18}$$
$$T_{em} = C_T \Phi I_a \tag{2.19}$$
$$T_{em} = T_2 + T_0 \tag{2.20}$$

式中,T_2为负载转矩;T_0为空载转矩。

直流电动机的效率可通过式(2.21)进行计算:

$$\eta = \frac{P_2}{P_1} = 1 - \frac{\sum P}{P_2 + \sum P} \tag{2.21}$$

2.7.2 他励直流电动机的工作特性

直流电动机的工作特性是指供给电动机额定电压 U_N、额定励磁电流 I_{fN}时,转速与负载电流之间的关系、转矩与负载电流之间的关系及效率与负载电流之间的关系,这三种关系分别叫作电动机的转速特性、转矩特性和效率特性。他励直流电动机的工作特性与并励直流电动机的工作特性相同。

1. 转速特性

他励直流电动机的转速特性可表示为 $n = f(I_a)$,把式(2.17)代入式(2.18)并整理可得

$$n = \frac{U_N}{C_e \Phi_N} - \frac{R_a}{C_e \Phi_N} I_a \tag{2.22}$$

如果忽略电枢反应的去磁效应,则转速与负载电流按线性关系变化,当负载电流增加时,转速有所下降。直流电动机的转速特性如图2.18所示。

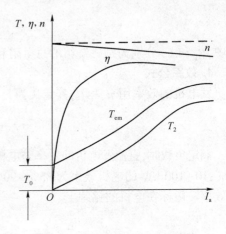

图2.18 直流电动机的工作特性

2. 转矩特性

当 $U=U_N$、$I=I_{fN}$ 时，$T_{em}=f(I_a)$ 的关系叫作转矩特性。根据直流电机电磁转矩公式：

$$T_{em}=C_T\Phi_N I_a \tag{2.23}$$

可以看出，在忽略电枢反应的情况下电磁转矩与电枢电流成正比，若考虑电枢反应使主磁通略有下降，则电磁转矩上升的速度比电流上升的速度要慢一些，曲线的斜率略有下降。直流电动机的转矩特性如图 2.18 所示。

3. 效率特性

当 $U=U_N$、$I=I_{fN}$ 时，$\eta=f(I_a)$ 的关系叫作效率特性。

$$\eta=\frac{P_2}{P_1}=1-\frac{\sum P}{P_2+\sum P}=1-\frac{P_0+R_a I_a^2}{U_N I_a} \tag{2.24}$$

空载损耗 P_0 是不随负载电流变化的，当负载电流较小时效率较低，输入功率大部分消耗在空载损耗上；当负载电流增大时效率也增大，输入功率大部分消耗在机械负载上；但当负载电流增大到一定程度时铜损快速增大，此时效率又开始变小。直流电动机的效率特性如图 2.18 所示。

项目 2 直流电动机的运行维护与故障处理

由于直流电动机结构比较复杂，加之电刷与换向器之间存在机械摩擦，所以与三相异步电动机相比，其在运行中出现故障的概率较大。因此，直流电动机对运行维护的要求较高。

任务 1 直流电动机的保养

1. 换向器的保养

换向器的表面应很光滑，不得有机械损伤或火花灼痕，如果有轻微的灼痕，可用 00 号砂布在旋转着的换向器上细细研磨光洁；如果有严重的灼痕或粗糙不平，应拆下电枢进行修理。

2. 电刷的使用及研磨

（1）电刷与换向器的工作面应接触良好，正常的电刷压力应为 $(1.5\sim2.5\ \text{N/cm}^2)\pm10\%$。电刷与刷握的配合不宜过紧，必须留有小于 0.15 mm 的间隙。

（2）电刷磨损或破碎时，应按规定进行更换。若更换部分电刷，则必须保证整台电动机的电刷牌号一致，否则会引起各电刷间负荷分配不均匀。

（3）电刷更换后，一定要将电刷与换向器的接触面用 00 号砂布研磨光滑，使其吻合良好。注意，不要用金刚砂布来研磨，因为脱落的金刚砂会附在电刷上或落在换向器的沟缝中，造成电刷和滑环损坏。

3. 火花等级的鉴别

电刷的火花可按表 2.2 鉴别等级，以确定电动机允许的运行方式。

表 2.2　电刷火花等级

火花等级	特征	换向器和电刷的状态	允许的运行方式
1	无火花	换向器上没有黑痕,电刷上没有灼痕	可连续运行
$1\frac{1}{4}$	电刷下面仅有少部分有微弱的点状火花	换向器上稍有黑痕,电刷上没有灼痕	可连续运行
$1\frac{1}{2}$	电刷下面大部分有轻微火花	换向器上有黑痕,用汽油擦洗即能除去,电刷上稍有灼痕	
2	电刷的整个边缘下面有较明显的火花	换向器上有较严重的黑痕,用汽油擦洗不能除去,电刷上也有灼痕	只允许在短时冲击负载及过载时发生
3	电刷的整个边缘下面有很强的火花	换向器上有较严重的黑痕和灼痕,用汽油擦洗不能除去,电刷烧焦及损坏	只允许在直接启动或反转时瞬时发生

4. 中性线的测定

中性线可按下列方法测定。

1) 感应法

感应法测定中性线的接线如图 2.19 所示。让电枢保持静止,采用他励励磁方式,将毫伏表接在相邻的两组电刷上,并交替地接通和断开电机的励磁电流;逐步移动电刷架的位置,在每一个不同位置上测量电枢绕组的感应电动势,当感应电动势最接近零时,电刷所在的位置即可认为是中性线。毫伏表的计数建议以励磁电流断开时的读数为准。

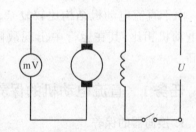

图 2.19　感应法测定中性线的接线图

2) 正反转电机法

试验时,采用他励励磁方式,保持转速、励磁电流及负载(接近额定值)不变的情况下使电动机正转及反转,逐步移动电刷位置,在每一个不同点上测量电动机在正转及反转时的电枢电压,直到两个电压数值最接近时为止,此时电刷所在的位置即可认为是中性线。

任务 2　直流电动机的运行与维护

1. 温度的监视

温升是保证直流电动机安全运行的重要条件之一,温升过高,会引起绝缘加速老化,电动机寿命降低。B 级绝缘绕组温升超过允许值 10 ℃,寿命将会缩短一半。所以在电动机运行时应经常监视温升,使温升不超过绝缘等级的允许温升。

对绕组中埋有测温元件的电动机,应定期检查和记录电动机内各部位温升。对没有埋设测温元件的电动机,要经常检查进、出口风温度,通常直流电动机允许进、出口风温差为 15 ~ 20 ℃。对较重要的电动机,在温升较高的部位须埋设温度计并经常监视温升。

对于小型直流电动机,一般用手摸来检查温升,根据机座外表面温度进行判断。当电动机温度超过允许温升时,应做如下检查。

(1) 检查电动机是否过载,当过载较严重时,应适当减轻负载或使电动机空转冷却,避免绕组温度过高而烧坏。

(2) 检查冷却系统是否出现故障,如风机停转、冷却水管堵塞、冷却水温度太高、冷却风温度过高、过滤器积灰过多而使风阻增大等,如果发现这类故障,应立即检查冷却系统,排除故障。

(3) 检查散热情况,电动机因过滤不好,灰尘和油污黏结在绕组表面上,造成电动机散热困难,甚至堵塞了通风沟的,应及时清理。

2. 换向状况监视

良好的换向是保证直流电动机可靠运行的必要条件。直流电动机在正常运行时,应是无火花或电刷边缘大部分有轻微的无害火花,氧化膜的颜色应均匀且有光泽。如果换向火花加大,换向器表面状况发生变化,出现电弧烧痕或沟道,应分析原因,是电动机负载过重还是换向故障,要认真检查,及时处理。

在电动机运行中,应使换向器表面保持清洁,经常吹风清扫,并用干布擦拭换向器表面,以免引起火花加大和环火事故。

3. 润滑系统监视

若直流电动机润滑系统,特别是座式轴承的大型电动机润滑系统工作不正常,对电动机安全运行有直接影响。在电动机运行时,应经常检查油路是否正常,油环转动是否良好,轴瓦温度、油标指示及油面位置是否正常,有无严重漏油或甩油现象。

4. 绝缘电阻监视

直流电动机绕组的绝缘电阻是确保电动机安全运行的重要因素之一。对较重要的电动机,每班都应检查和记录绝缘电阻数值,一般允许值为 1 MΩ/kV,不能低于 0.5 MΩ/kV。在停机时间较长时,由于绕组温度下降和绝缘结构中气孔和裂纹吸潮,绝缘电阻往往大幅度下降,甚至低于允许值,但经过加热干燥后,绝缘电阻很快就可恢复。

当绝缘电阻阻值经常波动,其趋势是越来越低,即使加热干燥后,也难以恢复时,应对绕组表面进行抹擦,将炭粉、油雾等污染物清扫干净。当清扫和加热干燥不起作用时,应用洗涤剂清洗。

为了使电动机保持较高的绝缘电阻,电动机内部应定期吹风清扫,过滤器的材料应及时更换。在电动机停机时间较长时,应使用加热器通电加热,以避免绝缘电阻降低,一般只要使电动机温度高于室温 5 ℃,就能防止绕组吸潮而造成绝缘电阻下降。

5. 异常现象监视

(1) 异常响声。一般在电动机运行中突然出现一种异常的响声,往往是电动机故障信号。异常响声可能是由轴承损坏、固定螺钉脱落、电动机内部件脱落刮碰、定子与转子相互摩擦等故障引起的,发现后应立即停机检查,排除故障。

(2) 异常气味。异味中较多的是绝缘味,当电动机温度过高或绕组局部短路时,都会产生绝缘味,严重时因绝缘焦化伴有烟雾,异味往往是事故征兆,应立即检查,排除故障。当发现电动机冒烟或起火时,必须立即停机,紧急处理。

（3）异常振动。电动机在运行中振动突然加剧,因共鸣而引起噪声增加,可能是由转动部分平衡被破坏、轴承损坏和励磁绕组匝间短路所引起的,这会使某些结构部件疲劳损坏,并影响换向性能,应及时处理。

6. 定期检修

直流电动机运行一定时间后应进行定期检查,主要是测量一些技术状态数据,排除在运行维护中已发现的小故障,检查和记录一些可以延期解决的故障,清理和擦净灰尘、油污,更换易损件等。

（1）对电动机外部和内部进行一次清扫,并对电动机外壳、端盖和其他结构部件等进行一次外观检查,检查有无损伤和锈蚀现象。

（2）检查绕组表面有无变色、损伤、裂纹和剥离现象,定子绕组固定是否可靠,补偿绕组连接线是否距离过近,焊接处有无脱焊现象,若发现问题,应及时处理。

（3）检查绕组绝缘电阻、记录数据,并与上次检修的数据进行比较,若绝缘电阻降低,应分析原因,清除干净绕组表面和铁芯上的积尘。

（4）检查换向器和电刷的工作状态,换向器有无变形,换向器表面有无沟道、有无出现烧伤现象,若发现问题,应及时处理。检查电刷是否已磨损到寿命限度,镜面是否良好,电刷压力是否合适,电刷在刷握内活动是否灵活等,若发现问题,应进行调整。若出现换向不良等情况,还应检查片间电阻、刷距和气隙。

（5）检查转动部件和静止部件的紧固螺钉有无松动。

（6）检查轴承运行温度有无超过允许温度,对注入式换油滚动轴承,应注入适量润滑油;对轴承间隙较大或润滑油使用时间较长的轴承,应更换轴承或润滑油。

任务 3　直流电动机常见故障及处理方法

由于直流电动机在发生故障时,有时一种故障现象对应着几种可能的故障原因;有时一种故障原因又对应着几种可能的故障现象,因此根据故障现象进行分析判断,找出造成该故障的真正原因就显得尤为重要,也是故障处理的基础。下面总结了直流电动机、换向器和电刷的一些常见故障和处理方法。

1. 直流电动机故障及处理方法

直流电动机常见故障及处理方法如表 2.3 所示。

表 2.3　直流电动机常见故障及处理方法

序号	故障现象	故障原因	处理方法
1	绝缘电阻低	（1）电动机绕组和导电部分有灰尘、金属屑、油污 （2）绝缘受潮 （3）绝缘老化	（1）用压缩空气吹净,或者用弱碱性洗涤剂水溶液进行清洗,然后干燥处理 （2）烘干处理 （3）浸漆处理或更换绝缘

序号	故障现象	故障原因	处理方法
2	电枢接地	(1)金属异物使线圈与地接通 (2)绕组槽部或端部绝缘损坏	(1)用220 V小试灯找出故障点,排除异物 (2)用低压直流电源测量片间压降或换向片和轴间压降,找出接地点,更换故障线圈
3	电枢绕组短路	(1)换向片片间有焊锡等金属物短接 (2)匝间绝缘损坏 (3)接线错误	(1)用测量片间压降的方法找出故障点,清除污物 (2)更换绝缘 (3)纠正电枢线圈与升高片的连线
4	电枢绕组断路	(1)线圈和升高片并头套焊接不良 (2)接线错误	(1)补焊连接部分 (2)纠正电枢线圈与升高片的连接
5	电枢绕组接触电阻大	(1)升高片和换向片焊接不良 (2)线圈和升高片并头套焊接不良	(1)补焊和加固升高片与换向片的连接 (2)补焊连接部分
6	电动机过热	(1)负载过大 (2)电枢绕组短路 (3)电枢铁芯绝缘损坏 (4)主磁极线圈短路 (5)环境温度高,通风散热状况不良,电动机内部不清洁 (6)工作电压高于额定电压	(1)减轻或限制负载 (2)按上述电枢绕组短路故障处理 (3)进行绝缘处理 (4)找出故障点,排除短路故障 (5)检查风扇是否脱落,风扇转动方向是否正确,通风道有无堵塞,清理电动机内部,改善周围冷却条件 (6)降低电压到额定值
7	电动机不能启动或转速达不到额定值	(1)负载过大 (2)电刷不在中性线上 (3)电枢的电源电压低于额定值 (4)换向极线圈接反 (5)励磁线圈断路、短路或接线错误 (6)启动器接触不良,电阻不合适 (7)电枢绕组或各连接线有短路或接地故障 (8)复励电动机的串励绕组接反	(1)减轻或限制负载 (2)用感应法调整电刷位置 (3)提高电源电压到额定值 (4)将换向极线圈的端钮相互更换位置 (5)纠正接线错误,消除短路、断路故障 (6)更换合适的启动器 (7)检查电枢绕组和各连接线,并进行处理 (8)可将串励绕组的两端钮更换即可,或者按电动机所附的接线图正确接线

续表

序号	故障现象	故障原因	处理方法
8	电动机转速过高	（1）电枢电压超过额定值 （2）电刷不在中性线上 （3）励磁电流减少过多或励磁电路有断路故障	（1）降低电枢电压到额定值 （2）可用感应法调整电刷位置 （3）增加励磁电流或检查励磁电路是否断路
9	电动机振荡,即电流和转速发生剧烈变化	（1）电动机电源电压波动 （2）电刷不在中性线上 （3）励磁电流太小或励磁电路有断路 （4）串励绕组或换向极绕组接反	（1）检查电源电压 （2）用感应法重新调整电刷位置 （3）增加励磁电流或查出断路处并进行修理 （4）纠正接线
10	电刷下火花严重,换向器和电刷剧烈发热	（1）电刷型号或尺寸不符 （2）电刷不在中性线上 （3）电刷的压力过大或过小 （4）电刷质量不良 （5）电刷与换向器的接触面未磨好或接触面上有油污 （6）电刷架上各电刷臂之间距离不相等或同一电刷臂上的电刷握不在一直线上 （7）换向器偏心、振摆、表面不平、片间云母突出 （8）换向极绕组接反 （9）电枢绕组有短路或接地故障 （10）主磁极和换向极的顺序不对 （11）电动机过载	（1）应更换电刷 （2）用感应法重新调整电刷位置 （3）调整各电刷压力大小一致 （4）更换质量合格的电刷 （5）磨光电刷接触面或清洗油污 （6）调整各电刷臂或各刷握的位置 （7）修理换向器 （8）改正接线 （9）在电枢绕组中通入低压直流电,测量各相邻两换向片之间直流电压降,检查有无短路,用兆欧表或试灯检查有无接地,并进行修理 （10）用指南针检查各磁极的极性 （11）应减轻负载或换一台容量较大的电动机
11	电动机向某一方向旋转时,电刷下的火花较反方向旋转时大	（1）电刷不在中性线上 （2）电动机没有换向极或换向极的安匝数不够 （3）电刷架上各电刷臂之间的距离不相等	（1）用感应法调整电刷位置,可逆电动机的电刷应严格固定于中性线上 （2）更换一台有换向极的电动机或增加换向极的安匝数 （3）调整各电刷臂或各刷握的距离

续表

序号	故障现象	故障原因	处理方法
12	在换向器圆周上,每隔一定角度的换向片烧焦发黑,每次清理修整后仍是这几片发黑	(1)发黑烧焦的换向片与电枢线圈之间焊接不良 (2)连接这些换向片的均压线焊接不良或有断路 (3)连接这些换向片的电枢线圈有断路	(1)重新焊接 (2)重新焊接或更换断路的均压线 (3)更换或修复断路的电枢线圈
13	电动机内部冒火或冒烟	(1)电刷下火花太大 (2)电枢绕组有短路 (3)电动机过载 (4)换向器的升高片之间及各电枢绕组之间充满了电刷粉末和油垢,引起燃烧 (5)电动机内部各引线的连接点松动或有断路	(1)检查电刷和换向器的工作状况 (2)检查各电枢线圈发热是否均匀,或者在电枢中通入低压直流电,测量各相邻换向片之间的电压降 (3)减轻负载或更换一台容量较大的电动机 (4)清除粉末和油垢,必要时烘干处理 (5)检查各连接线的连接点
14	电动机振动	(1)电枢不平衡 (2)电动机的基础不坚固或固定不牢 (3)机组、电动机轴线定心不正常	(1)重新校正电枢平衡 (2)增强基础或紧固 (3)重新调整好机组轴线定心
15	滚动轴承发热、有噪声	(1)滚珠磨损 (2)轴承与轴配合太松 (3)轴承内润滑脂充得过满	(1)更换轴承 (2)使轴与轴承的配合精度符合要求 (3)减少润滑脂
16	滑动轴承发热、漏油	(1)油牌号不对,油内含有杂质和脏物 (2)油箱内油位过高 (3)油环停滞,压力润滑系统的油泵有故障,油路不畅通 (4)轴颈与轴瓦间隙太小,轴瓦研刮不好 (5)轴承挡油盖密封不好,轴承座上下接合面间隙大	(1)更换润滑油,清除杂质 (2)减少油量 (3)更换新油环,消除油路故障,保证有足够的油量 (4)研刮轴瓦,使轴颈与轴瓦间隙合适 (5)改进轴承挡油盖的密封结构,研刮轴承座接合面

2. 换向器故障及处理方法

换向器常见故障及处理方法如表 2.4 所示。

表 2.4　换向器常见故障及处理方法

序号	故障现象	故障原因	处理方法
1	换向不良	(1)换向器表面状态不良 (2)换向器偏心或变形 (3)电刷振动 (4)电刷型号不符 (5)电刷弹簧压力过小 (6)电刷不在中性线上 (7)刷距不均匀 (8)电动机振动 (9)电动机过载 (10)电枢绕组片间短路 (11)补偿绕组和换向极绕组短路 (12)补偿绕组和换向极绕组接线错误 (13)并头套开焊	(1)经常维护,并进行表面处理 (2)车圆换向器 (3)改善换向器表面,减小电刷与刷握间隙 (4)选用合适型号的电刷 (5)调整电刷压力 (6)用感应法重新调整中性线 (7)调整刷距 (8)应校正平衡 (9)减轻负载 (10)清理片间云母沟中的金属物 (11)消除短路故障 (12)改正接线 (13)补焊并头套
2	换向器呈现条纹	(1)电刷型号不对 (2)电刷电流密度过低 (3)刷面镀铜 (4)湿度过高 (5)温度过高 (6)油雾附着 (7)存在有害气体	(1)更换电刷 (2)避免在 $2\sim5$ A/cm^2 电流密度下长期运行 (3)防止潮气和尘埃进入,选用合适电刷 (4)防止潮气进入电动机内部 (5)加强通风冷却 (6)防止油雾进入 (7)防止有害气体进入
3	换向器表面烧伤	(1)电刷换向性能差 (2)电刷不在中性线上 (3)换向器变形 (4)并头套开焊 (5)刷距、极距不等	(1)选用抑制火花能力强的电刷 (2)调整电刷到中性线上 (3)车圆换向器 (4)补焊并头套 (5)调整刷距、极距
4	换向器磨损快,呈铜本色	(1)电刷磨损率太大 (2)电刷与换向器接触不良 (3)电刷电流密度太低 (4)电刷中含有碳化硅和金刚砂 (5)湿度过低 (6)空气中有耐磨性尘埃	(1)选用润滑性好的电刷 (2)改善接触面 (3)去掉部分电刷 (4)选用合适电刷 (5)人工建立氧化膜 (6)净化周围空气

序号	故障现象	故障原因	处理方法
5	换向片边缘毛刺	(1)电刷卡死在刷握内 (2)刷握加垫太多 (3)电刷振动 (4)高摩擦 (5)维护不当	(1)保证电刷在刷握内自由活动 (2)改用整垫 (3)处理换向器表面,减小电刷与刷握间隙 (4)改善滑动接触或选用润滑性能好的电刷 (5)定期清扫换向器、改善滑动接触
6	环火	(1)换向不良 (2)片间电压太高 (3)短路或重负载冲击 (4)电枢绕组开焊 (5)维护不良	(1)改善换向 (2)防止过电压 (3)减轻负载,排除短路 (4)补焊电枢绕组 (5)加强换向器表面清理
7	氧化膜颜色不正常	(1)换向器温度太高 (2)电刷型号不对 (3)有害性气体、油污附着	(1)改善通风条件 (2)更换电刷 (3)防止有害性气体进入、防止油污进入
8	抖动和噪声	(1)换向器变形、突片 (2)电刷型号不对 (3)电刷压力不合适 (4)电刷与刷握间隙太大 (5)电刷倾斜角不适当 (6)电动机振动 (7)湿度过低	(1)车圆换向器 (2)选用合适电刷 (3)调整电刷压力 (4)调整电刷与刷握间隙 (5)调整倾斜角 (6)校正平衡、消除振动 (7)增加风道湿度
9	电刷异常磨损和破损	(1)换向不良 (2)换向器表面粗糙 (3)电刷压力太大 (4)电刷、刷握振动大 (5)电刷质量不好 (6)接触面温度太高 (7)湿度过低	(1)改善换向 (2)车光换向器 (3)调整电刷压力 (4)改善电刷润滑条件,减小电刷与刷握间隙 (5)更换电刷 (6)改善通风冷却条件 (7)通风道喷雾增加湿度
10	电刷电流分布不均	(1)电刷压力不等 (2)不同型号电刷混用 (3)电刷与刷握间隙太小 (4)电刷黏结刷握内孔 (5)刷瓣螺钉未拧紧	(1)调整电刷压力,力求一致 (2)改用同一型号电刷 (3)调整间隙 (4)清理刷握内孔 (5)紧固刷瓣螺钉

序号	故障现象	故障原因	处理方法
11	电刷表面镶铜	(1)云母突出或有毛边 (2)温度太高 (3)湿度太低 (4)氧化膜能力差、含研磨成分太多，油污附着	(1)修平 (2)改善通风冷却条件 (3)增加风道湿度 (4)选用合适型号电刷，防止油污进入电动机内
12	电刷与换向器温度过高	(1)电动机过载、堵转 (2)电刷压力太大 (3)电刷型号不对 (4)通风不良 (5)强烈火花 (6)高摩擦	(1)改善电动机运行状况、减轻负载 (2)调整电刷压力 (3)更换电刷 (4)改善通风 (5)改善换向不良 (6)改善滑动接触条件

3. 电刷故障及处理

电刷常见故障及处理方法如表 2.5 所示。

表 2.5 电刷常见故障及处理方法

序号	故障现象	故障原因	处理方法
1	电刷磨损严重	(1)电刷型号不对 (2)换向器偏心、摆动或云母绝缘片凸起	(1)更换合适的电刷 (2)修理换向器
2	电刷磨损不均匀	(1)刷握上弹簧压力不均匀 (2)电刷质量不一致	(1)调整各弹簧压力 (2)更换电刷
3	电刷或刷握过热	(1)电刷压力过大 (2)电刷型号或质量不一致 (3)电动机过载或通风不良	(1)调整电刷压力 (2)更换电刷 (3)减轻负载或改善通风
4	电刷在电动机运行中出现噪声	(1)电动机转速超过额定值 (2)电刷工作面未磨好 (3)电刷摩擦系数过大	(1)将电动机转速调整至额定值 (2)重新研磨 (3)更换摩擦系数较小的电刷
5	电刷在运行中破损、边缘碎裂	(1)电动机振动过大 (2)电刷质软或较脆	(1)减轻电动机振动 (2)更换合适的电刷
6	电刷引线烧坏或变色，引起脱落	(1)各刷握弹簧压力不均匀 (2)电刷与引线之间铆压不好	(1)调整各弹簧压力 (2)更换电刷
7	电刷下火花较大	(1)电动机过载 (2)电刷不在中性线上 (3)换向极绕组接反 (4)换向器偏心、摆动或云母片凸起	(1)减轻负载 (2)调整中性线 (3)改正接线 (4)修理换向器

小　　结

本章介绍了直流电机的基本工作原理、结构和特性等,应主要掌握以下内容。

一、直流电机的主要结构

直流电机由定子和转子两大部分组成。定子部分包括机座、主磁极(包括励磁绕组)、换向极(包括换向极绕组)和电刷装置。转子部分包括电枢铁芯、电枢绕组、换向器、转轴和轴承等。我们应弄清机座、主磁极、换向极、电枢铁芯和换向器的几何形状以及在电机中所起的作用。

二、直流电机的基本工作原理

掌握在磁场里导体运动将产生感应电动势、载流导体在磁场中要受力的作用,这两个规律是直流电机工作的基础。

弄清楚电机模型中因为磁极永远都是成对且 N、S 极交替出现的,故导体中的感应电动势是交变的。但因为电刷固定在特定的磁极下,在正、负两个电刷之间的电动势是直流电动势。

知道直流电机的铭牌中有哪些主要的额定数据、数据的意义、在使用电机时应当注意的事项。

三、直流电机的电枢绕组

电枢绕组是直流电机的核心,通过这一节的学习应当知道以下内容。

(1) 单叠绕组各节距的定义。在给定极对数 p、电枢转子槽数 Z、元件数 S 和换向片数 K 的情况下,会计算单叠绕组的各节距。

(2) 理解单叠绕组的主要特点。

☞ 同一磁极下的元件组成一个支路,因此支路对数 a 等于磁极对数 p,即 $a=p$。

☞ 电刷的放置应使正、负电刷间感应电动势最大,被电刷短路的元件中感应电动势最小,因此电刷应对准主磁极中心线。

☞ 电刷数等于磁极数。

(3) 知道单波绕组各节距与单叠绕组各节距的相同点和不同点。

(4) 了解单波绕组的并联支路对数 a 永远等于 1,与主磁极的个数无关;知道在什么情况下用单叠绕组,在什么情况下用单波绕组。

四、电枢反应

当直流电机带上负载后,电枢里有电流流过,电枢电流产生的磁通势叫作电枢磁通势。电枢磁通势的存在使空载时的气隙每极磁通和气隙磁通密度分布波形发生变化,这种影响叫作电枢反应。电枢反应将使气隙磁通密度分布曲线发生扭曲,在磁路近于饱和的情况下使每极下的磁通减少,即电枢反应为去磁作用,使磁通密度的零点偏离几何中心线。电枢反应对一般用途的中小型直流电机影响不大,但对大中型直流电机有较大影响,为补偿电枢反应的影响可加入补偿绕组,以抵消电枢反应的去磁效应。

五、电枢电动势和电磁转矩

（1）在恒定的磁场中，转动的电枢绕组产生感应电动势 $E_e = C_e \Phi n$。

（2）在恒定的磁场中，通电的电枢绕组产生电磁转矩 $T_{em} = C_T \Phi I_a$。

以上两个计算公式是直流电机中基本的公式，贯穿直流电机及拖动分析的始终，应当牢记。

六、直流电机的换向

（1）换向元件里的合成电动势为零，电流随时间按直线规律变化，这种换向为直线换向。直线换向时，电刷下的电流密度保持不变，电刷下不产生火花。直线换向是一种理想的换向过程。在换向元件中，由于有电抗电动势存在，实际换向不是直线换向，而是延迟换向。当电抗电动势大到一定数值时，电刷下就会出现火花，称为换向不良。

（2）安装换向极可以起到改善换向的作用，换向极装在两个主磁极之间的位置上。换向极绕组里流过的电流是电枢电流，即换向极绕组串联在电枢回路里。对换向极极性的要求如下：对发电机来说，顺着电枢旋转方向看，换向极的极性应和下面主磁极的极性一致；对电动机来说，顺着电枢旋转方向看，换向极的极性应和下面主磁极的极性相反。

（3）换向极产生的磁通势过强会使换向元件加速换向，也有可能产生火花。只有安装换向极后，换向元件中的合成电动势为零（或者较小），换向变为直线换向才好。

（4）了解产生火花的其他非电磁原因，如机械原因，并根据这些非电磁原因理解换向片的维护和电刷定期更换的作用。

七、直流发电机

（1）直流电机的励磁方式有他励、自励两种。自励电机又有并励、串励和复励之分。

（2）我们把 $T_{em} \Omega$ 这部分具有机械功率性质的功率叫作电磁功率；把 $E_a I_a$ 这部分具有电功率性质的功率叫作电磁功率，可以证明它们彼此相等，即 $P_{em} = T_{em} \Omega = E_a I_a$，这个公式说明直流电机中机电能量是可以互相转换的。

（3）掌握并励直流发电机电压建立的三个条件。

（4）弄清直流发电机的外特性为什么随着负载电流的增大，端电压是下降的。同一台直流发电机他励与并励时，外特性曲线是不一样的。他励时引起端电压下降的原因有两种：一是电枢回路电阻上的压降；二是电枢反应的去磁效应。并励时，除了上述两种原因，还有随着端电压的下降，励磁电流也在减小，致使并励直流发电机电压变化率要大一些。

八、直流电动机

（1）理解什么叫作电机的可逆原理。应能独立分析一台并联在直流电网上运行的发电机（电网电压保持恒定）在什么条件下才能转变为电动机稳态运行，并会分析其功率流动方向。

（2）掌握电动机方向标注惯例，根据电动机方向标注惯例写出直流电动机稳态运行的基本方程式，并注意各物理量的单位。

（3）会判断直流电机是运行在电动机状态还是发电机状态。

（4）掌握他励直流电动机运行时,电动机各部分的功率关系。由电源输入的电功率减去电枢回路总铜损耗即电磁功率,再减去电枢铁损耗和机械摩擦损耗即转轴上输出给机械负载的机械功率。

九、直流电动机的保养

（1）掌握换向器的保养方法,换向器的表面应光滑,不得有机械损伤或火花灼痕。

（2）掌握电刷的使用及研磨方法,电刷与换向器的工作面应接触良好。

（3）掌握火花等级的鉴别标准。

（4）掌握感应法、正反转发电机法、正反转电动机法等测定中性线的试验方法。

十、直流电动机的运行与维护

（1）掌握运行与维护的基本内容,如温度监视、换向状况监视、润滑系统监视、绝缘电阻监视、异常现象监视等。

（2）掌握定期检修的基本内容。

十一、直流电动机的故障检查

1. 绕组故障检查

（1）电枢绕组匝间短路和层间击穿时,采用对比法、电压降法、电阻法、感应法进行检查。

（2）电枢绕组接地时,采用兆欧表法、电压表法、冒烟法、逐点逼近法进行检查。

（3）电枢绕组断线和并头套开焊时,常用测量片间电阻的方法进行检查。

（4）电枢绕组线圈与换向片接错时的故障现象。

（5）定子绕组匝间短路时,一般用交流压降法进行检查。

（6）定子绕组接地时,采用兆欧表法、电压表法进行检查。

2. 换向器故障检查

（1）环火故障。先检查电控系统的负反馈极性是否接反,再检查并头套是否开焊、片间及换向器的表面是否太脏。如果经常出现环火,应检查片间电压是否过高,不得已时可降低电压运行,但电动机力矩也随之降低。

（2）接地故障。用兆欧表进行检查。

（3）片间短路。通常用直流电压、电流表进行检查。

（4）掌握突片和变形故障;换向器表面烧伤、条痕、沟槽和挤铜故障;换向器短路或接地等故障现象。

3. 电刷故障检查

掌握电刷破裂、刷辫折断、压板弹簧折断、铆钉松动脱落、电刷磨损快、电刷热红、电刷不在中性线上等故障现象以及处理方法。

十二、直流电动机常见故障及处理方法

（1）掌握直流电动机常见故障的现象及处理方法。

（2）掌握换向器常见故障的现象及处理方法。

（3）掌握电刷常见故障的现象及处理方法。

习题 2

2.1　简述直流电动机的结构与工作原理。

2.2　换向过程中的火花是如何产生的，怎样改善换向？

2.3　电磁转矩与什么因素有关？如何确定电磁转矩的实际方向？

2.4　换向极起什么作用？

2.5　如果并励直流发电机正转时能自励，那么反转时是否还能自励？如果把并励绕组两头对调，且电枢反转，此时是否能自励？

2.6　如何对换向器进行保养？

2.7　电刷的火花等级共分几级？各等级的特征及允许运行的方式是什么？

2.8　测定直流电机中性线的方法有哪几种？如何测定？

2.9　直流电动机运行与维护的内容有哪些？

2.10　常见绕组故障有哪几种？分别用什么方法进行检查？

2.11　换向器常见故障有哪些？

2.12　电刷常见故障有哪些？

2.13　直流电机绝缘电阻降低的原因有哪些？

2.14　直流电机过热的原因有哪些？

2.15　直流电机出现异常振动的原因有哪些？

2.16　换向不良的原因有哪些？

2.17　电刷或刷握过热的原因有哪些？

第 3 章

直流电动机的电力拖动

【本章目标】

知道电力拖动系统的运动方程；

知道负载转矩特性；

掌握他励直流电动机的机械特性，并能够用其指导电力拖动系统的设计；

知道他励直流电动机的启动要求、启动方法及特点；

知道他励直流电动机的制动方法及特点；

能够实现直流电动机的反转；

知道他励直流电动机的调速性能评价指标、调速方法及特性。

在现代化工业生产过程中，为了实现各种生产工艺过程，需要使用各种各样的生产机械。各种生产机械的运转一般采用电动机来拖动，这种用电动机作为原动机来拖动生产机械运行的系统称为电力拖动系统。电力拖动系统通常由电动机、传动机构、生产机械、控制设备和电源五个部分组成。

3.1 电力拖动系统的运动方程

3.1.1 运动方程式

电力拖动系统的运动方程式描述了系统的运动状态，系统的运动状态取决于作用在原动机转轴上的各种转矩。

1. 运动方程表达式

电动机直接与生产机械的工作机构相接。下面分析电动机直接与生产机械的工作机构相接时，电力拖动系统的各种转矩及运动方程式。在图 3.1 中，电动机的电磁转矩 T_{em} 通常与转速 n 同方向，是驱动性质的转矩。生产机械的工作机构转矩即负载转矩 T_L，通常是制动性质的。

如果忽略电动机的空载转矩 T_0，根据牛顿第二定律可知，电力拖动系统旋转时的运动方程式为

$$T_{em} - T_L = J\frac{d\omega}{dt} \tag{3.1}$$

式中，J 为运动系统的转动惯量，单位为 $kg \cdot m^2$；ω 为系统

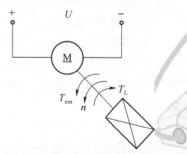

图 3.1 电动机与工作机构相接的单轴电力拖动系统

旋转的角速度，单位为rad/s；$J\dfrac{\mathrm{d}\omega}{\mathrm{d}t}$为系统的惯性转矩，单位为 N·m。

在实际工程计算中，经常用转速 n 代替角速度 ω 来表示系统的转动速度，用飞轮惯量或飞轮矩 GD^2 代替转动惯量 J 来表示系统的机械惯性。由此可得运动方程的实用形式为

$$T_{\mathrm{em}}-T_{\mathrm{L}}=\frac{GD^2}{375}\cdot\frac{\mathrm{d}n}{\mathrm{d}t} \tag{3.2}$$

式中，GD^2 为旋转体的飞轮矩，单位为 N·m^2。飞轮矩 GD^2 是反映物体旋转惯性的一个整体物理量。电动机和生产机械的飞轮矩 GD^2 可从产品样本和有关设计资料中查到。

2. 系统旋转运动的三种状态

（1）当 $T_{\mathrm{em}}=T_{\mathrm{L}}$ 时，$\dfrac{\mathrm{d}n}{\mathrm{d}t}=0$，系统处于静止或恒转速运行状态，即处于稳态。

（2）当 $T_{\mathrm{em}}>T_{\mathrm{L}}$ 时，$\dfrac{\mathrm{d}n}{\mathrm{d}t}>0$，系统处于加速运行状态，即处于瞬态过程。

（3）当 $T_{\mathrm{em}}<T_{\mathrm{L}}$ 时，$\dfrac{\mathrm{d}n}{\mathrm{d}t}<0$，系统处于减速运行状态，也是处于瞬态过程。

3. 运动方程式中转矩正、负号的规定

选定电动机处于电动状态时的旋转方向为转速 n 的正方向，然后按照下列规则确定转矩的正、负号。
（1）电磁转矩 T_{em} 与转速 n 的正方向相同时为正，相反时为负。
（2）负载转矩 T_{L} 与转速 n 的正方向相反时为正，相同时为负。

3.1.2　负载转矩特性

电力拖动系统的运动方程式是集电动机的电磁转矩 T_{em}、生产机械的负载转矩 T_{L} 及系统的转速 n 的关系于一体，定量地描述了电力拖动系统的运动规律。但是，要对运动方程式求解，首先必须知道电动机的机械特性 $n=f(T_{\mathrm{em}})$ 及负载的机械特性 $n=f(T_{\mathrm{L}})$。负载的机械特性也称为负载转矩特性，简称负载特性。下面先介绍生产机械的负载特性。虽然生产机械的类型很多，但是生产机械的负载转矩特性基本上可以分为如下三类。

1. 恒转矩负载特性

所谓恒转矩负载特性，是指生产机械的负载转矩大小与转速 n 无关的特性。恒转矩负载又分为反抗性恒转矩负载和位能性恒转矩负载两种。

1）反抗性恒转矩负载

负载转矩的大小恒定不变，而负载转矩的方向总是与转速的方向相反，即负载转矩的性质总是起反抗运动作用的阻转矩。显然，反抗性恒转矩负载特性在第一和第三象限内，如图 3.2 所示。例如，皮带运输机、轧钢机、机床的刀架平移和行走机构等由摩擦力产生转矩的机械都属于反抗性恒转矩负载。

2）位能性恒转矩负载

负载转矩的大小恒定不变，而且负载转矩的方向也不变。位能性恒转矩负载特性位于第一和第四象限内，如图 3.3 所示。例如，起重机无论是提升重物还是下放重物，由物体重力所产生的负载转矩的方向是不变的。

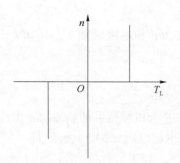

图 3.2　反抗性恒转矩负载特性

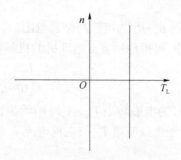

图 3.3　位能性恒转矩负载特性

2. 恒功率负载特性

恒功率负载的特点是负载转矩与转速的乘积为常数,即负载功率 $P_L = T_L\omega$ = 常数,即负载转矩 T_L 与转速 n 成反比。恒功率负载特性曲线是一条双曲线,如图 3.4 所示。

某些生产工艺过程要求具有恒功率负载特性。例如,车床的切削粗加工时需要较大的吃刀量和较低的转速,精加工时需要较小的吃刀量和较高的转速;又如,轧钢机轧制钢板时,小工件需要高速度低转矩,大工件需要低速度高转矩,这些工艺要求都是恒功率负载特性。

3. 泵与风机类负载特性

水泵、油泵、通风机和螺旋桨等机械的负载转矩基本上与转速的平方成正比,这类机械的负载特性曲线是一条抛物线,如图 3.5 所示。

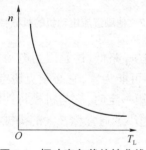

图 3.4　恒功率负载特性曲线

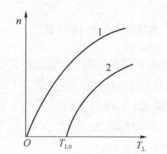

图 3.5　泵与风机类负载特性曲线
1—理想负载特性;2—实际负载特性

3.2　他励直流电动机的机械特性

3.2.1　机械特性的表达式

直流电动机的机械特性是指在电动机的电枢电压、励磁电流、电枢回路电阻为恒定值的条件下,即电动机处于稳态运行时,电动机的转速 n 与电磁转矩 T_{em} 之间的关系。由于转速和转矩都是机械量,所以把它称为机械特性。电动机的机械特性对分析电力拖动系统的运行是非常重要的。

图 3.6 所示是他励直流电动机的电路,按图中标明的各个量的正方向可以列出电枢回路的电压平衡方程式,即

$$U = E_a + RI_a \tag{3.3}$$

式中，$R = R_a + R_s$ 为电枢回路总电阻。将电枢电动势 $E_a = C_e \Phi n$ 和电磁转矩 $T_{em} = C_T \Phi I_a$ 代入式（3.3）中，可得他励直流电动机的机械特性方程式，即

$$n = \frac{U}{C_e \Phi} - \frac{R}{C_e C_T \Phi^2} T_{em} = n_0 - \beta T_{em} = n_0 - \Delta n \tag{3.4}$$

式中，n_0 为电磁转矩 $T_{em} = 0$ 时的转速，称为理想空载转速；β 为机械特性的斜率；Δn 为转速降。

由于电磁转矩 T_{em} 与电枢电流 I_a 成正比，故机械特性也可以用式（3.5）表示，即

$$n = \frac{U}{C_e \Phi} - \frac{R}{C_e \Phi} I_a \tag{3.5}$$

由式（3.4）可知，当 U、Φ、R 为常数时，他励直流电动机的机械特性曲线是一条以 β 为斜率的向下倾斜的直线，如图 3.7 所示。

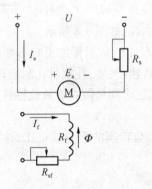

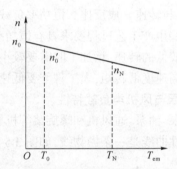

图 3.6　他励直流电动机的电路　　　　图 3.7　他励直流电动机的机械特性曲线

必须指出，电动机的实际空载转速 n_0' 比理想空载转速 n_0 略低，这是因为电动机由于摩擦等原因存在一定的空载转矩，在空载运行时，电磁转矩不可能为零，它必须克服空载转矩，即 $T_{em} = T_0$。转速降 Δn 是理想空载转速与实际转速之差，转矩一定时，它与机械特性的斜率 β 成正比。β 越大，特性越陡，Δn 越大；β 越小，特性越平，Δn 越小。通常称 β 大的机械特性为软特性，而 β 小的特性为硬特性。

3.2.2　固有机械特性和人为机械特性

在实际应用中，式（3.4）中的电枢回路总电阻 R、端电压 U 和励磁磁通 Φ 都是可以根据实际需要进行调节的，每调节一个参数可以对应得到一条机械特性曲线，所以可以得到多条机械特性曲线。其中，电动机自身所固有的、反映电动机本来"面目"的机械特性是在电枢电压、励磁磁通为额定值，且电枢回路不外串电阻时的机械特性，该机械特性称为电动机的固有机械特性。把调节 U、R、Φ 等参数后得到的机械特性称为人为机械特性。

1. 固有机械特性

把 $U = U_N$、$\Phi = \Phi_N$、$R = R_a$ 时的机械特性称为固有机械特性，其方程式为

$$n = \frac{U_N}{C_e \Phi_N} - \frac{R_a}{C_e C_T \Phi_N^2} T_{em} \tag{3.6}$$

因为电枢电阻 R_a 很小，固有机械特性的斜率 β 很小，通常额定转速降 Δn_N 只有额定转速的百分之几到百分之十几，所以他励直流电动机的固有机械特性是硬特性，如图 3.8 中 R_a 对

应的直线所示。

2. 人为机械特性

1）电枢串电阻时的人为机械特性

保持 $U=U_N$、$\varPhi=\varPhi_N$ 不变,只在电枢回路中串入电阻 R_s 时的人为机械特性为

$$n=\frac{U_N}{C_e\varPhi_N}-\frac{R_a+R_s}{C_eC_T\varPhi_N^2}T_{em} \tag{3.7}$$

与固有机械特性相比,电枢串电阻时的人为机械特性的理想空载转速 n_0 不变,但斜率 β 随串联电阻 R_s 增大而增大,所以特性变软。改变 R_s 的大小可以得到一族通过理想空载转速 n_0 并具有不同斜率的人为机械特性曲线,如图 3.8 中 R_a+R_{s1} 和 R_a+R_{s2} 对应直线所示。

2）降低电枢电压时的人为机械特性

保持 $\varPhi=\varPhi_N$、$R=R_a$ 不变,只改变电枢电压 U 时的人为机械特性为

$$n=\frac{U}{C_e\varPhi_N}-\frac{R_a}{C_eC_T\varPhi_N^2}T_{em} \tag{3.8}$$

由于电动机的工作电压以额定电压为上限,因此改变电压时,只能在低于额定电压的范围内变化。与固有机械特性曲线相比,降低电压时的人为机械特性曲线的斜率 β 不变,但理想空载转速 n_0 随电压的降低而正比减小。因此,降低电压时的人为机械特性曲线是位于固有机械特性曲线下方且与固有机械特性曲线平行的一组直线,如图 3.9 所示。

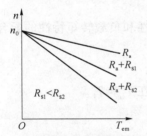

图 3.8　固有机械特性和电枢串电阻
时的人为机械特性曲线

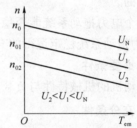

图 3.9　固有机械特性和降低电压
时的人为机械特性曲线

3）减弱励磁磁通时的人为机械特性

由于电动机额定运行时磁路已经开始饱和,即使再增加励磁电流,磁通也不会明显增加,另外由于励磁绕组发热条件的限制,励磁电流也不允许再大幅度地增加,因此只能在额定值以下调节励磁电流,即只能减弱励磁磁通。

保持 $R=R_a$、$U=U_N$ 不变,只减弱磁通 $\varPhi$ 时的人为机械特性为

$$n=\frac{U_N}{C_e\varPhi}-\frac{R_a}{C_eC_T\varPhi^2}T_{em} \tag{3.9}$$

对应的转速特性为

$$n=\frac{U_N}{C_e\varPhi}-\frac{R_a}{C_e\varPhi}I_a \tag{3.10}$$

在电枢串电阻和降低电压时的人为机械特性中,因为 $\varPhi=\varPhi_N$ 不变,T_{em} 与 I_a 成正比,所以它们的机械特性 $n=f(T_{em})$ 曲线也代表转速特性 $n=f(I_a)$ 曲线。但是在讨论减弱磁通的人为机械特性时,因为磁通 $\varPhi$ 是一个变量,所以 $n=f(T_{em})$ 与 $n=f(I_a)$ 是两条不同的曲线,如图 3.10 所示。

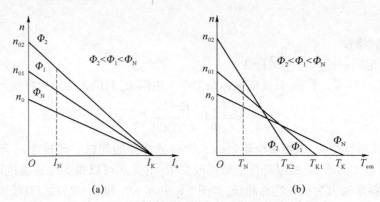

图 3.10　减弱磁通时的人为机械特性曲线

（a）转速特性曲线；（b）机械特性曲线

3.2.3　电力拖动系统稳定运行的条件

设某一电力拖动系统原来处于某一转速运行，由于受到外界某种扰动，如负载的突然变化或电网电压的波动等，系统的转速发生变化而离开了原来的平衡状态，如果系统能在新的条件下达到新的平衡状态，或者当外界扰动消失后能自动恢复到原来的转速继续运行，则称该系统是稳定的；如果外界扰动消失后，系统的转速无限制地上升，或者一直下降至零，则称该系统是不稳定的。

一个电力拖动系统能否稳定运行是由电动机机械特性和负载转矩特性的配合情况决定的，电力拖动系统稳定运行的充分必要条件如下。

1. 必要条件

电动机的机械特性与负载转矩特性必须有交点，即存在 $T_{em}=T_L$。

2. 充分条件

在交点 $T_{em}=T_L$ 处，满足 $\dfrac{dT_{em}}{dn}<\dfrac{dT_L}{dn}$；或者在交点的转速以上存在 $T_{em}<T_L$，而在交点的转速以下存在 $T_{em}>T_L$。

由于大多数负载转矩都随转速的升高而增大或保持恒定，因此只要电动机具有下降的机械特性，就能满足稳定运行的条件，如图 3.11 所示。

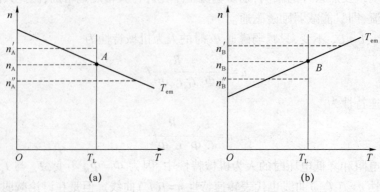

图 3.11　电力拖动系统稳定运行条件

（a）稳定运行；（b）不稳定运行

上述电力拖动系统的稳定运行条件,无论是对直流电动机还是对交流电动机都是适用的,具有普遍意义。

3.3 他励直流电动机的启动

电动机的启动是指电动机接通电源后,由静止状态加速到稳定运行状态的过程。电动机启动瞬间($n=0$)的电磁转矩称为启动转矩,此时所对应的电流称为启动电流,分别用 T_{st}、I_{st} 表示。启动转矩为

$$T_{st} = C_T \Phi I_{st} \tag{3.11}$$

如果他励直流电动机在额定电压下直接启动,由于启动瞬间 $n=0$,电枢电动势 $E_a=0$,故启动电流为

$$I_{st} = \frac{U_N}{R_a} \tag{3.12}$$

因为电枢电阻 R_a 很小,所以直接启动直流电动机时启动电流很大,通常为额定电流的 $10 \sim 20$ 倍。过大的启动电流会使电网电压下降过多,影响本电网上其他用户的正常用电;使电动机的换向恶化,甚至烧坏电动机;同时过大的冲击转矩会损坏电枢绕组和传动机构。因此,除容量很小的电动机以外,一般不允许直接启动。一般直流电动机的启动有如下要求。

(1) 要有足够大的启动转矩,一般启动转矩 $T_{st} \geq (1.1 \sim 1.2) T_N$。

(2) 启动电流要限制在一定范围内,一般要求 $I_{st} \leq (1.5 \sim 2) I_N$。

(3) 启动设备要简单、可靠。

为了限制启动电流,他励直流电动机通常采用电枢回路串电阻启动或降低电枢电压的启动方式。无论采用哪种启动方式,启动时都应保证磁通 Φ 达到最大值,因为在同样的电流下,Φ 大则 T_{st} 大;在同样的转矩下,Φ 大则 I_{st} 小。

3.3.1 电枢回路串电阻启动

启动前应使励磁回路的调节电阻 $R_{sf}=0$,这样励磁电流 I_f 和磁通 Φ 最大,电枢回路串入启动电阻 R_{st},在额定电压下的启动电流为

$$I_{st} = \frac{U_N}{R_a + R_{st}} \tag{3.13}$$

启动电阻 R_{st} 的值应保证 I_{st} 不大于允许值,对于普通直流电动机,一般要求 $I_{st} \leq (1.5 \sim 2) I_N$。

在 T_{st} 的作用下,电动机开始转动并逐渐加速,随着转速逐渐升高,电枢电动势(反电动势) E_a 逐渐增大,电枢电流逐渐减小,电磁转矩也随之减小,转速上升的加速度逐渐变缓。为了缩短启动时间,随着电动机转速提高,应逐级切除启动电阻,最后使电动机的转速达到额定值。

一般串入的启动电阻为 $2 \sim 5$ 级,在启动过程中逐级切除。启动电阻的级数越多,启动过程就越平稳。但级数越多,所需的设备投资越大,设备维护的工作量也越大。图 3.12 所示是采用三级电阻启动时电动机的电路及其机械特性。

启动开始时,接通直流电源,而 KM1、KM2、KM3 断开,如图 3.12(a)所示,额定电压加在电

枢回路总电阻 R_3（$R_3 = R_a + R_{st1} + R_{st2} + R_{st3}$）上，启动电流为 $I_1 = \dfrac{U_N}{R_3}$，此时启动电流 I_1 和启动转矩 T_1 均达到最大值（通常取额定值的 2 倍左右）。接入全部启动电阻时的机械特性曲线如图 3.12（b）中的曲线 1 所示。启动瞬间对应于 a 点，因为启动转矩 T_1 大于负载转矩 T_L，所以电动机开始加速，电动势 E_a 逐渐增大，电枢电流和电磁转矩逐渐减小，工作点沿曲线 1 箭头方向移动。

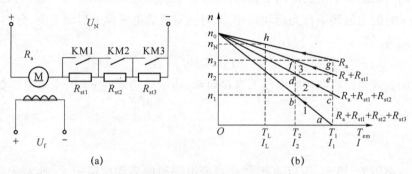

图 3.12　他励直流电动机三级电阻启动

（a）启动电路；（b）机械特性曲线

当转速升到 n_1、电流降至 I_2、转矩减至 T_2［图 3.12（b）中 b 点］时，触点 KM3 闭合，切除电阻 R_{st3}，此时所对应的电流 I_2 称为切换电流，一般取 $I_2 = (1.1 \sim 1.2)I_N$ 或 $T_2 = (1.1 \sim 1.2)T_N$。切除 R_{st3} 后，电枢回路电阻减小为 $R_2 = R_a + R_{st1} + R_{st2}$，与之对应的机械特性如图 3.12（b）中的曲线 2 所示。在切除电阻瞬间，由于机械惯性，转速不能突变，所以电动机的工作点由 b 点沿水平方向跃变到曲线 2 上的 c 点。选择适当的各级启动电阻可使 c 点的电流仍为 I_1，这样电动机又处在最大转矩 T_1 下进行加速，工作点沿曲线 2 箭头方向移动。

当到达 d 点时，转速升至 n_2，电流又降至 I_2，转矩也降至 T_2，此时触点 KM2 闭合，将 R_{st2} 切除，电枢回路电阻变为 $R_1 = R_a + R_{st1}$，工作点由 d 点平移到机械特性曲线 3 上的 e 点。e 点的电流和转矩仍为最大值，电动机又处在最大转矩 T_1 下进行加速，工作点在曲线 3 上移动。当转速升至 n_3 时，即在 f 点 KM1 闭合，切除最后一级电阻 R_{st1} 后，电动机将过渡到固有机械特性曲线上，并加速到 h 点处稳定运行，启动过程结束。

3.3.2　降压启动

当直流电源电压可调时，可以采用降压方法启动。启动时，以较低的电源电压启动电动机，启动电流便随电压降低而减小。随着电动机转速上升，反电动势逐渐增大，再逐渐提高电源电压，使启动电流和启动转矩保持在一定的数值上，从而保证电动机按需要的加速度升速。降压启动过程平稳、能量损耗小，因此得到了广泛应用。

3.4　他励直流电动机的制动

根据电磁转矩 T_{em} 和转速 n 方向之间的关系，可以把电动机分为两种运行状态。当 T_{em} 与 n 同方向时，称为电动运行状态，简称电动状态；当 T_{em} 与 n 反方向时，称为制动运行状态，简称制动状态。电动状态时,电磁转矩为驱动转矩;制动状态时,电磁转矩为制动转矩。

在电力拖动系统中,电动机经常需要工作在制动状态。例如,许多生产机械工作时往往需要快速停车或由高速运行迅速转为低速运行,这就要求电动机进行制动;对于起重机等位能性负载的工作机构,为了获得稳定的下放速度,电动机也必须运行在制动状态。因此,电动机的制动运行也是十分重要的。

他励直流电动机的制动有能耗制动、反接制动和回馈制动三种方式。

3.4.1 能耗制动

图 3.13 所示是能耗制动接线。开关 S 接电源侧为电动状态运行,此时电枢电流 I_a、电枢电动势 E_a 转速 n 及驱动性质的电磁转矩 T_{em} 的方向如图 3.13 实线所示。当需要制动时,将开关 S 投向制动电阻 R_B 上,电动机便进入能耗制动状态。

初始制动时,因为磁通保持不变、电枢存在惯性,其转速 n 不能马上降为零,而是保持原来的方向旋转,于是 n 和 E_a 的方向均不改变。但是,由于 E_a 在闭合回路内产生的电枢电流 I_{aB} 与电动状态 I_a 的方向相反,因此产生的电磁转矩 T_{emB} 也与电动状态时 T_{em} 的方向相反,变为制动转矩,如图 3.13 虚线所示,于是电动机处于制动状态运行。

制动运行时动能转换成电能,并消耗在电阻 (R_a+R_B) 上,直到电动机停止转动为止,所以这种制动方式称为能耗制动。

能耗制动时的机械特性曲线就是在 $U=0$、$\Phi=\Phi_N$、$R=R_a+R_B$ 条件下的一条人为机械特性曲线,即

$$n=-\frac{R_a+R_B}{C_e C_T \Phi_N^2}T_{em} \tag{3.14}$$

可见,能耗制动时的机械特性曲线是一条通过坐标原点的直线,其理想空载转速为零,其斜率与电动状态下电枢串入电阻 R_B 时人为机械特性曲线的斜率相同,如图 3.14 中直线 BC 所示。

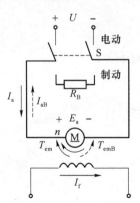

图 3.13 能耗制动接线

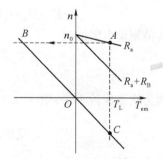

图 3.14 能耗制动机械特性曲线

能耗制动时,电动机工作点的变化情况可用机械特性曲线说明。设制动前工作点在固有特性曲线 A 点处,其中 $n>0$,$T_{em}>0$,T_{em} 为驱动转矩。开始制动时,因 n 不能突变,工作点将沿水平方向跃变到能耗制动特性曲线上的 B 点。在 B 点,$n>0$,$T_{em}<0$,电磁转矩为制动转矩,于是电动机开始减速,工作点沿 BO 方向移动。

1. 反抗性负载

若负载性质为反抗性负载，到达 O 点时转速为零，制动过程结束。

2. 位能性负载

若负载性质为位能性负载，过 O 点后电动机进入反转，并且反向转速逐渐升高，在 C 点达到稳定运行。

改变制动电阻 R_B 的大小即可改变能耗制动特性曲线的斜率，从而可以改变起始制动转矩（B 点所对应的电磁力矩）的大小，以及下放位能负载时的稳定速度（C 点所对应的转速）。R_B 越小，特性曲线的斜率越小，起始制动转矩越大，而下放位能负载的速度越小。

减小制动电阻可以增大制动转矩，缩短制动时间，提高工作效率。但制动电阻太小会造成制动电流过大，通常限制最大制动电流不超过 $2\sim2.5$ 倍的额定电流。选择制动电阻的原则是

$$I_{aB} = \frac{E_a}{R_a + R_B} \leqslant (2\sim2.5)I_N$$

即

$$R_B \geqslant \frac{E_a}{(2\sim2.5)I_N} - R_a \tag{3.15}$$

式中，E_a 为制动瞬间（制动前电动状态时）的电枢电动势。如果制动前电动机处于额定运行，则 $E_a = U_N - R_a I_N \approx U_N$。

能耗制动操作简单，但随着转速下降，电动势减小，制动电流和制动转矩也随之减小，制动效果变差。为了使电动机能更快地停转，可以在转速降到一定程度时切除一部分制动电阻，使制动转矩增大，从而加强制动作用。

例 3.1 一台他励直流电动机的铭牌数据为 $P_N = 10$ kW，$U_N = 220$ V，$I_N = 53$ A，$n_N = 1\ 000$ r/min，$R_a = 0.3\ \Omega$，电枢电流最大允许值为 $2I_N$。

（1）电动机在额定状态下进行能耗制动，求电枢回路应串入的制动电阻值。

（2）用此电动机拖动起重机，在能耗制动状态下以 300 r/min 的转速下放重物，电枢电流为额定值，求电枢回路应串入多大的制动电阻。

解：（1）制动前电枢电动势为

$$E_a = U_N - I_N R_a = 220 - 53 \times 0.3 = 204.1\ (\text{V})$$

应串入的制动电阻值为

$$R_B = \frac{E_a}{2I_N} - R_a = \frac{204.1}{2 \times 53} - 0.3 = 1.625\ (\Omega)$$

（2）因为励磁保持不变，则

$$C_e \Phi_N = \frac{E_a}{n_N} = \frac{204.1}{1\ 000} = 0.204\ 1$$

下放重物时转速为 $n = -300$ r/min，由能耗制动的机械特性

$$n = -\frac{R_a + R_B}{C_e \Phi_N} I_a$$

可得

$$300 = \frac{0.3 + R_B}{0.204\ 1} \times 53$$

$$R_B = 0.855(\Omega)$$

3.4.2　反接制动

反接制动分为电压反接制动和倒拉反转反接制动两种。

1. 电压反接制动

电压反接制动电路如图 3.15 所示。开关 S 投向"电动"侧时,电枢接正极性的电源电压,此时电动机处于电动状态运行。进行制动时,开关 S 投向"制动"侧,电枢回路串入制动电阻 R_B 后接上极性相反的电源电压,即电枢电压由原来的正值变为负值。此时,在电枢回路内 U 与 E_a 顺向串联,共同产生很大的反向电枢电流 I_{aB},即

$$I_{aB} = \frac{-U-E_a}{R_a+R_B} = -\frac{U+E_a}{R_a+R_B} \tag{3.16}$$

反向电枢电流 I_{aB} 产生很大的反向电磁转矩 T_{emB},从而产生很强的制动作用。

电动状态时,电枢电流的大小由 U 与 E_a 之差决定;而反接制动时,电枢电流的大小由 U 与 E_a 之和决定,因此反接制动时电枢电流是非常大的。为了限制过大的电枢电流,反接制动时必须在电枢回路中串接制动电阻 R_B,R_B 的大小应使反接制动时电枢电流不超过电动机的最大允许电流 $I_{max}[I_{max}=(2\sim2.5)I_N]$,因此应串入的制动电阻值为

$$R_B \geqslant \frac{U+E_a}{(2\sim2.5)I_N} - R_a \tag{3.17}$$

电压反接制动时的机械特性曲线就是在 $U=-U_N$、$\Phi=\Phi_N$、$R=R_a+R_B$ 条件下的一条人为机械特性曲线,即

$$n = -\frac{U_N}{C_e\Phi_N} - \frac{R_a+R_B}{C_eC_T\Phi_N^2}T_{em} \tag{3.18}$$

或者

$$n = -\frac{U_N}{C_e\Phi_N} - \frac{R_a+R_B}{C_e\Phi_N}I_a \tag{3.19}$$

可见,其特性曲线是一条通过 $-n_0$ 点、斜率为 $\dfrac{R_a+R_B}{C_eC_T\Phi_N^2}$ 的直线,如图 3.16 中线段 BC 所示。

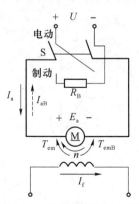

图 3.15　电压反接制动电路

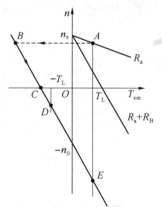

图 3.16　电压反接制动时的机械特性曲线

电压反接制动时电动机工作点的变化情况(见图 3.16)说明如下。

设电动机原来工作在固有机械特性曲线上的 A 点，反接制动时，由于转速不能突变，工作点沿水平方向跃变到反接制动特性曲线上的 B 点，之后在制动转矩作用下转速开始下降，工作点沿 BC 方向移动，当到达 C 点时，制动过程结束。在 C 点，$n=0$，但制动的电磁转矩 $T_{em} \neq 0$，根据负载性质不同，此后工作点的变化又分为如下两种情况。

1）电动机拖动反抗性负载

若电动机拖动反抗性负载，C 点处的电磁转矩便成为电动机的反向启动转矩。当此启动转矩大于负载转矩时，电动机便反向启动，并一直加速到 D 点，进入反向电动状态并稳定运行。当制动的目的是停车时，在电动机转速接近于零时必须立即断开电源。

2）电动机拖动位能性负载

若电动机拖动位能性负载，则过 C 点以后电动机将反向加速，一直到达 E 点，即电动机最终进入回馈制动状态并稳定运行。若制动的目的是停车，当转速接近零时必须立即切断电源，同时启动机械制动装置。

反接制动时，从电源输入的电功率和从轴上输入的机械功率全部转换成电枢回路上的电功率，一起消耗在电枢回路的电阻（$R_a + R_B$）上，其能量损耗是很大的。

2. 倒拉反转反接制动

倒拉反转反接制动只适用于位能性恒转矩负载，现以起重机下放重物为例来进行说明。图 3.17（a）标出了正向电动状态（提升重物）时电动机的各物理量方向，此时电动机工作在图 3.17（c）中固有机械特性曲线上的 A 点。如果在电枢回路中串入一个较大的电阻 R_B，将得到一条斜率较大的人为机械特性曲线，便可实现倒拉反转反接制动，如图 3.17（c）中的直线 n_0D 所示。制动过程如下。

串入电阻瞬间因转速不能突变，所以工作点由固有特性曲线上的 A 点沿水平方向跃变到人为机械特性曲线上的 B 点，此时电磁转矩 T_{em}（等于 T_B）小于负载转矩 T_L，于是电动机开始减速，工作点沿人为机械特性曲线由 B 点向 C 点变化，到达 C 点时 $n=0$，电磁转矩为堵转转矩 T_K，因 T_K 仍小于负载转矩 T_L，所以在重物的重力作用下电动机将反向旋转，即下放重物。因为励磁不变，所以 E_a 随 n 反向运转而改变方向。由图 3.17（b）可以看出，I_a 的方向不变，故 T_{em} 的方向也不变。这样，电动机反转后，电磁转矩为制动转矩，电动机处于制动状态，如图 3.17（c）中的 CD 段。随着电动机反向转速增加，E_a 增大，电枢电流 I_a 和制动电磁转矩 T_{em} 也相应增大，当到达 D 点时，电磁转矩与负载转矩平衡，电动机便以稳定的转速匀速下放重物。

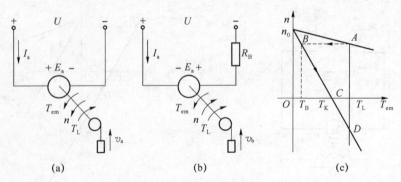

图 3.17 倒拉反转反接制动

（a）正向电动；（b）倒拉反转；（c）机械特性

电动机串入的电阻 R_B 越大,最后稳定的转速越高,下放重物的速度也越快。电枢回路串入较大电阻后,电动机能出现反转制动运行,主要是位能性负载的倒拉作用,又因为此时 E_a 与 U 也是顺向串联,共同产生电枢电流,这一点与电压反接制动相似,因此把这种制动称为倒拉反转反接制动。

3.4.3 回馈制动

电动状态下运行的电动机在某种条件下(如电动机拖动机车下坡时)会出现运行转速 n 高于理想空载转速 n_0 的情况,此时 $E_a > U$,电枢电流反向,电磁转矩的方向也随之改变,由驱动转矩变成制动转矩。从能量传递方向看,此时电机处于发电状态,将机械能转换成电能回馈给电网,因此称这种状态为回馈制动状态。

回馈制动时的机械特性方程式与电动状态时相同,只是运行在特性曲线上不同的区段而已。正向回馈制动时的机械特性曲线位于第二象限,反向回馈制动时机械特性曲线位于第四象限。由于回馈制动只是在某种特定条件下才能出现,很难进行人为控制,故很少应用。

3.4.4 直流电动机的反转

直流电动机的转向是由电枢电流方向和主磁场方向决定的,要改变其转向,一是改变电枢电流的方向,二是改变励磁电流的方向(改变主磁场的方向)。如果同时改变电枢电流和励磁电流的方向,电动机的转向不会改变。

改变直流电动机的转向通常采用改变电枢电流方向的方法,即改变电枢两端的电压极性,或者把电枢绕组两端换接,而很少采用改变励磁电流方向的方法。

3.5 他励直流电动机的调速

为了提高生产效率或满足生产工艺的要求,许多生产机械在工作过程中都需要调速。例如,车床切削工件时,精加工用高转速,粗加工用低转速;轧钢机在轧制不同品种和不同厚度的钢材时,也必须有不同的工作速度。

电力拖动系统的调速可以采用机械调速、电气调速或二者配合调速。通过改变传动机构传动比进行调速的方法称为机械调速;通过改变电动机参数进行调速的方法称为电气调速。本节只介绍他励直流电动机的电气调速。

改变电动机的参数就是人为地改变电动机的机械特性,从而使负载工作点发生变化,转速随之变化。可见,在调速前后,电动机必然运行在不同的机械特性上。

根据他励直流电动机的转速公式:

$$n = \frac{U - I_a(R_a + R_s)}{C_e \Phi} \tag{3.20}$$

可知,当电枢电流 I_a 不变(在一定负载下)时,只要改变电枢电压 U、电枢回路串电阻 R_s 及励磁磁通 Φ 三者之中的任意一个量,就可以改变转速 n。因此,他励直流电动机具有三种调速方法:调压调速、电枢串电阻调速和调磁调速。

为了评价各种调速方法的优缺点,对调速方法提出了一定的技术经济指标,称为调速指标。下面先对调速指标进行介绍,然后讨论他励直流电动机的三种调速方法及其与负载类型的配合问题。

3.5.1 调速指标的评价

评价调速性能好坏的指标包括以下四个方面。

1. 调速范围

调速范围是指电动机在额定负载下可能运行的最高转速 $n_{\max}$ 与最低转速 $n_{\min}$ 之比,通常用 D 表示,即

$$D = \frac{n_{\max}}{n_{\min}} \tag{3.21}$$

不同的生产机械对电动机的调速范围有不同的要求。为了扩大调速范围,必须尽可能地提高电动机的最高转速和降低电动机的最低转速。电动机的最高转速受电动机的机械强度、换向条件、电压等级等方面的限制,而最低转速则受低速运行时转速的相对稳定性的限制。

2. 静差率(相对稳定性)

转速的相对稳定性是指负载变化时,转速变化的程度。转速变化小,其相对稳定性好。转速的相对稳定性用静差率 $\delta\%$ 表示。当电动机在某一机械特性上运行时,由理想空载增加到额定负载,电动机的转速降 $\Delta n_{\mathrm{N}} = n_0 - n_{\mathrm{N}}$ 与理想空载转速 n_0 之比称为静差率,其计算公式为

$$\delta\% = \frac{n_0 - n_{\mathrm{N}}}{n_0} \times 100\% = \frac{\Delta n_{\mathrm{N}}}{n_0} \times 100\% \tag{3.22}$$

显然,电动机的机械特性越硬,其静差率越小,转速的相对稳定性越好。

静差率与调速范围两个指标是相互制约的。若要求静差率 $\delta\%$ 越小,则调速范围 D 就越小;反之,若要求调速范围 D 越大,则静差率 $\delta\%$ 也越大,转速的相对稳定性越差。

不同的生产机械对静差率的要求不同,普通车床要求 $\delta\% < 30\%$,而高精度的造纸机则要求 $\delta\% < 0.1\%$。在保证一定静差率指标的前提下,要扩大调速范围,就必须减小转速降 Δn_{N},即必须提高机械特性的硬度。

3. 调速的平滑性

在一定的调速范围内,调速的级数越多,就认为调速越平滑,相邻两级转速之比称为平滑系数,用 φ 表示,即

$$\varphi = \frac{n_i}{n_{i-1}} \tag{3.23}$$

φ 值越接近 1,则平滑性越好,当 $\varphi = 1$ 时,称为无级调速。当调速不连续且级数有限时,称为有级调速。

4. 调速的经济性

调速的经济性主要是指调速设备的投资、运行效率及维修费用等。

3.5.2 调速方法

1. 电枢回路串电阻调速

电枢回路串电阻调速的原理及调速过程可用图 3.18 进行说明。设电动机拖动恒转矩负载 T_{L} 在固有机械特性曲线上的 A 点运行,其转速为 n_{N}。若电枢回路串入电阻 R_{s1},则达到新的稳态后工作点变为人为机械特性曲线上的 B 点,转速下降到 n_1。从图 3.18 可以看出,串入

的电阻值越大,稳态转速就越低。

调速过程中转速 n 和电流 i_a 随时间的变化规律如图 3.19 所示。电枢串电阻调速的优点是设备简单,操作方便。电枢串电阻调速的缺点如下。

(1) 电阻只能分段调节,所以调速的平滑性差。

(2) 低速时机械特性曲线斜率大,静差率大,所以转速的相对稳定性差。

(3) 轻载时调速范围小,额定负载时调速范围一般为 $D<2$。

(4) 损耗较大,效率较低;而且所串电阻越大,损耗越大,效率越低,所以这种调速方法是不太经济的。因此,电枢串电阻调速多用于对调速性能要求不高的生产机械上,如起重机、电车等。

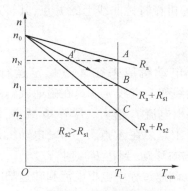
图 3.18 电枢串电阻调速

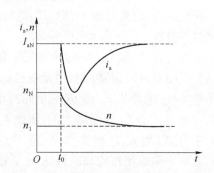
图 3.19 恒转矩负载时电枢串电阻调速过程

2. 降低电源电压调速

电动机的工作电压不允许超过额定电压,因此电枢电压只能在额定电压以下进行调节。降低电源电压调速的原理及调速过程可用图 3.20 进行说明。

设电动机拖动恒转矩负载 T_L 在固有机械特性曲线上的 A 点运行,其转速为 n_N。若电源电压由 U_N 下降至 U_1,则达到新的稳态后工作点将移到对应人为机械特性曲线上的 B 点,其转速下降为 n_1。从图 3.20 可以看出,电压越低,稳态转速越低。

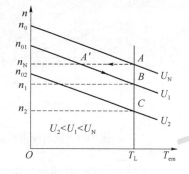
图 3.20 降低电压调速

1) 调速过程分析

在电动机转速由 n_N 下降至 n_1 的调速过程中,电动机原来在 A 点稳定运行时,$T_{em}=T_L$,$n=n_N$。当电压降至 U_1 后,电动机的机械特性曲线变为直线 $n_{01}B$。

在降压瞬间转速 n 不能突变,故 E_a 也不能突变,所以 I_a 和 T_{em} 突然减小,工作点由 A 点平移到 A' 点。在 A' 点 $T_{em}<T_L$,电动机开始减速。随着 n 减小,E_a 也减小,I_a 和 T_{em} 增大,工作点沿 $A'B$ 方向移动,到达 B 点时达到了新的平衡 $T_{em}=T_L$,此时电动机便在较低转速 n_1 下稳定运行。

2) 降压调速的特点

(1) 电源电压能够平滑调节,可以实现无级调速。

(2) 调速前后机械特性曲线的斜率不变,硬度较高,负载变化时速度稳定性好。

(3) 无论是轻载还是重载,调速范围都相同,一般为 $D=2.5\sim12$。

（4）电能损耗较小。

（5）需要一套电压可连续调节的直流电源,设备投资较大。

电压可连续调节的直流电源早期常采用发电机-电动机系统(简称 G-M 系统)。目前,这种系统已被晶闸管-电动机系统(简称 SCR-M 系统)所取代。

3. 减弱磁通调速

额定运行的电动机磁路已基本饱和,即使励磁电流增加很大,磁通增加也很小,从电动机的性能考虑也不允许磁路过饱和。因此,改变磁通只能从额定值往下调,调节磁通调速即弱磁调速,其调速原理及调速过程可用图 3.21 说明。

设电动机拖动恒转矩负载 T_L 在固有机械特性曲线上 A 点运行,其转速为 n_N。若磁通由 Φ_N 减小至 Φ_1,则达到新的稳态后,工作点将移到对应人为机械特性曲线上的 B 点,其转速上升为 n_1。从图 3.21 可知,磁通越小,稳态转速将越高。

1）调速过程分析

在电动机的转速由 n_N 上升到 n_1 的调速过程中,电动机原来在 A 点稳定运行时,$T_{em}=T_L,n=n_N$。当磁通减弱到 Φ_1 后,电动机的机械特性曲线变为直线 $n_{01}B$。在磁通减弱的瞬间,转速 n 不能突变,电动势 E_a 随 Φ 减小而减小,于是电枢电流 I_a 增大。尽管 Φ 减小,但 I_a 增大很多,所以电磁转矩 T_{em} 还是增大的,因此工作点移到 A' 点。在 A' 点,$T_{em}>T_L$,电动机开始加速,随着 n 上升,E_a 增大,I_a 和 T_{em} 减小,工作点沿 A'B 方向移动,到达 B 点时,$T_{em}=T_L$,出现了新的平衡,此时电动机便在较高的转速 n_1 下稳定运行。调速过程中电枢电流和转速随时间的变化规律如图 3.22 所示。

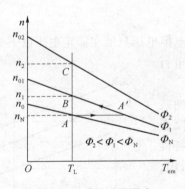

图 3.21　减弱磁通调速

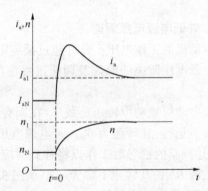

图 3.22　调速过程中电枢电流和转速随时间的变化规律

对于恒转矩负载,调速前后电动机的电磁转矩不变,因磁通减小,所以调速后的稳态电枢电流大于调速前的电枢电流,这一点与前两种调速方法是不同的。当忽略电枢反应影响和较小的电阻压降 R_aI_a 时,可近似认为转速与磁通成反比变化。

2）减弱磁通调速的特点

（1）控制方便,能量损耗小,设备简单,且调速平滑性好;

（2）虽然弱磁升速后电枢电流增大,电动机的输入功率增大,但由于转速升高,输出功率也增大,电动机的效率基本不变,因此弱磁调速的经济性是比较好的;

（3）机械特性的斜率变大,特性变软;

（4）升速范围不可能很大,一般为 $D<2$。

为了扩大调速范围,常常把降压和弱磁两种调速方法结合起来。在额定转速以下采用降压调速,在额定转速以上采用弱磁调速。

小　结

一、电力拖动系统运动方程式

电力拖动系统的运动方程式描述了电动机轴上的电磁转矩、负载转矩与系统转速变化三者之间的关系。按电动机惯例规定转矩、转速正方向的前提下,运动方程式为

$$T_{em} - T_L = \frac{GD^2}{375} \cdot \frac{dn}{dt}$$

二、系统旋转运动的三种状态

(1) 当 $T_{em} = T_L$ 时,$\frac{dn}{dt} = 0$,系统处于静止或恒转速运行状态,即处于稳态。

(2) 当 $T_{em} > T_L$ 时,$\frac{dn}{dt} > 0$,系统处于加速运行状态,即处于瞬态过程。

(3) 当 $T_{em} < T_L$ 时,$\frac{dn}{dt} < 0$,系统处于减速运行状态,也是处于瞬态过程。

三、运动方程式中转矩正、负号的规定

选定电动机处于电动状态时的旋转方向为转速 n 的正方向,然后按照下列规则确定转矩的正、负号。
(1) 电磁转矩 T_{em} 与转速 n 的正方向相同时为正,相反时为负。
(2) 负载转矩 T_L 与转速 n 的正方向相反时为正,相同时为负。

四、典型负载转矩特性

典型负载包括反抗性恒转矩负载、位能性恒转矩负载、恒功率负载,以及水泵、风机型负载。实际的生产机械往往是以某种类型负载为主,同时兼有其他类型的负载。

五、电动机的机械特性

电动机的机械特性是指稳态运行时转速与电磁转矩的关系,它反映了稳态转速随转矩的变化规律。把电动机的电压和磁通为额定值且电枢不串电阻时的机械特性称为固有机械特性,而把改变电动机电气参数后得到的机械特性称为人为机械特性。人为机械特性有降压的人为机械特性、电枢串电阻的人为机械特性和减小磁通的人为机械特性。

六、电力拖动系统稳定运行的条件

电力拖动系统稳定运行是指它具有抗干扰能力,即当外界干扰出现以及消失后,系统都能继续保持恒速运行。稳定运行的充分必要条件如下。
(1) 必要条件:电动机的机械特性与负载的转矩特性必须有交点,即存在 $T_{em} = T_L$。

（2）充分条件：在交点 $T_{em}=T_L$ 处，满足 $\dfrac{dT_{em}}{dn}<\dfrac{dT_L}{dn}$；或者在交点的转速以上存在 $T_{em}<T_L$，而在交点的转速以下存在 $T_{em}>T_L$。

七、直流电动机的启动方法

直流电动机的电枢电阻很小，因而直接启动时的电流很大，这是不允许的。为了减小启动电流，通常采用电枢串电阻或降低电压的方法来启动电动机。

八、直流电动机的制动方法

当电磁转矩与转速方向相反时，电动机处于制动状态。直流电动机有三种制动方式：能耗制动、反接制动（电压反接和倒拉反转反接）和回馈制动。制动运行时，电动机将机械能转换成电能，其机械特性曲线位于第二和第四象限。

九、直流电动机的调速方法

直流电动机的电力拖动被广泛应用的主要原因是它具有良好的调速性能。直流电动机的调速方法有电枢串电阻调速、降压调速和弱磁调速。电枢串电阻调速的平滑性差，低速时静差率大且损耗大，调速范围也较小。降压调速可实现转速的无级调节，调速时机械特性的硬度不变，速度的稳定性好，调速范围宽。弱磁调速属于无级调速，能量损耗小，但调速范围较小。电枢串电阻调速和降压调速属于恒转矩调速方式，适合拖动恒转矩负载；弱磁调速属于恒功率调速方式，适合拖动恒功率负载。

习题 3

3.1 什么叫电力拖动系统？举例说明电力拖动系统由哪些部分组成。

3.2 写出电力拖动系统的运动方程式，并说明该方程式中转矩正、负号的确定方法。

3.3 怎样判断运动系统是处于动态还是处于稳态？

3.4 什么叫固有机械特性？什么叫人为机械特性？他励直流电动机的固有机械特性和各种人为机械特性各有何特点？

3.5 什么叫机械特性上的额定工作点？什么叫额定转速降？

3.6 他励直流电动机稳定运行时，其电枢电流与哪些因素有关？如果负载转矩不变，改变电枢回路的电阻、改变电源电压或改变励磁电流对电枢电流有何影响？

3.7 直流电动机启动方法有哪些？各有何特点？

3.8 怎样实现他励直流电动机的能耗制动？试说明在反抗性恒转矩负载下，能耗制动过程中的 n、E_a、I_a 及 T_{em} 的变化情况。

3.9 实现倒拉反转反接制动和回馈制动的条件各是什么？

3.10 他励直流电动机的调速方法有哪些？基速以下调速应采用什么方法？基速以上调速应采用什么方法？各种调速方法有什么特点？评价调速性能优劣的指标有哪些？

第4章

三相异步电动机

【本章目标】
知道三相异步电动机的结构和工作原理；
读懂三相异步电动机的铭牌，并能够按铭牌要求正确接线；
掌握交流绕组的基本知识；
会做三相异步电动机的常规试验；
会选择电动机；
知道电动机的运行要求；
知道电动机运行检查内容；
能够对电动机的常见故障进行分析与处理；
会三相笼型异步电动机的拆装。

三相异步电动机结构简单，制造、使用和维护方便，运行可靠，成本低廉，效率较高，与同容量的直流电动机相比，三相异步电动机的质量和体积约为直流电动机的1/3，因此在工农业生产中应用十分广泛。但三相异步电动机也有其缺点，一是在运行时要从电网吸取感性无功电流来建立磁场，降低了电网功率因数，增加了线路损耗，限制了电网的功率传送；二是启动和调速性能较差。但是随着现代电子技术的迅猛发展，采用晶体管组成的变频电源装置使三相异步电动机的调速性能得到了极大改善，应用更加广泛。

4.1 三相异步电动机的基本结构

三相异步电动机的结构主要由定子和转子两大部分组成。转子装在定子腔内，定、转子之间有一缝隙，称为气隙。图4.1所示为三相笼型异步电动机的结构。

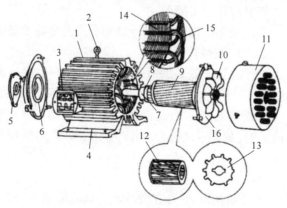

图4.1 三相笼型异步电动机的结构

1—散热筋；2—吊环；3—接线盒；4—机座；5—前轴承外盖；6—前端盖；7—前轴承；8—前轴承内盖；
9—转子；10—风叶；11—风罩；12—笼型转子绕组；13—转子铁芯；14—定子铁芯；15—定子绕组；16—后端盖

4.1.1 定子部分

定子部分主要由定子铁芯、定子绕组和机座三部分组成。

定子铁芯是电动机磁路的一部分，为了减小涡流和磁滞损耗，一般由 0.5 mm 厚、导磁性能较好的硅钢片叠成，安放在机座内，如图 4.2 所示。

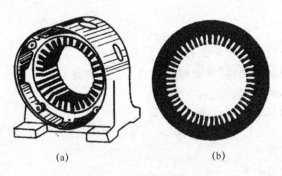

(a)   (b)

图 4.2　定子机座和铁芯冲片

(a) 定子铁芯及机座；(b) 定子铁芯冲片

定子绕组是电动机的电路部分，它嵌放在定子铁芯冲片的内圆槽内。定子绕组分单层和双层两种，一般小型异步电动机采用单层绕组，大中型异步电动机采用双层绕组。

机座的作用是固定和支撑定子铁芯及端盖，因此机座应有较好的机械强度和刚度。中小型电动机一般用铸铁机座，大型电动机则用钢板焊接而成。

4.1.2 转子部分

转子主要由转子铁芯、转子绕组和转轴三部分组成，整个转子靠端盖和轴承支撑。转子的主要作用是产生感应电流、形成电磁转矩，以实现电能到机械能的能量转换。

转子铁芯是电动机磁路的一部分，一般用 0.5 mm 厚的硅钢片叠成，转子铁芯冲片有嵌放绕组的槽，如图 4.3 所示。转子铁芯固定在转轴或转子支架上。

图 4.3　转子铁芯冲片

根据结构形式，转子绕组分为笼型转子和绕线转子两种。

1. 笼型转子

在转子铁芯的每一个槽中插入一根裸导条，在铁芯两端分别用两个短路环把裸导条连接成一个整体，形成一个自身闭合的多相短路绕组。如果去掉转子铁芯，整个绕组犹如一个"松鼠笼子"，由此得名笼型转子，如图 4.4 所示。中小型电动机的笼型转子一般都是铸铝的，如图 4.4(a) 所示；大型电动机则采用铜导条，如图 4.4(b) 所示。

2. 绕线转子

绕线转子的绕组与定子绕组相似，它是在绕线转子铁芯的槽内嵌有绝缘导线组成的三相绕组，一般作星形连接，三个端头分别接在与转轴绝缘的三个滑环上，再经一套电刷引出来与外电路相连，如图 4.5 所示。

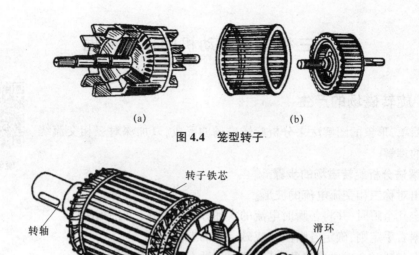

(a)   (b)

图 4.4　笼型转子

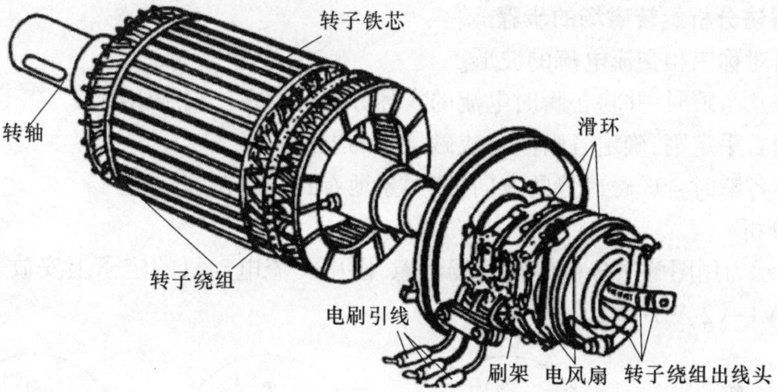

转子铁芯

转轴

滑环

转子绕组

电刷引线

刷架　电风扇　转子绕组出线头

图 4.5　绕线转子

一般绕线转子电动机在转子回路中串入电阻,若所串电阻仅用于启动,则为了减少电刷的摩擦损耗,还装有提刷装置,如图 4.6 所示,在启动过程结束后提起电刷。

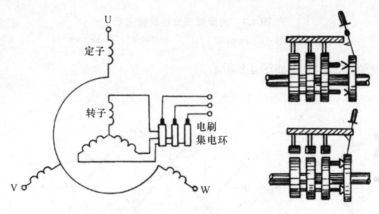

U

定子

转子

电刷
集电环

V   W

图 4.6　绕线转子集电环及提刷装置

转轴用强度和刚度较高的低碳钢制成。整个转子靠轴承和端盖支撑,端盖一般用铸铁或钢板制成,它是电动机外壳机座的一部分,中小型电动机一般采用带轴承的端盖。

3. 气隙

三相异步电动机的气隙是均匀的,气隙大小对三相异步电动机的运行性能和参数影响较大。由于励磁电流由电网供给,气隙越大,励磁电流也就越大,而励磁电流又属于无功性质,它会影响电网的功率因数。因此,三相异步电动机的气隙大小往往为机械条件所能允许达到的最小数值,中小型电动机的气隙一般为 0.1～1 mm。

4.2　三相异步电动机的工作原理

旋转磁场

4.2.1　旋转磁场的产生

下面用简单、形象的图解法来分析旋转磁场的形成，以加深对三相交流绕组旋转磁场的理解。

1. 用图解法分析旋转磁场的步骤

（1）绘出对称三相交流电流的波形。

（2）选定几个瞬时，并将各瞬时电流的实际方向标示在三相绕组中。

（3）根据右手定则，确定各瞬间合成磁通势的方向。

（4）观察各瞬时合成磁通势的方向，能形象地看到磁场在旋转。

2. 过程分析

图 4.7 所示为用图解法分析旋转磁场示意，图中交流电动机的定子上安放着对称的三相绕组 U1-U2、V1-V2、W1-W2。

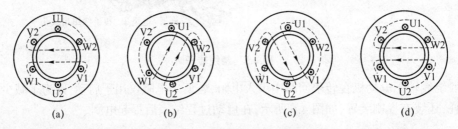

图 4.7　用图解法分析旋转磁场

（a）$\omega t = 0°$时；（b）$\omega t = 120°$时；（c）$\omega t = 240°$时；（d）$\omega t = 360°$时

三相对称交流电流的波形如图 4.8 所示。

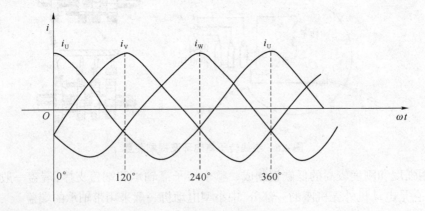

图 4.8　三相对称交流电流的波形

假设电流从绕组首端流入为正，流出为负；末端流出为正，流入为负。电流的流入端用符号⊗表示，流出端用符号⊙表示。对称三相交流电流通入对称三相绕组时，便产生一个旋转磁场。下面选取各相电流出现最大值的几个瞬间进行分析。

1) 当 $\omega t = 0°$ 时

U 相电流达到正最大值,电流从首端 U1 流入,用 $\otimes$ 表示,从末端 U2 流出,用 $\odot$ 表示;V 相和 W 相电流均为负,因此电流均从绕组的末端流入,首端流出,末端 V2 和 W2 用 $\otimes$ 表示,首端 V1 和 W1 用 $\odot$ 表示,如图 4.7(a)所示。由图 4.7(a)可知,合成磁场的轴线正好位于 U 相绕组的轴线上。

2) 当 $\omega t = 120°$ 时

V 相电流为正最大值,因此 V 相电流从首端 V1 流入,用 $\otimes$ 表示,从末端 V2 流出,用 $\odot$ 表示;U 相和 W 相电流均为负,则 U1 和 W1 端为流出电流,用 $\odot$ 表示,而 U2 和 W2 为流入电流,用 $\otimes$ 表示,如图 4.7(b)所示。由图 4.7(b)可知,此时合成磁场的轴线正好位于 V 相绕组的轴线上,磁场方向已从 $\omega t = 0°$ 时的位置沿逆时针方向旋转了 120°。

3) 当 $\omega t = 240°$ 时

合成磁场的位置如图 4.7(c)所示。

4) 当 $\omega t = 360°$ 时

合成磁场的轴线正好位于 U 相绕组的轴线上,磁场方向从起始位置沿逆时针方向旋转了 360°,如图 4.7(d)所示,即电流变化一个周期,合成磁场旋转一周。

由此可知,对称三相交流电流通入对称三相绕组所形成的磁场是一个旋转磁场。旋转的方向为 U→V→W,正好和电流出现正最大值的顺序相同,即由电流超前相转向电流滞后相。

如果三相绕组通入负序电流,则电流出现正最大值的顺序是 U→W→V。通过图解法分析可知,旋转磁场的旋转方向也为 U→W→V。

3. 结论

(1) 当对称三相正弦交流电流通入对称三相绕组时,其基波合成磁通势为幅值不变的圆形旋转磁场。

(2) 旋转磁场转速即电流频率所对应的同步转速,即

$$n_1 = \frac{60f_1}{p}(\text{r/min}) \tag{4.1}$$

式中,p 为磁极对数;f_1 为电流频率。

对已制成的电动机,磁极对数 p 已确定,则 $n_1 \propto f_1$,即决定旋转磁场转速的唯一因素是电流频率 f_1。

(3) 旋转磁场的转向由电流相序决定。

(4) 当某相电流达最大值时,旋转磁通势恰好转到该相绕组的轴线上。

4. 产生圆形旋转磁通势的条件

(1) 三相或多相绕组在空间上对称。

(2) 三相或多相电流在时间上对称。

如果上述两条件中有一条不满足,则产生椭圆形旋转磁通势。

4.2.2　三线异步电动机的工作过程

1. 基本工作原理

在三相异步电动机的定子铁芯里嵌放着对称的三相绕组 U1-U2、V1-V2、W1-W2。转子是一个闭合的多相绕组。图 4.9 为三相异步电动机的工作原

三相异步电动机
的工作原理

理,图中定子、转子上的小圆圈表示定子绕组和转子导体。

当三相异步电动机定子的对称三相绕组中通入对称的三相电流时,就会产生一个以同步转速 n_1 旋转的圆形旋转磁场。旋转磁场转向与三相绕组的排列以及三相电流的相序有关,图4.9中U、V、W相以顺时针方向排列,当定子绕组中通入U、V、W相序的三相电流时,定子旋转磁场为顺时针转向。

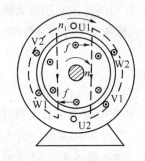

图 4.9　三相异步电动机的
工作原理

由于转子是静止的,转子与旋转磁场之间有相对运动,相当于转子导体沿旋转磁场的反方向切割定子绕组产生的磁场,转子导体因切割定子旋转磁场而产生感应电动势。

因转子绕组自身闭合,转子绕组内便有电流流通。转子绕组内的电流与转子感应电动势同相位,其方向可由右手定则确定。载有有功分量电流的转子绕组在定子旋转磁场作用下,将产生电磁力 f,其方向由左手定则确定。

电磁力对转轴形成一个电磁转矩,其作用方向与旋转磁场方向一致,拖着转子顺着旋转磁场的旋转方向旋转,将输入的电能转换成旋转的机械能。

综上分析,三相异步电动机转动的基本工作原理如下。

(1) 三相对称绕组中通入三相对称电流后产生圆形旋转磁场。

(2) 转子导体切割旋转磁场产生感应电动势和电流。

(3) 转子载流导体在磁场中受到电磁力的作用,从而形成电磁转矩,驱使电动机转子转动。

2. 反转

三相异步电动机的旋转方向始终与旋转磁场的旋转方向一致,为了改变转向,只需改变电流的相序即可,即任意对调电动机的两根电源线,便可使电动机反转。

3. 转速

三相异步电动机的转速恒小于旋转磁场转速 n_1,因为只有这样,转子绕组才能产生电磁转矩,使电动机旋转。如果 $n=n_1$,转子绕组与定子磁场之间便无相对运动,则转子绕组中无感应电动势和感应电流产生,因此 $n<n_1$ 是三相异步电动机工作的必要条件,这也正是此类电动机被称作"异步"电动机的由来。由于转子中的电流不是由电源供给的,而是由电磁感应产生的,所以这类电动机也称为感应电动机。

4. 转差率

$$s=\frac{n_1-n}{n_1}\qquad\qquad(4.2)$$

对三相异步电动机而言,当转子尚未转动(如启动瞬间)时,$n=0$,此时转差率 $s=1$;当转子转速接近同步转速(空载运行)时,$n\approx n_1$,此时转差率 $s\approx0$。

三相异步电动机负载越大,转速就越慢,其转差率就越大;反之,负载越小,转速就越快,其转差率就越小。故转差率直接反映了转子转速的快慢或电动机负载的大小。在正常运行范围内,转差率的数值很小,一般在 0.01～0.06,即三相异步电动机的转速接近同步转速。

5. 异步电机的三种运行状态

根据转差率的大小和正负,异步电机有三种运行状态,即电动机运行状态、发电机运行状态和电磁制动运行状态。

1）电动机运行状态

电磁转矩为驱动转矩,其转向与旋转磁场方向相同,如图 4.10(a)所示,此时电机从电网取得电功率,再将其转换成机械功率,由转轴传输给负载。电动机的转速范围为 $0<n<n_1$,其转差率范围为 $0<s<1$。

2）发电机运行状态

异步电机定子绕组仍接至电源,用一台原动机拖动异步电机的转子以大于同步转速($n>n_1$)并顺着旋转磁场方向旋转,如图 4.10(b)所示。此时电磁转矩方向与转子转向相反,起着制动作用,为制动转矩。为克服电磁转矩的制动作用而使转子继续旋转,并保持 $n>n_1$,电机必须不断从原动机吸收机械功率,把机械功率转换为输出的电功率,因此成为发电机运行状态。此时 $n>n_1$,则转差率 $s<0$。

3）电磁制动状态

异步电机定子绕组仍接至电源,如果用外力拖着电机逆着旋转磁场的旋转方向转动,此时电磁转矩与电机旋转方向相反,起制动作用,如图 4.10(c)所示。电机定子仍从电网吸收电功率,同时转子从外力吸收机械功率,这两部分功率都在电机内部以损耗的方式转换成热能消耗掉,这种运行状态称为电磁制动运行状态。此种情况下,n 为负值,即 $n<0$,则转差率 $s>1$。

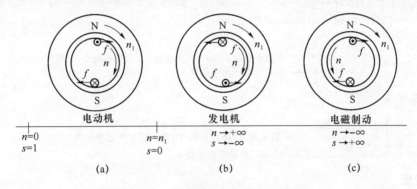

图 4.10 异步电机的三种运行状态

(a)电动机;(b)发电机;(c)电磁制动

由此可知,区分这三种运行状态的依据是转差率 s 的大小:

当 $0<s<1$ 时,为电动机运行状态;

当 $-\infty<s<0$ 时,为发电机运行状态;

当 $1<s<+\infty$ 时,为电磁制动运行状态。

综上所述,异步电机可以作电动机运行,也可以作发电机运行和电磁制动运行。但它一般作电动机运行,异步发电机很少使用,电磁制动是异步电机在完成某一生产过程中出现的短时运行状态。例如,起重机下放重物时,为了安全、平稳,需要限制下放速度,就使异步电动机短时处于电磁制动状态。

4.3 三相异步电动机的铭牌

三相异步电动机出厂时,每台电动机的机座上都固定着一块铭牌,如表 4. 三相异步电动机 1 所示。铭牌上标注了电动机的型号、额定值和额定运行情况下的有关技术 的铭牌图片数据。按铭牌上所规定的额定值和工作条件运行,称为额定运行。

表 4.1　三相异步电动机铭牌

三相异步电动机			
型号 Y2-200L-4	功率 30 kW	电流 57.63 A	电压 380 V
频率 50 Hz	接法△	转速 1 470 r/min	LW79dB/A
防护等级 IP54	工作制 S1	F 级绝缘	质量 270 kg
×××电机厂			

1. 型号

三相异步电动机的型号主要包括产品代号、设计序号、规格代号和特殊环境代号等,其型号的表示方法是用汉语拼音的大写字母和阿拉伯数字来表示。

1) 中小型三相异步电动机

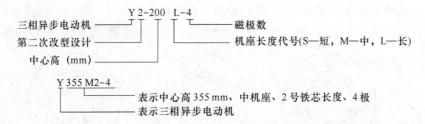

2) 大型异步电动机

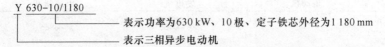

2. 额定值

(1) 额定电压 U_N:在额定运行状态下运行时,规定加在电动机定子绕组上的线电压值。

(2) 额定电流 I_N:在额定运行状态下运行时,流入电动机定子绕组中的线电流值。

(3) 额定功率 P_N:电动机在额定状态下运行时,转子轴上输出的机械功率,单位为 W 或 kW。对于三相异步电动机,其额定功率为

$$P_N = \sqrt{3}\, U_N I_N \eta_N \cos \varphi_N \times 10^{-3} \quad (kW) \tag{4.3}$$

对于 380 V 的低压异步电动机,$\eta_N \cos\varphi_N \approx 0.8$,计算得 $I_N \approx 2P_N$,由此可很方便地选择连接导线的规格。

(4) 额定频率 f_N:在额定状态下运行时,电动机定子侧电压的频率称为额定频率,单位为 Hz,我国电网 $f_N = 50$ Hz。

(5) 额定转速 n_N:额定运行时电动机的转速,单位为 r/min。

3. 绝缘等级

绝缘材料又称电介质,其主要作用是用来隔离带电的或不同电位的导体,使电流按一定的方向流通,绝缘材料的电阻率(又称电阻系数)一般应大于 $10^9\ \Omega \cdot cm$。绝缘材料的品种很多,按物态一般可分为气体绝缘材料、液体绝缘材料和固体绝缘材料。绝缘材料按其在正常运行条件下允许的最高工作温度分级,称为耐热等级,如表 4.2 所示。

表 4.2 绝缘材料的耐热等级

级 别	Y	A	E	B	F	H	G
极限工作温度/℃	90	105	120	130	155	180	180 以上

4. 接线

在额定电压下运行时,三相异步电动机接线有星形连接和三角形连接两种,如图 4.11 所示。

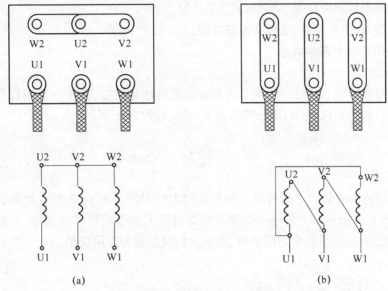

图 4.11 三相异步电动机接线

(a) 星形连接;(b) 三角形连接

5. 电动机的防护等级

电动机外壳防护等级的标记方法是以字母"IP"和其后面的两位数字表示的。"IP"为国际防护的缩写。IP 后面第一位数字代表第一种防护形式(防尘)的等级,分为 0~6 七个等级。第二位数字代表第二种防护形式(防水)的等级,分为 0~8 九个等级,数字越大,表示防护的能力越强。

6. 工作制

电动机工作制是对电动机承受负载情况的说明,包括启动、电制动、负载、空载及这些阶段的持续时间和先后顺序,工作制分为 S1~S10 十类。

4.4 交流电机的绕组

交流电机的绕组是实现机电能量转换的重要部件,对发电机而言,定子绕组的作用是产生感应电动势和输出电功率。而对电动机而言,定子绕组的作用是通电后建立旋转磁场,该旋转磁场切割转子导体,在转子导体中形成感应电流,彼此相互作用产生电磁转矩,使电机旋转,输出机械能。

4.4.1　交流绕组的基本知识

1. 对交流绕组的基本要求

（1）三相绕组对称，以保证三相电动势和磁通势对称。

（2）在导体数一定的情况下，力求获得最大的电动势和磁通势。

（3）绕组的电动势和磁通势波形力求接近于正弦波。

（4）端部连线应尽可能短，以节省用铜量。

（5）绕组的绝缘和机械强度可靠，散热条件好。

（6）工艺简单，便于制造，安装和检修方便。

2. 交流绕组的几个基本概念

1）极距 τ

相邻两个磁极轴线之间沿定子铁芯内表面的距离称为极距，极距一般用每个极面下所占的槽数来表示。如图 4.12 所示，定子槽数为 Z，磁极对数为 p，则

$$\tau = \frac{Z}{2p} \tag{4.4}$$

2）线圈节距 y

一个线圈的两个有效边之间所跨过的距离称为线圈的节距 y，节距一般用线圈跨过的槽数来表示，如图 4.13 所示。为使每个线圈获得尽可能大的电动势或磁通势，节距 y 应等于或接近于极距，把 $y=\tau$ 的绕组称为整距绕组，把 $y<\tau$ 的绕组称为短距绕组。

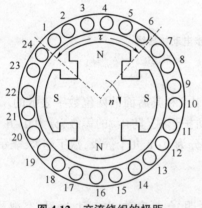

图 4.12　交流绕组的极距

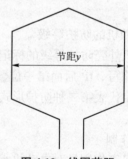

图 4.13　线圈节距

3）电角度

电机圆周的几何角度恒为 360°，称为机械角度。从电磁观点来看，若转子上有一对磁极，它旋转一周，定子导体就掠过一对磁极，导体中感应电动势就变化一个周期，即 360° 电角度。若电机的磁极对数为 p，则转子转一周，定子导体中感应电动势就变化 p 个周期，即变化 $p\times$360°。因此，电机整个圆周对应的机械角度为 360°，而对应的空间电角度则为 $p\times$360°，则有

$$电角度 = p\times机械角度 \tag{4.5}$$

4）槽距角 α

相邻两个槽之间的电角度称为槽距角，如图 4.14 所示。因为定子槽在定子圆周上是均匀分布的，若定子槽数为 Z，电机的磁极对数为 p，则

$$\alpha = \frac{p \times 360°}{Z} \qquad (4.6)$$

对于图 4.14，$Z=24$，如果 $p=2$，则有 $\alpha=30°$。

4.4.2　三相单层绕组

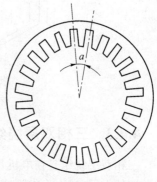

三相单层绕组就是在每个定子槽内只嵌置一个线圈有效边的绕组，因而它的线圈总数只有电机总槽数的一半。三相单层绕组的优点是绕组线圈数少，工艺比较简单，没有层间绝缘，故槽的利用率提高，不会发生相间击穿故障等，被广泛应用于 10 kW 以下的三相异步电动机。三相单层绕组的缺点则是绕组产生的电磁波形不够理想，电机的铁损和噪声都较大且启动性能也稍差，故三相单层绕组一般只用于小容量三相异步电动机中。

图 4.14　24 槽的定子铁芯槽距角

三相单层绕组按照其线圈的形状和端接部分排列布置不同，可分为单层链式绕组、单层交叉式绕组、单层同心式绕组和交叉同心式绕组等。单层同心式绕组和交叉同心式绕组由于端部过长、耗用导线过多，现除偶有用在小容量 2 极、4 极电动机中以外，目前已很少采用这种绕组形式。

1. 单层链式绕组

单层链式绕组是由形状、几何尺寸和节距都相同的线圈连接而成的，就整个外形来看形如长链，故称为链式绕组。单层链式绕组应特别注意的是其线圈节距必须为奇数，否则该绕组将无法排列布置。图 4.15 所示为三相单层链式绕组展开图（U 相）。

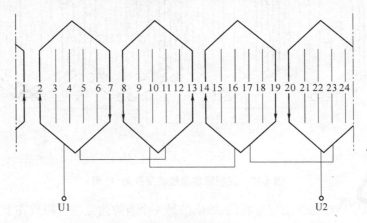

图 4.15　三相单层链式绕组展开图（U 相）

可见，链式绕组的每个线圈节距相等，制造方便，线圈端部连线较短，省铜。

2. 单层交叉式绕组

单层交叉式绕组是由线圈个数和节距都不相等的两种线圈组构成的，同一组线圈的形状、几何尺寸和节距均相同，各线圈组的端部都互相交叉。当每极每相槽数为大于 2 的奇数时，链式绕组将无法排列布置，此时就需要采用具有单、双线圈的交叉式绕组。图 4.16 所示为三相单层交叉式绕组展开图（U 相）。

可见，这种绕组由大小两种线圈交叉布置，故称为交叉式绕组。

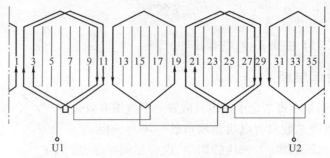

图4.16　三相单层交叉式绕组展开图（U相）

4.4.3　三相双层绕组

　　三相双层绕组是在电机每个槽内放置上下两层线圈的有效边,线圈的一个有效边放置在某一槽的上层,另一个有效边则放置在相隔节距为 y 的另一槽的下层,整台电机的线圈总数等于定子槽数。

　　三相双层绕组所有线圈尺寸相同,有利于绕制;端部排列整齐,有利于散热。通过合理地选择节距 y,还可以改善电动势和磁通势波形。三相双层绕组按线圈形状和端部连接线的连接方式不同分为三相双层叠绕组和三相双层波绕组,本节仅介绍三相双层叠绕组,其展开图（U相）如图4.17所示。

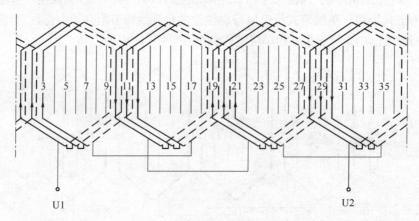

图4.17　三相双层叠绕组展开图（U相）

　　由于三相双层绕组是按上层分相的,线圈的另一个有效边是按节距放在下层的,故可以任意选择合适的节距来改善电动势或磁通势波形,其技术性能优于三相单层绕组,一般稍大容量的电机均采用三相双层绕组。

项目3　三相异步电动机的试验

任务1　试验准备

1. 试验电源的要求

试验电源的电压波形正弦性畸变率应不超过 5%;在进行温升试验时应不超过 2.5%。

试验电源的三相电压对称系统应符合下述要求。

（1）电压的负序分量和零序分量均不超过正序分量的 1%。

（2）在进行温升试验时，负序分量不超过正序分量的 0.5%，零序分量的影响予以消除。

（3）试验电源的频率与额定频率之差应在额定频率的 ±1% 范围内。

2. 测量仪器的要求

试验时，采用的电气测量仪表的准确度应不低于 0.5 级（兆欧表除外），三相瓦特表的准确度应不低于 1.0 级，互感器的准确度应不低于 0.2 级，电量变送器的准确度应不低于 0.5%（检查试验时应不低于 1%），数字式转速测量仪（包括十进频率仪）及转差率测量仪的准确度应不低于 0.1%±1 个字，转矩测量仪及测功机的准确度应不低于 1%（实测效率时应不低于 0.5%），测力计的准确度应不低于 1.0 级，温度计的误差在 ±1 ℃ 以内。

选择仪表时，应使测量值位于 20%~95% 仪表量程范围内。在用两瓦特表法测量三相功率时，应尽量使被测的电压及电流分别不低于瓦特表的电压量程及电流量程的 20%。

60 W 及以下的电机应选用仪表损耗较小、不足以影响测量准确度的电流表和瓦特表。

3. 测量要求

进行电气测量时，应遵循下列要求。

（1）三相电流用三电流互感器（或二互感器）法、三电流表法进行测量。三相功率应采用两瓦特表法或三瓦特表法进行测量。对 750 W 及以下的电动机，除堵转试验外，不允许采用电流互感器。

（2）采用电流互感器时，接入副边回路仪表的总阻抗（包括连接导线）应不超过其额定阻抗值。

（3）对 750 W 及以下的电动机，除堵转试验外，测量时应将电压表先接至电动机端，将电压调节到所需数值，读取此时的电压值。然后，将电压表换接至电源端，并保持电源端电压不变，再读取其他仪表的数值。当电源端电压与电动机端电压之差小于电动机端电压的 1% 时，电压表可固定在电源端进行测量。

（4）试验时，各仪表读数同时读取。在测量三相电压或三相电流时，应取三相读数的平均值作为测量的实际值。绘制特性曲线时，各点读数应均匀测取。

任务 2 测量三相绕组的直流电阻

在测定绕组实际冷状态下的直流电阻时，应将电动机在室内放置一段时间，用温度计（或埋置检温计）测量电动机绕组端部或铁芯的温度。当所测温度与冷却介质温度之差不超过 2 K 时，则所测温度即实际冷状态下绕组的温度。当绕组端部或铁芯的温度无法测量时，允许用机壳的温度代替。对大中型电动机，温度计的放置时间应不小于 15 min。

测量方法及要求如下。

（1）绕组的直流电阻用双臂电桥或单臂电桥测量。电阻在 1 Ω 及以下时，必须采用双臂电桥测量。

（2）当采用自动检测装置或数字式微欧计等仪表测量绕组的电阻时，通过被测绕组的试验电流应不超过其正常运行时电流的 10%，通电时间不应超过 1 min。

（3）测量时，电动机的转子应静止不动。定子绕组的电阻应在电动机的出线端上测量，每一电阻测量三次。每次读数与三次读数的平均值之差应在平均值的 ±0.5% 范围内，取其平均值作为电阻的实际值。

任务3 绝缘电阻的测定

对于 380 V 的电动机，其绝缘电阻一般不低于 0.5 MΩ，全部更换绕组后电动机的绝缘电阻一般不低于 5 MΩ。

1. 测量时电动机的状态

测量电动机绕组的绝缘电阻时，应分别在实际冷状态下和热状态下进行。检查试验时，在实际冷状态下进行。

2. 兆欧表的选用

根据电动机的额定电压，按表 4.3 所示选用兆欧表。

表 4.3　兆欧表的选用

电动机额定电压/V	兆欧表规格/V
500 以下	500
500～3 000	1 000
3 000 以上	2 500

测量埋置式检温计的绝缘电阻时，应采用不高于 250 V 的兆欧表。

3. 测量方法

如果各相绕组的始末端均引出机壳外，则应分别测量每相绕组对机壳及其相互间的绝缘电阻。如果三相绕组已在电动机内部连接，仅引出三个出线端，则测量所有绕组对机壳的绝缘电阻。对绕线转子电动机，应分别测量定子绕组和转子绕组的绝缘电阻。

测量中，如果非被测绕组处于悬浮电位或全部接地，则由于各个漏电回路相互连接，绝缘电阻测定值会偏低，因此在需要分析某相绕组绝缘电阻值偏低的原因时，宜将非被测绕组接到兆欧表"保护"端子。

测量绕线式异步电动机转子的绝缘电阻时，电刷应放在与集电环接触的位置。兆欧表的接线要绝缘良好，引线不要贴近试验电动机机壳或地面，以免绝缘电阻测定值偏低。

在测量过程中，流过绝缘的泄漏电流始终不变，但绝缘中的充电电流和吸收电流却随时间的延续而衰减，因而绝缘电阻不断增大，开始时变化较大，而后渐趋稳定。一般中小型电动机在 30 秒后可达最终值，但大型电动机绝缘电阻达到稳定往往需要数分钟，通常以外施电压 1 分钟时的绝缘电阻值为准。

任务4 空载电流的测量

完成上述试验后，应将电动机在三相平衡的额定电压下空载运行半小时以上，在运行中测量电动机的三相电流是否平衡；空载电流是否过大或过小。电动机空载电流与额定电流的百分比如表 4.4 所示，若电动机空载电流与额定电流的百分比过大，则说明电动机的气隙过大或定子绕组匝数偏少；若电动机空载电流与额定电流的百分比过小，则说明定子绕组匝数偏多或将三角形连接误接成星形，或者误将两路接成一路。

此外，空载试验时还应检查铁芯是否过热或发热不均匀、轴承的温升是否正常、有无异常声音等。

表 4.4 电动机空载电流与额定电流的百分比（%）

极数 \ 容量/kW	0.125	0.5 以下	2 以下	10 以下	50 以下	100 以下
2	70~95	45~70	40~55	30~45	23~35	18~30
4	80~90	65~85	45~60	35~55	25~40	20~30
6	85~98	70~90	50~65	35~65	30~45	22~33
8	90~98	75~90	50~70	37~70	35~50	25~35

项目 4　三相异步电动机的操作

任务 1　选配电动机

在维修设备过程中，经常会遇到更换、选配电动机的问题。选配电动机一般要从应用场合的实际要求出发，按以下几方面综合考虑，以选择合适的电动机。

1. 功率的选择

选择电动机功率的原则：应在电动机能够满足生产机械负荷要求的前提下，经济、合理地确定电动机功率的大小。

选择电动机功率时，可根据下列计算公式，即

$$P_{N} = \frac{P}{\eta_{N}\eta} \tag{4.7}$$

式中，P_{N} 为电动机的额定功率（kW）；P 为负载的机械功率（kW）；η_{N} 为电动机的效率；η 为生产机械的效率。

2. 电压的选择

选择电动机电压应根据运行现场供电电网的电压等级来决定，要求电动机的额定电压必须与电源电压相符，电动机只能在铭牌规定的电压下使用，允许工作电压上下偏差为 +10%～-5%。如果电压过高将会引起电动机绕组过载发热；如果电压过低会使电动机输出功率下降，甚至带负载启动困难，过热烧毁。

常用电动机的额定电压为 380 V（Y 连接）及 220 V/380 V（D/Y 连接）两种。220 V/380 V 表示一台电动机有两种电压，当电源电压为 380 V 时，电动机定子绕组 Y 连接，而当电源电压为 220 V 时，电动机定子绕组 D 连接。

3. 转速的选择

转速的选择应根据所拖动的生产机械的要求来选定电动机的转速，必要时可选用高速电动机或齿轮减速电动机，亦可选择多速电动机。

4. 结构形式的选择

电动机的安装分为立式与卧式，一般选卧式。根据电动机使用场合结构形式可选防护式、封闭式、防爆式等。

5. 电动机种类的选择

根据机械设备对电动机的要求来选电动机种类，如表 4.5 所示，原则如下。

（1）对于无特殊要求的一般生产机械,应选择笼型异步电动机。

（2）对于要求启动性能好、在不大的范围内平滑调速的设备,可选用绕线转子异步电动机。

（3）对于有特殊要求的设备,必须用特殊结构的电动机。

表 4.5　电动机的选择

序号	型号	型号意义	名　称	结 构 形 式	用　途
1	Y	异闭	封闭式异步电动机	封闭式,铸铁外壳,有散热筋,铸铝转子,自扇吹冷	用于机床、机械设备
2	YR	异绕	防护式绕线转子异步电动机	防护式,绕线转子,铸铁外壳	用于要求启动电流小、启动转矩高的机械上
3	YB	异爆	防爆异步电动机	钢板外壳,铸铝转子	用于有爆炸性气体的场合
4	YD	异多	封闭式多速异步电动机	封闭式,铸铁外壳,有散热筋,铸铝转子	用于要求多速的拖动系统
5	YQ	异起	封闭式高启动转矩异步电动机	封闭式,铸铁外壳,有散热筋,铸铝转子	用于启动负荷较大的机械及环境粉尘多的场合
6	YH	异滑	高转差率（滑率）异步电动机	封闭式,铸铁外壳,有散热筋,铸铝转子	用于拖动较大飞轮惯量和不均匀冲击的金属加工机械及环境粉尘较多的场合
7	YZR	异重绕	起重冶金用绕线转子电动机	封闭式,自扇吹冷,绕线转子	用于起重机、冶金机械
8	YZH	异船	封闭式船用异步电动机	封闭式,铸铁外壳,有密封防潮措施	用于船舶
9	YCT	异磁调	电磁调速异步电动机	由 Y 系列电动机和电磁转差离合器组成	用于需要调速的机械
10	YCJ	异齿减	齿轮减速异步电动机	由 Y 系列电动机和减速器组成	用于低速、高转矩机械设备
11	YQB	异潜泵	浅水排灌潜水异步电泵	由 Y 系列电动机、水泵及封闭盒组成	用于农业排灌、消防等场合
12	YOF	异闭腐	化工防腐蚀异步电动机	铸铁外壳,有密封及防腐措施	用于化工厂腐蚀环境
13	YOW	异闭外	户外用异步电动机	封闭式,铸铁外壳,有散热筋,铸铝转子	用于户外环境,不需加防护措施的机械

续表

序号	型号	型号意义	名 称	结 构 形 式	用 途
14	YL	异铝	封闭式铝壳异步电动机	封闭式,铸铝外壳,有散热筋,铸铝转子	用于机床、机械设备
15	YLJ	异力矩	力矩异步电动机	封闭式,铸铁外壳,有散热筋,铸铝转子	用于具有恒转矩特性的负载

任务2 掌握电动机的运行要求

和其他电气设备一样,电动机对运行环境也有一定的要求,合理的工作环境对于延长电动机的寿命,使其达到最佳工作状态至关重要。作为运行维护人员,不仅要知道电动机的正确使用环境,还应能够对电动机的运行状态是否正常做出正确判断。

1. 合理的工作环境

(1) 电动机一般在海拔不超过1 000 m、环境温度不超过40 ℃的地点运行。

(2) 电动机在额定电压变化±5%以内时,可按额定功率连续运行;如果电压变化超过±5%时,应通过试验确定电动机允许的负载。

(3) 运行中电动机的温升应符合表4.6所示的要求。

表4.6 电动机温升要求 ℃

电动机部位	A级绝缘		E级绝缘		B级绝缘		F级绝缘		H级绝缘	
	温度计法	电阻法	温度计法	电阻法	温度计法	电阻法	温度计法	电阻法	温度计法	电阻法
定子绕组	50	60	65	75	70	80	85	100	105	125
转子绕组（绕线式）	50	60	65	75	70	80	85	100	105	125
定子铁芯	60	—	70	—	80	—	100	—	125	—
集电环	60	—	70	—	80	—	90	—	100	—
滑动轴承	40	—	40	—	80	—	40	—	40	—
滚动轴承	55	—	55	—	55	—	55	—	55	—

如果电动机运行的最高环境温度为40~60 ℃,表4.6中规定的温升限度应除去环境温度超过40 ℃的数值。

如果电动机运行的环境温度为0~40 ℃(如t ℃),温升限度一般不增加。当与制造厂取得协议后,允许增加($40-t$ ℃),但最大为30 ℃。

(4) 电动机在额定冷却空气温度(一般为35 ℃)时,可按制造厂铭牌所规定的额定数据运行,当冷却温度与额定值不同时,可参照下面规定的负载功率考虑。

当冷却温度t ℃低于35 ℃时,电动机的功率可以较额定功率提高($35-t$)%,但最多不应超过8%~10%。

当冷却温度t ℃高于35 ℃时,电动机的功率较额定功率降低($t-35$)%。

2. 正常的工作状态

（1）电动机在运行时允许的振动幅值（双振幅）应不大于表4.7所示的规定。

表 4.7　电动机允许振动幅值

同步转速/(r·min⁻¹)	3 000	1 500	1 000	750 以下
双振幅值/mm	0.05	0.085	0.1	0.12

（2）滑动轴承上电动机轴伸窜动间隙（轴向移动）的允许值如表4.8所示。

表 4.8　滑动轴承上电动机轴伸窜动间隙（轴向移动）的允许值

电动机功率/kW	向一侧轴向移动量/mm	向两侧轴向移动量/mm
10 以下	0.5	1.0
11~20	0.75	1.5
30~70	1.0	2.0
70~124	1.5	3.0
125 以上	2.0	4.0
轴径大于 200 mm	轴直径的 2%	

（3）电动机定子与转子之间的气隙不均匀度不允许超过表4.9所示的规定。

表 4.9　电动机定子与转子之间的气隙不均匀度

标称气隙	不均匀度	标称气隙	不均匀度	标称气隙	不均匀度
0.2~0.5	±25%	0.75~1.0	±18%	1.3 以上	±10%
0.5~0.75	±20%	1.0~1.3	±15%		

（4）对于电动机定子绕组相间电阻及对地绝缘电阻，要求每伏工作电压不低于 1 kΩ，转子绕组及集电环之间要求每伏工作电压不低于 500 Ω。

（5）电动机轴承的润滑脂填满量应不超过轴承盒容积的 70%，也不得少于其容积的 50%。

任务 3　电动机启动前的检查

为确保人身安全，应对新购入的电动机（或经过检修的电动机及长期未用的电动机）进行启动前的检查。启动前的检查项目如下。

（1）检查电动机铭牌所示电压、频率与使用的电源是否一致，接法是否正确，电源的容量与电动机的容量及启动方法是否合适。

（2）使用的电线规格是否合适，电动机引出线与线路连接是否牢固，接线有无错误，端子有无松动或脱落。

（3）开关和接触器的容量是否合适，触头的接触是否良好。

（4）熔断器和热继电器的额定电流与电动机的容量是否匹配，热继电器是否复位。

（5）用手盘车应均匀、平稳、灵活，窜动不应超过规定值。

（6）检查轴承是否缺油,油质是否符合标准,加油时应达到规定的油位,对于强迫润滑的电动机,启动前还应检查油路有无阻塞,油温是否合适,循环油量是否符合要求。

（7）检查传动装置,传动带不能过紧或过松,连接要可靠,螺钉及销子应完整、紧固。

（8）检查电动机外壳有无裂纹,接地是否可靠。

（9）启动器的开关或手柄位置是否符合启动要求。

（10）检查旋转装置的防护罩等安全措施是否完好。

（11）通风系统是否完好,通风装置和空气滤清器等部件应符合有关规定的要求,对于由外部用管道引入空气冷却的电动机,应保持管道清洁畅通,连接处要严密,闸门的位置应正确。

（12）检查电动机内部有无杂物,可用干燥、清洁的压缩空气(不超过200 kPa)或"皮老虎"吹净,但不得碰坏绕组。

（13）对不可逆运转的电动机,应检查电动机的旋转方向是否与该电动机所标示箭头的运转方向一致。

（14）电动机绕组相间和绕组对地绝缘是否良好,测量绝缘电阻应符合规定要求。

（15）对新电动机或大修后投入运行的电动机,要求三相交流电动机的定子绕组、绕线转子异步电动机的转子绕组的三相直流电阻偏差应小于2%;对某些只更换个别线圈的电动机,其直流电阻偏差应不超过5%。

（16）绕线转子电动机还应检查电刷接触是否良好,电刷压力是否正常。

任务4 电动机启动后的检查

电动机启动后,应检查电动机的运行状况,并进行全程故障检测。启动后的检查项目如下。

（1）电动机启动后的电流是否正常,在三相电源平衡时,三相电流中任一相与三相平均值的偏差不得超过10%。

（2）电动机的旋转方向有无错误。

（3）认真查清有无异常振动和响声。

（4）使用滚动轴承时,检查带油环转动是否灵活、正常。

（5）有无异味及冒烟现象。

（6）电流的大小与负载是否相当,有无过载情况。

（7）启动装置的动作是否正常,是否逐级加速,电动机加速是否正常,启动时间有无超过规定时间。

任务5 电动机运行中的检查

1. 日常检查项目

电动机在运行中应进行监视和维护,这样才能及时了解电动机的工作状态,及时发现异常现象,将事故消除在萌芽之中。电动机运行中的监视和维护工作应做到以下几点。

（1）监视电动机有无过热情况。

（2）监视电动机的工作电流是否超过额定电流。

（3）监视电源电压有无异常变化。

（4）监视三相电源电压和电流是否平衡。

（5）监视电动机故障后停止转动时的情况。

（6）注意电动机通风和环境的情况。

（7）注意电动机振动的情况。

（8）注意电动机的噪声有无异常情况。

（9）注意电动机是否发出异常气味。

（10）注意电动机轴承的工作和发热情况。

（11）注意电动机运行时电刷的工作情况。

2. 交接班时应进行的检查

（1）电动机各部位发热情况。

（2）电动机和轴承运转的声音。

（3）各主要连接处的情况，变阻器、控制设备的工作情况。

（4）润滑油的油面高度。

（5）交流滑环式电动机的换向器、集电环和电刷的工作情况。

3. 每月应进行的检查

（1）擦拭电动机外部的油污及灰尘，吹扫内部的灰尘及电刷粉末等。

（2）检查电动机的转速和振动情况。

（3）拧紧各紧固螺钉。

（4）检查接地装置。

4. 每半年应进行的检查

（1）清扫电动机内部和外部的灰尘、污物和电刷粉末等。

（2）调整电刷的压力，更换或研磨已损坏的电刷。

（3）调整通风、冷却系统的工作情况。

（4）全面检查润滑系统，补充润滑脂或更换润滑油。

（5）检查、调整传动机构。

5. 每年应进行的检查

（1）解体清扫电动机的绕组、通风沟和接线板。

（2）测量绕组的绝缘电阻，必要时应进行干燥。

（3）检查集电环、换向器的不平度、偏摆度，超差时应进行修复。

（4）调整刷握与集电环、换向器之间的距离。

（5）清洗轴承及润滑系统，并检查其状况；测定轴承间隙，更换磨损超出规定的滚动轴承，对损坏较严重的滑动轴承应重新挂锡。

（6）清扫变阻器、启动器、控制设备、附属设备，更换已损坏的电阻、触头、元件、冷却油及其他已损坏的零部件。

（7）检修接地装置。

（8）调整传动装置。

（9）检查、校核测试和记录仪表。

（10）检查开关及熔断器的完好情况。

项目 5 电动机常见故障分析与处理

任务 1 电动机带载启动故障分析与处理

当电动机空载运行正常,而带负载运行时出现不能启动或启动困难;电动机虽能转动,但长时间达不到额定转速,往往会引起熔断器熔体熔断(或热继电器动作),应进行以下检查。

1. 第一次带负载启动

(1) 所选择的启动方法是否合适,应根据电源容量、电动机功率及启动时的负载情况综合考虑,若不合适,应重新核算,选择合适的启动方法。

(2) 电动机与电源连接的导线是否太细,导线截面积要与所接电动机的功率相匹配,同时还应考虑电动机是否距电源太远,造成启动时线路压降过大,使启动困难,对此应重新更换合适的导线。

(3) 电动机功率与所拖动的负载不匹配。电动机功率过小或启动转矩小于负载转矩时,会造成不能启动,应重新核算,选择合适的电动机。

(4) 检查电动机接线,如果将 D 连接误接成 Y 连接,则在空载时虽能启动,但在重载下就可能启动不起来。如果电源容量允许,可改成 D 连接直接启动,否则必须重新选择启动方法。

2. 经过多次正常启动后出现异常

如果已经过多次正常启动,再启动时出现不能启动或启动困难的现象,可按第一次带负载启动的步骤检查,无问题后,再进行以下检查。

(1) 测量电动机端子处电压,如果不正常,再检查三相电源,找出故障,进行相应处理。

(2) 检查负载设备有无被卡死或转动困难现象。

(3) 检查转子绕组是否断路,如果笼型转子有断条或绕线转子一相断路,虽空载可以启动,但在重载下就不能启动。若在空载启动后再带负载,转速将会很快下降。

3. 按下启动按钮后电动机无响声又不转动

1) 电源没有接通

用万用表的交流电压挡检查电动机接线端子处有无电压,如果测不到电压,说明电源未通,这时可用电压表从电动机处向外逐级检查。

2) 电动机内部断线

当电压已送到电动机接线端子并且三相平衡时,可判断是电动机内部断线,大多数是中性点未接或引线折断。

4. 电动机发出"嗡嗡"声但不转动

电动机接通电源后,发出"嗡嗡"声而不转动,应按下列方法处理。

(1) 立即停电,先检查电源,是否有熔断器一相熔体熔断、一相电源断线、接触器一相接触不良等因素造成电动机单相运行。若电源侧无问题,再检查电动机内部有无断线。

(2) 电源电压过低,电动机也有可能转动不起来,只要检查电源电压,即可解决。

(3) 电动机被机械卡住也不能转动,在通电时会有较大的"嗡嗡"声和撞击声,采用手盘车的方法很容易发现。

(4) 对于小功率电动机,若周围环境温度太低,润滑脂变硬,甚至冻住,有时也很难启动,只要打开轴承盖,在轴承内浇注些热机油即可。

(5) 绕组引出线首末端接错或内部绕组接反,当接通电源后,电动机发出异常的电气蜂鸣声,应先检查电动机首末端是否正确,若无问题,再检查电动机内部接线是否正确。

(6) 对于改极重绕电动机,定、转子与槽配合选择不当也会造成转动不起来,只有重新选择绕组形式和节距并更换绕组或将转子直径车小0.5 mm左右,就可解决。

(7) 如果绕线转子电动机的电刷与集电环接触不良或转子绕组两相断路,这时虽将定子绕组接通三相电源,电动机也不会转动,但"嗡嗡"声较小而熔断器熔体不熔断。

5. 熔断器熔体很快熔断

电动机通电后尚未转动或虽已开始转动,但熔断器的熔体很快就熔断(或过电流保护动作),应进行以下检查。

(1) 检查熔体的额定电流(或过流保护的整定值)与电动机容量是否匹配。

(2) 若将电动机的Y连接误接成D连接,接通电源后,电动机虽能转动,但声音异常,熔断器熔体很快就熔断。

(3) 电源线(电源到电动机之间的接线)如有线间或对地短路,只要拆开电动机引出线,用兆欧表(或万用表)检查电源线即可查明。

(4) 电动机绕组内部接错或引出线头尾接反,只要将头尾接线改正过来即可。

(5) 电动机绕组或引出线有相间或对地短路时,可拆开引出线后,用兆欧表检查电动机相间及对地绝缘,即可找出短路相。检查引出线有无破损,引出线绝缘破坏会与机座形成短路,如果引出线无问题,则是电动机内部绕组问题。

(6) 电动机装配严重不合适时,将使电动机启动困难,甚至不能启动。

(7) 绕线转子电动机启动时,提刷机构的手柄如误放在运行位置而直接启动,或者手柄虽放在启动位置,但由电刷到启动电阻间的接线有短路或启动电阻本身短路,则应对启动装置仔细检修。

6. 电动机启动后外壳带电

(1) 电动机外壳没有可靠接地,而且带电部分一相对地绝缘损坏。

(2) 电动机引出线绝缘损伤而接地。

(3) 槽口处绝缘损伤造成接地。

(4) 槽内有毛刺或铁屑等杂物未清除干净,使导线嵌入后刺破绝缘引起接地。

(5) 线圈端部顶碰端盖而接地。

7. 空载电流过大

(1) 检查三相电源电压,若电压过高使空载电流增大,应调整电源电压。

(2) 检查电动机装配情况,可用手轻轻转动电动机轴,观察是否灵活。如果端盖装偏、轴间间隙过小,以及滚动轴承装配不良、润滑脂牌号不合适或装得过多,都会引起空载电流增大。

(3) 转子铁芯错位或装反。

(4) 气隙不均或增大。

(5) 电动机重绕时线圈匝数不够,则应更改线圈匝数。

(6) 电动机大修时,使用火烧方法拆线,造成铁芯磁性能变差,应重新计算定子绕组并降低容量使用。

8. 电动机启动时有振动和异常响声

(1) 负载不平衡和安装不同心时,应松开联轴器使电动机空载运行,观察振动是否来自电动机本身,这样可排除负载不平衡和安装不同心造成的振动。

（2）基础强度不够,底板或其他固定部分螺钉松动,使电动机振动过大。

（3）转子和转动部分不平衡时,应检查平衡重块是否脱落,风扇是否断裂、破损,转轴是否弯曲等。

（4）一相突然断路,造成电动机单相运行,使一相电流为零(电动机若为 D 连接时电流虽不为零,但三相电流相差很大),可出现异常响声和振动,应立即停机,找出断路点。

（5）气隙不均,电动机发出周期性"嗡嗡"声,严重时使电动机振动,发出急促的撞击声。这时应检查气隙不均匀度是否超过规定要求,轴是否弯曲、大小盖螺钉是否均匀地紧固、铁芯有无凸出、各部分配合有无松动现象。

（6）轴承磨损间隙较大,从轴承里传出连续或时隐时现的清脆响声,可能是轴承滚珠(或柱)保持器损坏或进入砂粒,应对轴承进行清洗、检修或更换。

（7）电动机启动时,电流很大,若接地现象严重,会产生响声,振动也很厉害,而启动后趋于好转,这是由于电动机绕组有接地处,造成磁场严重不均匀而产生的,应用兆欧表检查线圈是否接地。

（8）定、转子线圈有轻微短路,造成磁场不均匀,使电动机产生"嗡嗡"声。应用电桥测定三相绕组的直流电阻然后进行比较,若相差很大,可进一步检查线圈有无短路,找出短路处。

（9）风扇与风罩或端盖间进入脏物,可立即停机进行处理。

（10）笼型转子条脱焊或断条,严重时会产生振动或异常响声。

（11）电动机改极后,定、转子与槽配合不当,应改变线圈节距,若不易解决,应将转子外径车小 0.5 mm 左右试之。

任务 2　电动机负载运行故障分析与处理

电动机在空载运行时出现的故障大部分都会出现在负载运行中,有时故障现象更为严重。

1. 电动机过热

1）电动机负载过大

电动机负载过大可能是由电动机功率与负载机械不配合,拖动机械的传动带太紧或转轴运转不灵活等负载机械本身故障所造成的。检查电动机的电流、电压即可发现,应减轻负载或更换较大功率的电动机。

2）电源电压过低或过高

电压过低而负载不变时,电动机电流就会增加,引起铜损耗增大;如果电压过高,可使磁路过饱和,引起铁损耗增大,其结果都会导致电动机发热。当电源电压波动范围超过−5% ～+10%时,电动机应降低功率使用。除因电源线过细引起压降过大要更换合适导线外,应与供电部门联系调整电源电压。

3）电动机频繁启动

电动机在短时间内启动过于频繁或正反转次数过多,应限制启动次数,正确选用热保护或更换适合生产要求的电动机。

4）电动机外部接线错误

当将 D 连接误接成 Y 连接时,空载时电流很小,虽然可以带轻负载运行,但负载稍大,电流就会超过额定电流引起发热;当将 Y 连接误接成 D 连接时,空载时电流可能超过额定电流,造成电动机温度迅速升高而无法运行。此时应按正确方法更换接线。

5）电动机单相运行

运行中的电动机绕组或接线一相断路后，造成单相运行又无断相保护，当负载较大时，电流超过额定值很多，电动机温度迅速上升，甚至绕组烧毁。此时应检查三相电流，立即切除电源，找出断路处并重新接好。

6）电动机绕组短路或接地

当定子绕组局部匝间短路或接地，过负荷保护又不动作，轻时电动机局部过热，严重时绝缘烧坏，发出焦味甚至冒烟烧毁。此时应测量各相绕组直流电阻，找出短路点，用兆欧表检查绕组有无接地。

7）定子、转子铁芯相互摩擦或错位现象严重

虽然空载电流三相平衡，但大于额定值，并发出连续的金属撞击声，使铁芯温度迅速上升，产生铁器摩擦的特殊气味，严重时造成电动机冒烟甚至烧毁，并伴有绝缘烧焦气味。此时应检查和校正铁芯位置并设法解决。

8）电动机绕组绝缘降低

当电动机绕组严重受潮，表面不清洁，覆盖灰尘、油污而影响散热时，会使绝缘降低，此时应测量电动机绝缘电阻并进行清扫、干燥，保证通风沟畅通无阻。

（1）环境温度过高，应改善通风及冷却条件或更换耐热等级高的电动机。

（2）通风系统故障，应检查风扇是否损坏，旋转方向是否正确，通风孔道有无堵塞。

（3）大修后线圈匝数搞错或某极相组接线错误，应测量电动机三相电流与额定电流，发现问题予以纠正。

2. 带负载后转速降低

电动机在空载时，转速虽已降低但不明显，当带上负载后，转速明显降至额定转速以下。

（1）电源电压过低，应调整电源电压或更换截面积大的输电线路。

（2）电动机外部接线错误，将 D 连接误接成 Y 连接，应改正接线方法。

（3）笼型转子断条、断线或脱焊多发生在启动频繁或重载启动的情况下，应查明原因并做相应的处理。

（4）拖动机械轻微卡住，使电动机转轴运转时不灵活，电动机勉强拖动负载而引起转速降低。

（5）重绕时线圈匝数过多。

（6）绕线转子某一相断路。

（7）绕线转子电动机在启动电阻切除后转速缓慢。当无提刷装置时，电刷与集电环或启动电阻器接触不良；当有提刷装置时，启动后操作手柄未放到运行位置，或者电刷压力不足、集电环短路装置接触不良而产生火花造成转速缓慢；由于某相转子绕组与集电环连接处紧固螺钉松动，甚至脱落，使绕组与集电环接线断开，造成转速缓慢。应遵守操作规程，调整电刷压力，修磨集电环接触面，保证各处接触良好。

3. 绕线转子集电环发热或火花过大

（1）电刷牌号不符。应正确选用电刷，使电刷牌号与原来相同或性能相近。

（2）电刷尺寸不对。例如，电刷尺寸太小而使电流密度增大，在运行时电刷倾斜被卡住；或者电刷尺寸太大，在刷盒中太紧而不能上下自由活动，应选用尺寸适合的电刷，使其与刷盒

间隙为 0.1 mm 左右。

（3）电刷压力不足或过大。按规定正确调整弹簧压力,压力为 15~20 kPa。

（4）集电环表面不平或椭圆度、偏摆度超过规定要求,应修理集电环。

（5）电刷与集电环接触面有污油、脏物时,应清除污物。

（6）电刷与集电环接触面积太小。新电刷使用前应仔细研磨电刷与集电环的接触面,一般接触面积应在 80% 以上。

（7）电刷质量不好或电刷电流密度太大。应改用质量好的电刷,更换刷握,增大电刷截面积。

（8）刷架或集电环松动,应紧固。

4. 电流表指针不稳

（1）电源电压不稳,同一电源上有频繁启动或正、反转的电动机。

（2）笼型转子断条或脱焊。

（3）绕线转子电动机集电环短路,装置接触不良。

（4）绕线转子电动机的转子绕组有一相断线或一相电刷接触不良。

5. 电动机运行时有异常响声

（1）定子槽绝缘或槽楔凸出与转子相擦产生"沙沙"声,应修剪绝缘纸或槽楔,使其在槽口以内。

（2）定、转子铁芯松动产生"嗡嗡"声,应进行压实处理。

（3）轴承滚珠、滚柱、内外套和隔离架严重磨损,使电动机运行时发出很大的金属撞击声和振动声,应更换轴承。

（4）轴承严重缺油产生异常响声,应重新加润滑油。

（5）启动设备主触头接触不良,引起电动机单相运行,或者电动机一相绕组断线产生"嗡嗡"声,应修复触头或重新绕制线圈。

（6）电动机装配不良,端盖与定子的紧固螺钉紧固不均匀,造成安装不正,影响定、转子的同心度,应装配均匀。

（7）扇叶与风扇罩相擦产生清脆的铁器相擦声,应进行修理或调整。

（8）通风道堵塞,有吹风样哨声,应清理通风道内的杂物。

（9）定、转子线圈有轻微短路,造成电动机内部磁场不均匀,产生"嗡嗡"声,应找出短路点,进行修复。

（10）定、转子槽配合不当,产生一种特殊哨声,只有电动机改极重绕时,才可能出现槽配合不当。可将转子外径适当车小一点(一般为 0.2~0.3 mm),可以减少影响,但空载电流增大,功率因数要降低。

6. 电动机运行时振动过大

（1）电源电压不对称。绕组短路及多路绕组中的个别支路断路或定子铁芯装配不紧,笼型转子有较多断条或脱焊等。

（2）电动机转轴弯曲、轴径成椭圆形或转轴及转轴上所附有的转动部件不平衡。可检查传动部件对电动机的影响,再脱开联轴器使电动机空转进行检查。电动机空转时振动不大,可能是电动机与拖动机械的轴中心未对准、联轴器螺栓上的橡胶圈磨损较严重或所拖动的机械振动而引起电动机振动,应重新校验,对机械缺陷进行处理。

任务3　绝缘电阻降低处理

（1）潮气侵入或雨水滴入电动机，使绕组受潮，要对电动机进行烘干处理。

（2）绕组上灰尘、油垢太多，应在消除灰尘、油垢后，再进行干燥处理。

（3）电动机接线板损坏，引出线绝缘老化，应更换接线板，重包引出线绝缘或更换新的引出线。

（4）绕组绝缘老化，经清洗、干燥处理后绝缘电阻仍较低，按预防性试验标准进行交流耐压试验，对符合要求的重新浸漆处理继续使用，不合格的应更换绝缘。

任务4　电动机故障停车分析与处理

电动机在运行中如果出现异常现象，当发生下列情况之一时，应立即切断电源或去掉负载，紧急停机，并应报告有关人员。切除电动机电源之后，必须仔细检查发生故障的原因，排除故障后才能重新合闸运行。

（1）在运行中发生人身事故。

（2）电动机所拖动的机械发生故障。

（3）电动机冒烟起火。

（4）电动机轴承温升超过允许值，不停机将会造成损失。

（5）电动机电流超过铭牌规定值，或者在运行中电流猛增，原因不明，无法消除。

（6）电动机发热和声音异常，转速急剧下降。

（7）电动机内部发生冲击（扫膛、窜轴）。

（8）电动机传动装置失灵或损坏。

（9）电动机出现强烈振动。

（10）电动机启动装置、保护装置、强迫润滑或冷却系统等附属设备发生故障，并影响电动机的正常运行。

任务5　轴承故障处理

由于滚动轴承具有机械效率高、装配方便、维护简单、储备和使用成本低，而且轴承与轴配合紧密，不易造成定子与转子相擦等优点，在中小型电动机上得到极为广泛的应用。但是因为滚动轴承承受冲击负荷的能力较差，运行中噪声较大，使用寿命短，如果不能正确使用和维护，将会引起滚动轴承噪声过大、过热甚至烧毁。

1. 轴承过热

（1）轴承损坏。可检查滚动轴承的滚柱或滚珠是否损坏，应予以修理或更换。

（2）检查润滑方式是否满足使用要求，应恢复原来的润滑方法，保证油路畅通。

（3）润滑油太脏或牌号不对，应换油。

（4）轴承室内缺油，应加润滑油，其充满率应为轴承室空间的1/2~2/3。润滑油不要加得太满，一般转速为1 500 r/min以下的电动机装2/3，转速为3 000 r/min的电动机装1/2为宜。

（5）轴承装配前应仔细检查型号，保证精度。安装时保证电动机转轴与负荷轴的同轴度。

（6）轴承与转轴、大盖配合不当。若太紧会使轴承变形，太松容易发生"跑套"，应检查修理使配合适当。

（7）长期超负荷运行,应适当减轻负荷。

（8）传动带过紧,应予以调整。

（9）运行中应经常检查轴承温度,可用温度计进行检查,当环境温度为 40 ℃时,滚动轴承的容许温度为 95 ℃。

（10）由于组装不当,轴承不在正确位置,应检查组装情况给予纠正。

2. 轴承噪声大

（1）仔细检查珠架和滚动体的缝隙里是否有污物,应彻底清洗。

（2）更换润滑脂时,可用汽油、煤油或其他清洗剂将轴承和轴承盖清洗干净,待汽油挥发干净后再加入润滑脂。

（3）当轴承间隙超过规定值或有严重缺陷和锈蚀时,应更换轴承。

（4）轴承质量不好,应换上合格的轴承。

（5）轴承装到电动机上过松或过紧,使定子铁芯与转子相擦,应检查轴颈与轴承内孔以及轴承外圈与壳体的配合情况,予以修理。

（6）轴承滚珠(滚柱)、内外壳和保持器等严重磨损及金属剥落,使电动机运行时发出很大的金属撞击声和振动声,应更换轴承。

（7）电动机转子不平衡或轴弯曲,应校正或修理。

任务 6　绕组绝缘不良的处理

电动机长期停用或储存、安装、保养不当,周围的空气潮湿,灰尘、油污、化学腐蚀性气体侵入或刷粉落入绕组表面和缝隙中,都可能使电动机绕组的绝缘电阻降低。把 Y 连接或 D 连接的连接片拆去,用 500 V 兆欧表分别测量相间及相与地之间的绝缘电阻。若测得对地或相间绝缘电阻小于 0.38 MΩ,说明绕组绝缘不良。绕组绝缘不良应做如下处理。

（1）首先要吹风清扫。

（2）再用灯泡、电炉、烘箱等加热烘干,驱除绝缘中的潮气,使绝缘电阻恢复正常。

（3）有些电动机绕组原来绝缘就未处理好或绝缘老化,经常因停用几天即发生绝缘电阻降低现象,可在烘干后再浸漆处理一次。

（4）对于尘垢、油污严重沾污绕组绝缘(如轴承漏油使绕组表面沾满油污)而引起绝缘不良的故障,最好采用中性洗涤剂清洗。

任务 7　绕组接地的处理

如果电动机在运行中机壳没有可靠接地,导线绝缘损伤就会造成机壳带电,危及人身安全;如果电动机机壳已可靠接地,导线绝缘损伤就会造成短路,使熔断器熔体熔断或烧坏绕组。

1. 绕组接地原因分析

（1）电动机长期运行在空气潮湿、灰尘密布、水土飞溅或具有腐蚀性气体的环境中,使绕组绝缘物失去绝缘性能。

（2）电动机长期过载运行,使温升超过规定值,导致绝缘老化发脆。

（3）硅钢片未压紧或有尖刺,在振动情况下擦伤绝缘。

（4）定子与转子相擦,使铁芯过热,烧伤槽楔和槽绝缘。

（5）绕组受到外界物体的碰击或将其他物体掉入定子内,使绕组绝缘损坏。

(6) 嵌线工艺不当,使槽口底部绝缘压破,槽口绝缘封闭不良,槽绝缘损伤。

(7) 电动机电源网路的架空线受到雷击。

2. 绕组接地故障检查方法

1) 试电笔法

用试电笔测试机壳,若试电笔中氖灯发亮,说明绕组有接机壳处。

2) 兆欧表法

用500 V兆欧表测量各相绕组对地绝缘电阻。如果三相对地绕组中有两相绝缘电阻较高,而另一相绝缘电阻为零,说明该绕组接地;有时指针摇摆不定,表示此相绝缘已被击穿,但导线与地还未接牢;若此相绝缘电阻很低但不为零,表示此相绝缘已受损伤,有击穿接地的可能;当三相对地绝缘电阻都很低,但不为零,说明绕组受潮或沾有油污,只要清洗、干燥处理即可。

3) 万用表法

将测量电阻旋转到"$R×10^3$"低阻挡的量程上,把测试棒一根与绕组接触,另一根与机壳接触,如果绝缘电阻为零,说明已接地。注意人手不要接触测试棒,以免测量不准。

4) 试灯法

用36 V以下灯泡串接检查,也可用220 V或干电池试灯检查,如图4.18所示。若灯泡稍微发红,说明绕组绝缘已损坏;若灯泡发亮,说明绕组已直接接地。

5) 电压测定法

在有故障的一相绕组上通入适当的直流或交流电压。若用交流电源,必须通过隔离变压器,使接到电动机上的电源不接地,同时电动机的转子必须拉出定子,如果绕组完全对地短路,则 $U_3 = U_1 + U_2$,可根据 U_1、U_2 的比例关系求出线圈接地的大致位置。电压测定法接线如图4.19所示。

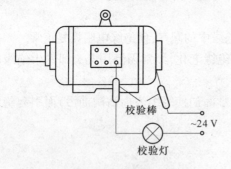

图4.18　试灯法检查接地

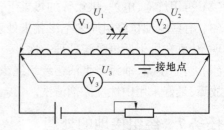

图4.19　电压测定法接线

3. 接地故障排除

(1) 排除故障时,应仔细观察绕组损伤情况,如果绝缘大部分损坏或老化,应更换新绕组。

(2) 如果线圈绝缘尚好,只是绕组因受潮使绝缘电阻降低,需要将绕组重新烘干。

(3) 如果定子两端或铁芯中间有一些硅钢片凸出,而把绕组的绝缘割破造成接地,可把凸出的硅钢片铲去或挫平,将导线绝缘包扎好。

(4) 对于接地点出现在槽口或槽底线圈出口处,而且只有一根导线绝缘损伤时,可将绕组加热到130 ℃左右,使绝缘软化后,用划线板或竹板撬开接地处的槽绝缘,插入适当大小的新绝缘纸板,再用上述检查方法复试,绕组绝缘恢复后,趁热在修补处刷上自干绝缘清漆。

（5）当接地点有两根以上导线出现绝缘损伤,槽绝缘和导线绝缘需要同时修补好,以免发生匝间短路故障。

（6）当绝缘还未老化发脆,仅个别线圈有接地故障或绕组下边槽内部位对地击穿时,可采用局部换线法或穿线修复法进行修理。

任务 8 绕组短路故障处理

绕组的短路故障有匝间短路、相间短路和极相绕组短路三种。

1. 短路原因

（1）绕组连接线或引出线绝缘被击穿而损坏。

（2）绕组端部或槽内相间绝缘被击穿或未垫好。

（3）绕组由于年久绝缘老化、绕组受潮、绕组受到机械振动或外界物体的强烈碰击。

（4）定子与转子相擦,产生高热使绕组绝缘物烧坏。

（5）导线本身绝缘不良或嵌线时使绝缘受伤造成匝间短路。

（6）重绕定子线圈时将绕线模做得较大,使线圈突出部分过多,造成线圈与端盖相碰。

（7）电动机在电源电压过高或长期欠压的情况下满载运行,或者单相运行等造成绝缘老化或损坏。

2. 短路现象

（1）轻微短路时,电动机还可以运转,但三相电流增大且不平衡,同时启动转矩和运转转矩都显著降低。

（2）在短路线匝内产生很大的环流,使绕组出现高热,导致绝缘变色、焦脆、冒烟直至烧毁,发出焦味。

（3）若绕组发生严重短路,电动机不能启动,并使熔断器熔体熔断,绕组发热过甚,出现冒烟、振动,并发出异常响声,以致电动机全部烧毁。

3. 短路故障检查方法

1）观察法

电动机发生短路故障后,在故障处因电流过大,会使绕组产生高热将短路处的绝缘烧坏,导线外部绝缘老化焦脆。仔细观察电动机绕组有无烧焦痕迹和浓厚的焦臭味,据此就可找出短路处。

2）兆欧表法

用兆欧表或万用表测量相间绝缘,如果相间绝缘电阻为零或接近零,即可说明为相间短路,否则可能是匝间短路。

3）电阻法

用电桥或万用表分别测量三相绕组的直流电阻,相电阻较小的一相有匝间或极相组两端短路现象。当短路匝数较少时,反应不明显。

4）空转法

将电动机空转 20 min（小电动机空转 1~2 min）后停机,迅速打开端盖,用手摸绕组端部,若有一个或一组线圈比其他线圈热,就说明这部分线圈有匝间短路现象存在;也可仔细观察线圈端部有无焦脆现象,有则表明这只线圈可能存在短路故障。如果在空转时闻到绝缘焦味或发现冒烟现象,应立即停机。

4. 短路故障维修

如果线圈的短路情况不太严重,导线绝缘还未烧坏,可进行局部修补。

1）极相组短路时的修补

当相间短路时,可将线圈加热,软化绝缘后,用划线板撬开线圈引线处,清除已损坏的相间绝缘垫,重新插入绝缘垫,并进行涂漆处理,即可消除故障。

2）线圈间短路时的修补

因绕组连接线或跨接线绝缘损坏或处理不当,引起绕组短路,可解开绑线,用划线板撬开连接线处,清除旧套管,重新套入绝缘套管或用绝缘带包扎好,如果短路点在端部,用绝缘纸垫妥即可。

3）线圈匝间短路时的修补

如果槽绝缘还未完全烧焦,可将短路的几匝导线在端部剪开,在绕组烘热的情况下,把已坏的导线抽出,串入新导线,绝缘处理后包扎好即可。如果整个定子绕组中只有一个线圈因短路将绝缘烧坏,可把这个线圈拆去,采取跨接的方法将短路的线圈从绕组中除掉不用,再将两边的线头分别扭在一起,用绝缘带包好即可。

4）双层绕组层间短路时的修补

如果上下层间短路,可先将线圈加热到130 ℃左右,使绝缘软化,去掉短路所在槽的槽楔,把上层边起出槽口,找出短路处,根据导线绝缘损坏的情况将绝缘损坏的部位用薄的绝缘带包扎好,插入绝缘垫,再把上层边重新嵌入槽内并进行绝缘处理。如果导线绝缘处损坏较多或多根导线绝缘损坏,应采用穿线法或甩线法进行局部修理。

如果绕组的绝缘大部分烧坏,应更换新绕组。

任务9 绕组断路故障处理

1. 故障原因

（1）焊接工艺不良,在长期使用中绕组焊接头、电动机引出线焊接头发生松动或脱焊。

（2）电动机绕组的端部在铁芯外,导线很容易受到外界尖锐物体的强烈撞击被碰断而出现断路现象。

（3）绕组短路、接地严重时,会引起绕组导线烧断而出现断路。

2. 故障现象

（1）定子绕组一相断路,电动机将变为单相,就不能启动。

（2）如果正在运行时绕组断路,电动机可能继续运转,但电流会增大,并发出较大的"嗡嗡"声,当负载较大时,在几分钟内可将尚未断路的两相绕组烧坏。

（3）如果定子绕组是多路连接,当有一路断路,就会使电动机电流三相不平衡,绕组发热,转矩降低,不能达到额定转速和额定功率,同时还会使电动机产生振动和异常响声。

3. 故障检查方法

1）万用表法

用万用表的电阻挡来检查各相绕组是否为通路,如果有一相不通（指针不偏转）,说明该相已断路。为确定该相中哪个线圈断路,应分别测量该相各线圈的首尾端,哪个线圈不通,就表示该线圈已断路。测量时当有多路并联时,必须把并联线断开分别测量。万用表检查绕组断路如图4.20所示。

2) 兆欧表法

如图 4.21 所示,如果绕组是 Y 连接,可将兆欧表的一根引线和中性点连接,另一根引线与绕组的一端连接,摇动兆欧表,若指针达到无限大,说明这一相绕组有断线;如果绕组是 D 连接,先将三相绕组的接线头分开,再进行检查。若是双路并联绕组,需要把各路绕组拆开后,再按分路进行检查。

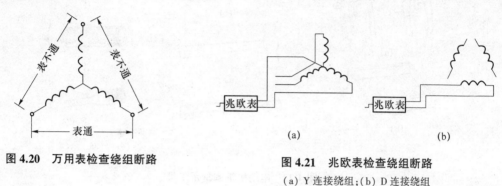

图 4.20　万用表检查绕组断路

图 4.21　兆欧表检查绕组断路
(a) Y 连接绕组;(b) D 连接绕组

3) 电阻法

用电桥分别测量三相绕组的直流电阻,如果三相电阻相差 5% 以上,如某一相电阻比其他两相电阻大,表示该相绕组有断路。

4. 断路故障维修

1) 引出线和跨接线的修理

断路大多是引出线和过桥线接头未焊牢或扭断造成的,找出断路处,将脱焊处清除干净,在待焊处附近的线圈上铺垫一层绝缘纸,防止焊锡流入而损伤线圈绝缘,并补焊包好。

2) 线圈端部烧断后的修理

在线圈端部烧断一根或几根导线时,需要把线圈加热到 130 ℃左右,使绝缘软化,分清每根导线的端头,用焊锡将烧断导线焊牢,包扎并进行涂漆烘干处理。

3) 槽内导线烧断的修理

绕组的断路发生在槽内时,可将线圈加热到 130 ℃左右,使绝缘软化,起出烧断的线圈,用焊锡修补后包好绝缘,重新嵌入槽内,垫好绝缘纸,打入槽楔,并刷上绝缘清漆即可。

对于急需处理的情况,可采用跨接的方法将短路的线圈去掉不用,电动机仍可继续运行。

项目 6　三相笼型异步电动机的拆装

电动机检修工作多是拆洗、清理、试验和组装工作,因此掌握电动机的拆装工艺是十分重要的。下面以中小型异步电动机为例来说明其拆卸与装配过程。

任务 1　电动机的拆卸

电动机在使用中因检查、维护等原因,需要经常拆卸与装配。只有掌握正确的拆卸与装配技术,才能保证电动机的修理质量。

1. 拆卸前的准备工作

(1) 准备好拆卸场地及拆卸电动机的专用工具,如图 4.22 所示。

（2）做好记录或标记。在线头、端盖、刷握等处做好标记；记录好联轴器与端盖之间的距离及电刷装置把手的行程（绕线转子异步电动机）。

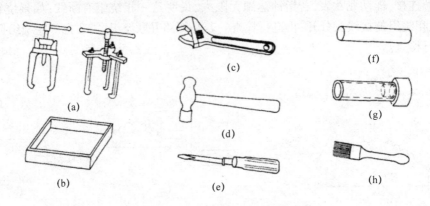

图 4.22　电动机拆卸常用工具

（a）拉具；（b）油盘；（c）活动扳手；
（d）手锤；（e）螺丝刀；（f）紫铜棒；（g）钢管；（h）毛刷

2. 电动机的拆卸步骤

（1）切断电源，拆卸电动机与电源的连接线，并对电源线头做好绝缘处理。

（2）卸下传送带、地脚螺栓，将各螺母、垫片等小零件用一个小盒装好，以免丢失。

（3）卸下带轮或联轴器。

（4）卸下前轴承外盖和端盖（绕线转子电动机要先提起和拆除电刷、电刷架及引出线）。

（5）卸下风罩和风扇。

（6）卸下后轴承外盖和后端盖。

（7）抽出或吊出转子（绕线转子电动机注意不要损伤滑环面和刷架）。

3. 带轮（或联轴器）的拆卸

带轮（或联轴器）的拆卸步骤如图 4.23 所示。

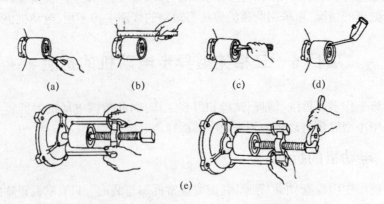

图 4.23　带轮（或联轴器）的拆卸步骤

（1）用粉笔标好带轮的正反面，以免安装时装反，如图 4.23（a）所示。

（2）在带轮（或联轴器）的轴伸端做好标记,如图 4.23（b）所示。

（3）松下带轮（或联轴器）上的压紧螺钉或销子,如图 4.23（c）所示。

（4）在螺钉孔内注入煤油,如图 4.23（d）所示。

（5）按如图 4.23（e）所示的方法装好拉具,拉具螺杆的中心线要对准电动机轴的中心线,转动丝杆,把带轮（或联轴器）慢慢拉出,切忌硬拆。

对带轮（或联轴器）较紧的电动机,按此法拉出仍有困难时,可用喷灯等急火在带轮外侧轴套四周加热,使其膨胀就可拉出。在拆卸过程中,严禁用手锤直接敲出带轮。

4. 轴承盖和端盖的拆卸

（1）在端盖与机座体之间做好记号（前后端盖的记号应有区别）,便于装配时复位。

（2）松开端盖上的紧固螺栓,用一个大小适宜的旋凿插入螺钉孔的根部,将端盖按对角线一先一后地向外扳撬,也可用紫铜棒均匀敲打端盖上有脐的部位,把端盖取下,如图 4.24 所示。

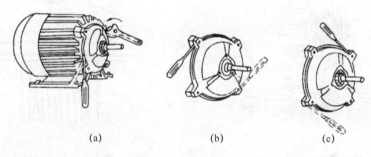

(a)　　　　　　(b)　　　　　　(c)

图 4.24　端盖的拆卸

5. 刷架、风罩和风扇叶的拆卸

（1）绕线转子异步电动机电刷拆卸前应先做好标记,便于复位。然后松开刷架弹簧,抬起刷握,卸下电刷,取下电刷架。

（2）封闭式电动机的带轮（或联轴器）拆除后,就可以把风罩的螺栓松脱,取下风罩,再将转子轴尾端风扇上的定位销或螺栓松开或拆下。用手锤在风扇四周轻轻敲打,慢慢将扇叶拉下,小型电动机的风扇在后,轴承不需要加油,更换时可随转子一起抽出。若风扇是塑料制成的,可用热水加热使塑料风扇膨胀后旋下。

6. 轴承的拆卸与检查

1）轴承的拆卸

电动机解体后,对轴承应认真检查,了解其型号、结构特点、类型及内外尺寸。轴承在拆卸时因轴颈、轴承内环配合度会受到不同程度的削弱,除非必要,一般情况下不要随意拆卸轴承,只有在下列情况下才需要拆卸轴承。

（1）轴承磨损超过极限,已影响电动机的安全运行。

（2）构成轴承的配件有裂纹、变形、缺损、剥离、严重麻点或拉伤。

（3）由于潮湿和酸类物质的侵入,轴承配件上有严重锈蚀,在轴上无法处理。

（4）发现内、外环配合有松动,外环和端盖镗孔配合太松,需要调换轴承或对轴颈进行维修。

（5）发现轴承不符合技术要求，如超负荷、转速太快等，需要更换。

（6）发现前后轴承类型不同，位置调错。

（7）轴承因受热而变色，经检查硬度已下降到不能使用。

2）轴承拆卸常用方法

（1）用拉具拆卸。根据轴承的大小选择适当的拉具，按如图4.25所示的方法夹住轴承，拉具的脚爪应紧扣在轴承内圈上，拉具的丝杆顶点要对准转子轴的中心，缓慢匀速地板动丝杆。

（2）搁在圆桶上拆卸。将轴的内圈下面用两块铁板夹住，搁在一只内径略大于转子的圆桶上面，在轴的端面上垫上铜块，用手锤轻轻敲打，着力点对准轴的中心，如图4.26所示。圆桶内放一些棉纱头，以防轴承脱下时转子摔坏，当轴承逐渐松动时，用力要减弱。

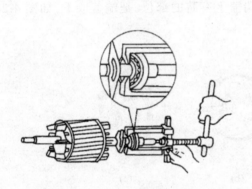 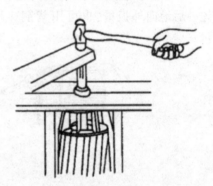

图4.25　用拉具拆卸电动机轴承　　　　　图4.26　搁在圆桶上拆卸轴承

（3）加热拆卸。当轴承装配过紧或轴承氧化锈蚀不易拆卸时，可将100 ℃的机油淋浇在轴承内圈上，趁热用上述方法拆卸。为了防止热量过快扩散，可先将轴承用布包好再拆。

3）轴承的清洗与检查

（1）浸泡清洗。先将轴承放入煤油桶内浸泡5~10 min，待轴承上油膏落入煤油中，再将轴承放入另一桶比较洁净的煤油中，用细软毛刷将轴承边转边洗，最后在汽油中洗一次，用布擦干即可。

（2）检查。检查轴承有无裂纹、滚道内有无生锈等。用手转动轴承外圈，观察其转动是否灵活、均匀，是否有卡位或过松的现象。小型轴承可用左手的拇指和食指捏住轴承内圈并摆平，用另一只手轻轻地用力推动外钢圈旋转。若轴承良好，外钢圈应转动平稳，并逐渐减速至停止，转动中没有振动和明显的停滞现象，停止转动后的钢圈没有倒退现象。如果轴承有缺陷，转动时会有杂音和振动，停止时像刹车一样突然，严重的还会倒退反转，这样的轴承应及时更换。

（3）测量。用塞尺或熔丝检查轴承间隙。将塞尺插入轴承内圈滚珠与滚道间隙内并超过滚珠球心，使塞尺松紧适度，此时塞尺的厚度即轴承的径向间隙。也可用一根直径为1~2 mm的熔丝将其压扁（压扁的厚度应大于轴承间隙），将这根熔丝塞入滚珠与滚道的间隙内，转动轴承外圈，将熔丝进一步压扁，然后抽出，用千分尺测量熔丝弧形方向的平均厚度，即该轴承的径向间隙。

任务 2 电动机的装配

1. 轴承的装配

1) 敲打法

在干净的轴颈上抹一层薄薄的机油,把轴承套上,按图 4.27(a)所示方法用一根内径略大于轴颈直径、外径略大于轴承内圈外径的钢管顶在轴承的内圈上,用手锤敲打钢管的另一端,将轴承敲进去,最好是用压床压入。

2) 热装法

若配合较紧,为了避免把轴承内环胀裂或损伤配合面,可采用热装法。将轴承放在油锅里(或油槽里)加热,油的温度保持在 100 ℃ 左右,轴承必须浸没在油中,但不能与锅底接触,可用铁丝将轴承吊起架空,如图 4.27(b)所示。加热要均匀,浸 30~40 min 后把轴承取出,趁热迅速将轴承推到轴颈。

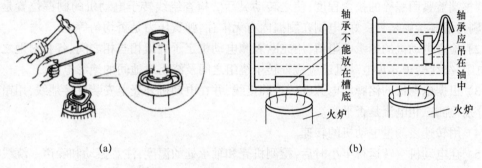

图 4.27 轴承装配

(a) 用钢管敲打轴承;(b) 用油加热轴承

3) 装润滑脂

装润滑脂时,在轴承内、外圈和轴承盖里装的润滑脂应洁净,塞装要均匀,一般二极电动机装满轴承的 1/3~1/2 空间容积;四极及以上的电动机装满轴承的 2/3 空间容积。轴承内外盖里的润滑脂一般为盖内容积的 1/3~1/2。

2. 转子的安装

安装时转子要对准定子的中心,小心往里送放,端盖要对准机座的标记,旋上后盖的螺栓,但不要拧紧。

3. 端盖的安装

(1) 将端盖洗净、吹干,铲去端盖口和机座口的脏物。

(2) 将前端盖对准机座标记,用手捶轻轻敲击端盖四周。套上螺栓,按对角线一前一后把螺栓拧紧,切不可有松有紧,以免损坏端盖。

(3) 装前轴承外盖。可先在轴承外盖孔内用手插入一根螺栓,另一只手缓慢转动转轴,当轴承内盖的孔转得与外盖的孔对齐时,即可将螺栓拧入轴承盖的螺孔内,再装另外两根螺栓。也可先用两根硬导线通过轴承外盖孔插入轴承内盖孔中,旋上一根螺栓,挂住内盖螺钉扣,然后依次抽出导线,旋上螺栓。

4. 刷架、风扇叶、风罩的安装

绕线转子异步电动机的刷架要按所做的标记装上,安装前要做好滑环、电刷表面和刷握内壁的清洁工作。安装时,滑环与电刷的吻合要密切,弹簧压力要调匀。风扇的定位螺钉要拧到位,且不松动。

上述零部件装完后,要用手转动转子,检查其转动是否灵活、均匀,无停止或偏重现象。

5. 带轮(或联轴器)的安装

(1) 将抛光布卷在圆木上,把带轮(或联轴器)的轴孔打磨光滑。

(2) 用抛光布把转轴的表面打磨光滑。

(3) 对准键槽把带轮(或联轴器)套在转轴上。

(4) 调整好带轮(或联轴器)与键槽的位置后,将木板垫在键的一端,轻轻敲打,使键慢慢进入槽内。安装大型电动机的带轮时,可先用固定支持物顶住电动机的非负荷端和千斤顶的底部,再用千斤顶将带轮顶入。

6. 装配后的检验

(1) 检查电动机的转子转动是否轻便灵活,若转子转动比较沉重,可用紫铜棒轻敲端盖,同时调整端盖紧固螺栓的松紧程度,使之转动灵活。检查绕线转子电动机的刷握位置是否正确,电刷与滑环接触是否良好,电刷在刷握内有无卡住,弹簧压力是否均匀等。

(2) 检查电动机的绝缘电阻值,用兆欧表测电动机定子绕组相与相之间、各相对地之间的绝缘电阻,绕线转子异步电动机还应检查转子绕组之间及绕组对地间的绝缘电阻。

(3) 根据电动机的铭牌与电源电压正确接线,并在电动机外壳上安装好接地线,用钳形电流表分别检测三相电流是否平衡。

(4) 用转速表测量电动机的转速。

(5) 让电动机空转运行半小时后,检测机壳和轴承处的温度,注意振动和噪声。绕线转子电动机在空载时,还应检查电刷有无火花及过热现象。

小　结

一、三相异步电动机的结构和作用

1. 定子部分

定子部分主要由定子铁芯、定子绕组和机座三部分组成。定子铁芯是电动机磁路的一部分;定子绕组是电动机的电路部分;机座的作用是固定和支撑定子铁芯及端盖。

2. 转子部分

转子部分主要由转子铁芯、转子绕组和转轴三部分组成,整个转子靠端盖和轴承支撑。转子的主要作用是产生感应电流,形成电磁转矩,以实现电能到机械能的能量转换。

二、旋转磁场

(1) 当对称三相正弦交流电流通入对称三相绕组时,其基波合成磁通势为幅值不变的圆形旋转磁场。

(2) 旋转磁场转速即电流频率所对应的同步转速:

$$n_1 = \frac{60f_1}{p}(\text{r/min})$$

对已制成的电动机,磁极对数 p 已确定,则 $n_1 \propto f_1$,即决定旋转磁场转速的唯一因素是电流频率 f_1。

(3) 旋转磁场的转向由电流相序决定。

(4) 当某相电流达最大值时,旋转磁通势恰好转到该相绕组的轴线上。

(5) 产生圆形旋转磁通势的条件如下。

① 三相或多相绕组在空间上对称。

② 三相或多相电流在时间上对称。

如果以上两个条件中有一条不满足,将产生椭圆形旋转磁通势。

三、三相异步电动机的基本工作原理

(1) 三相对称绕组中通入三相对称电流后产生圆形旋转磁场。

(2) 转子导体切割旋转磁场产生感应电动势和电流。

(3) 转子载流导体在磁场中受到电磁力的作用,从而形成电磁转矩,驱使电动机转子转动。

四、异步电机的三种运行状态

转差率是异步电机的重要物理量,它的大小反映了电机负载的大小,它的存在是异步电机旋转的必要条件。用转差率的大小可区分异步电机的运行状态。

(1) 当 $0<s<1$,为电动机运行状态;

(2) 当 $-\infty<s<0$,为发电机运行状态;

(3) 当 $1<s<+\infty$,为电磁制动运行状态。

五、交流电机的绕组

(1) 掌握对交流绕组的基本要求;交流绕组的几个基本概念,如极距 τ、线圈节距 y、电角度、槽距角 α 等。

(2) 掌握三相单层绕组、三相双层绕组的结构形式和特点。

六、三相异步电动机的试验

(1) 做好试验准备。知道试验电源的要求、测量仪器的要求和测量要求。

(2) 会测量三相绕组的直流电阻。

(3) 会测定绝缘电阻。

(4) 会测量空载电流。

七、三相异步电动机的操作

1. 选配电动机

选配电动机一般要从应用场合的实际要求出发,按功率、电压、转速、结构形式、电动机种类等综合考虑。

2. 电动机的运行要求

为保证电动机能够正常运行,在使用电动机时应考虑电动机运行环境、电动机电压变化范

围、运行中电动机的温升、电动机的振动值、滑动轴承伸窜动间隙的允许值、电动机定子与转子之间的气隙、电动机定子绕组相间电阻及对地绝缘电阻等因素。

（3）掌握电动机启动前检查的基本内容。

（4）掌握电动机启动后检查的基本内容。

（5）掌握电动机运行中检查的基本内容。

八、电动机常见故障分析与处理

重点掌握电动机在运行过程中各种故障现象所对应的故障原因,查找故障的基本方法及各种故障的处理方法。

九、三相笼型异步电动机的拆装

1. 三相异步电动机的拆卸

根据工艺要求,做好拆卸前的准备工作,包括工具准备、做好记录或标记、熟悉电动机的拆卸步骤与方法。

2. 电动机的装配

熟悉电动机的装配步骤与方法、装配后的检验内容及方法。

习题 4

4.1　简述三相异步电动机的主要结构。

4.2　三相异步电动机为什么会旋转,怎样改变它的转向?

4.3　什么是异步电机的转差率? 如何根据转差率来判断异步电机的运行状态?

4.4　三相异步电动机在启动及空载运行时,为什么功率因数较低? 当满载运行时,功率因数为什么会较高?

4.5　当三相异步电动机在额定电压下正常运行时,如果转子突然被卡住,会产生什么后果? 为什么?

4.6　三相异步电动机的电磁转矩与哪些因素有关? 哪些是运行因素? 哪些是结构因素?

4.7　三相异步电动机启动时,如果电源一相断线,这时电动机能否启动? 如果绕组一相断线,这时电动机能否启动? Y 连接和 D 连接情况是否一样? 如果运行中电源或绕组一相断线,能否继续旋转,有何不良后果?

4.8　一台 $P_N = 4.5$ kW、Y/D 连接、380 V/220 V、$\cos\varphi_N = 0.8$、$\eta_N = 0.8$、$n_N = 1\ 450$ r/min 的三相异步电动机,试求:

（1）接成 Y 连接及 D 连接时的额定电流;

（2）同步转速 n_1 及定子磁极对数 p;

（3）带额定负载时的转差率 s_N。

4.9　如何测量三相绕组的直流电阻?

4.10　如何测量三相异步电动机的绝缘电阻?

4.11　如何选用三相异步电动机?

4.12　对电动机在运行中的基本要求和规定有哪些?

4.13 三相异步电动机启动后的检查项目有哪些？

4.14 三相异步电动机日常检查项目有哪些？

4.15 接通电源后，电动机发出"嗡嗡"声而不转动，造成这种现象的可能原因有哪些？

4.16 电动机启动后外壳带电的可能原因有哪些？

4.17 造成电动机过热的主要原因有哪些？

4.18 三相异步电动机运行时，造成电流表指针不稳的可能原因有哪些？

4.19 三相异步电动机绕组接地故障检查方法有哪几种？

4.20 造成三相异步电动机绕组短路故障的主要原因有哪些？

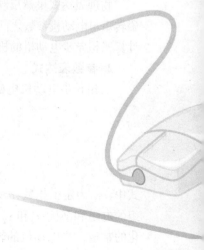

第 5 章

三相异步电动机的电力拖动

【本章目标】

知道三相异步电动机的机械特性，并能够用其指导电力拖动系统的设计；

知道三相异步电动机的启动要求、启动方法及特点；

知道三相异步电动机的制动方法；

知道三相异步电动机的调速方法及特性。

三相异步电动机具有结构简单、运行可靠、价格低、维护方便等一系列优点，尤其是随着电力电子技术的发展和交流调速技术的日益成熟，其在调速性能方面完全可与直流电动机相媲美，因此被广泛应用在电力拖动系统中。

5.1 三相异步电动机的机械特性

5.1.1 机械特性的表达式

机械特性是指电动机的转速 n 与电磁转矩 T_{em} 之间的关系，即以 $n=f(T_{em})$ 或 $s=f(T_{em})$ 的形式表示。电磁转矩有三种表达式，即物理表达式、参数表达式和实用表达式。

1. 物理表达式

三相异步电动机电磁转矩的物理表达式为

$$T_{em}=C_T \Phi_m I_2' \cos\varphi_2 \tag{5.1}$$

物理表达式虽然反映了三相异步电动机电磁转矩产生的物理本质，但并没有直接反映出电磁转矩与电动机参数之间的关系，更没有明显地表示电磁转矩与转速之间的关系。因此，分析或计算三相异步电动机的机械特性时一般不采用物理表达式，而是采用下面介绍的参数表达式。

2. 参数表达式

三相异步电动机电磁转矩的参数表达式为

$$T_{em}=\frac{m_1 p U_1^2 \dfrac{r_2'}{s}}{2\pi f_1\left[\left(r_1+\dfrac{r_2'}{s}\right)^2+(x_1+x_2')^2\right]} \tag{5.2}$$

式中，m_1 为定子相数；p 为磁极对数；U_1 为定子相电压；f_1 为电源频率；r_1 和 x_1 为定子每相绕组的电阻和漏抗；r_2' 和 x_2' 为折算到定子侧的转子电阻和漏抗。上述参数都是不随转差率 s 变化的常量。当电动机的转差率 s（或转速 n）变化时，可由式（5.2）计算出相应的电磁转矩 T_{em}，因此可以作出机械特性曲线,如图5.1所示。

1)机械特性分析

在第一象限:$0<n<n_1$,$0<s<1$,n、T_{em}均为正,电机处于电动运行状态;

在第二象限:$n>n_1$,$s<0$,n为正,T_{em}为负,电机处于发电运行状态;

在第四象限:$n<0$,$s>1$,n为负,T_{em}为正,电机处于电磁制动状态。

2)临界转差率和最大转矩

在机械特性曲线上,转矩有两个最大值,一个出现在电动状态,另一个出现在发电状态。最大转矩T_m

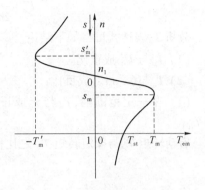

图 5.1　三相异步电动机的机械特性曲线

和对应的转差率s_m(称为临界转差率)分别为

$$T_m = \pm \frac{m_1 p U_1^2}{4\pi f_1 \left[\pm r_1 + \sqrt{r_1^2 + (x_1 + x_2')^2} \right]} \tag{5.3}$$

$$s_m = \pm \frac{r_2'}{\sqrt{r_1^2 + (x_1 + x_2')^2}} \tag{5.4}$$

式中,"+"号对应电动状态;"−"号对应发电状态。

通常$r_1 \ll (x_1 + x_2')$,故式(5.3)、式(5.4)可近似为

$$T_m \approx \pm \frac{m_1 p U_1^2}{4\pi f_1 (x_1 + x_2')} \tag{5.5}$$

$$s_m \approx \pm \frac{r_2'}{x_1 + x_2'} \tag{5.6}$$

分析T_m、s_m表达式可得如下结论。

(1)T_m与U_1^2成正比,说明T_m对电压波动非常敏感。

(2)s_m与r_2'成正比,说明T_m与r_2'无关。

(3)T_m、s_m均与$(x_1 + x_2')$成反比。

最大电磁转矩T_m对电动机来说具有重要意义。电动机运行时,若负载转矩突然增大,且大于最大电磁转矩,则电动机将因为承载不了而停转。为了保证电动机不会因短时过载而停转,一般电动机应具有一定的过载能力。显然,最大电磁转矩越大,电动机短时过载能力越强,因此把最大电磁转矩T_m与额定转矩T_N之比称为电动机的过载能力,用过载系数λ_T表示,即

$$\lambda_T = \frac{T_m}{T_N} \tag{5.7}$$

注:一般电动机取$\lambda_T = 1.6 \sim 2.2$,起重机、冶金电动机取$\lambda_T = 2.2 \sim 2.8$。

3)启动转矩

图5.1所示的机械特性曲线还反映了电动机另外一个非常重要的技术参数,即电动机的启动转矩T_{st}。启动转矩是电动机接通电源瞬间($n=0$)的电磁转矩,它标志着电动机的启动能力,只有在启动转矩大于负载转矩的情况下电动机才能启动。当$n=0$时,$s=1$,将$s=1$代入式(5.2)可得启动转矩表达式:

$$T_{st} = \frac{m_1 p U_1^2 r_2'}{2\pi f_1 \left[(r_1 + r_2')^2 + (x_1 + x_2')^2 \right]} \tag{5.8}$$

分析 T_{st} 表达式可得如下结论。

（1）T_{st} 与 U_1^2 成正比。

（2）T_{st} 与 $(x_1 + x_2')$ 成反比；

（3）在一定范围内，T_{st} 与 r_2' 成正比，故绕线电动机可采用转子串电阻启动的方法来增大 T_{st}。

启动转矩 T_{st} 与额定转矩 T_N 之比称为启动转矩倍数，用 k_{st} 表示，即

$$k_{st} = \frac{T_{st}}{T_N} \tag{5.9}$$

k_{st} 是表达电动机性能的一个重要参数，它反映了电动机启动能力的大小。一般电动机取 $k_{st} = 1.0 \sim 2.0$，起重机、冶金电动机取 $k_{st} = 2.8 \sim 4.0$。

3. 实用表达式

机械特性的参数表达式清楚地表示了转矩和转差率与电动机参数之间的关系，用它分析各种参数对机械特性的影响是很方便的。但是，对电力拖动系统中的具体电动机而言，其参数是未知的，欲求其机械特性，使用参数表达式显然是困难的。因此希望能够利用电动机的技术数据和铭牌数据求得电动机的机械特性，即机械特性的实用表达式。

在忽略 r_1 的条件下，用电磁转矩公式（5.2）除以最大转矩公式（5.5），并考虑到临界转差率公式（5.6），化简后可得电动机机械特性的实用表达式：

$$T_{em} = \frac{2T_m}{\dfrac{s}{s_m} + \dfrac{s_m}{s}} \tag{5.10}$$

5.1.2 三相异步电动机的固有机械特性

三相异步电动机的固有机械特性就是电动机在额定电压和额定频率下，按规定的接线方式接线，定子和转子电路不外接电阻或电抗时的机械特性。当电机处于电动运行状态时，其固有机械特性曲线如图 5.2 所示，现对固有机械特性进行分析。

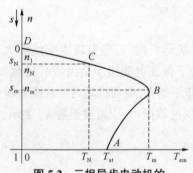

图 5.2 三相异步电动机的固有机械特性曲线

1. 启动点 A

开始启动瞬间，$n = 0$，$s = 1$，$T_{em} = T_{st}$，$I_1 = I_{st} = (4 \sim 7)I_N$。

2. 最大转矩点 B

B 点是机械特性曲线中的线性段（$D \to B$）与非线性段（$B \to A$）的分界点，此时 $s = s_m$，$T_{em} = T_m$。B 点也是电动机能否稳定运行的临界点，临界转差率 s_m 也是由此而得名的。

3. 额定运行点 C

额定运行时转差率很小，一般 $s = 0.01 \sim 0.06$，所以电动机的额定转速略小于同步转速，这也说明了固有机械特性的线性段为硬特性。

4. 同步转速点 D

D 点是电动机的理想空载点,即同步转速点,此时 $T_{em} = 0$。如果没有外界转矩的作用,三相异步电动机本身不可能达到同步转速点。

5.1.3 三相异步电动机的人为机械特性

三相异步电动机的人为机械特性是指人为地改变电源参数或电动机参数而得到的机械特性。可以改变的电源参数有电压 U_1 和频率 f_1;可以改变的电动机参数有磁极对数 p、定子电路参数 r_1 和 x_1,以及转子电路参数 r_2' 和 x_2' 等。所以,三相异步电动机的人为机械特性种类很多,这里介绍几种常见的人为机械特性。

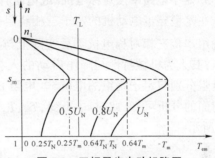

图 5.3　三相异步电动机降压时的人为机械特性曲线

1. 降低定子电压时的人为机械特性

当定子电压 U_1 降低时,T_{em}、T_m、T_{st} 与电压 U_1^2 成正比减小,s_m、n_1 与 U_1 无关而保持不变,所以可得 U_1 下降后的人为机械特性曲线,如图 5.3 所示。

降低定子电压可减小电动机启动时的启动电流,但是在降低定子电压时,T_{em}、T_m、T_{st} 与电压 U_1^2 成正比减小,造成电动机启动时间延长,过载能力下降,如果 $T_{st} < T_L$,还会造成电动机不能启动。

如果电动机在额定负载下运行,U_1 降低后会导致转速 n 下降,转差率 s 增大,转子电流将因转子电动势增大而增大,从而引起定子电流增大,导致电动机过载。长期欠压过载运行,必然使电动机过热,电动机的使用寿命缩短。另外,电压下降过多可能出现最大转矩小于负载转矩,这时电动机将停转。

2. 转子电路串接对称电阻时的人为机械特性

在绕线转子异步电动机的转子三相电路中可以串接三相对称电阻 R_{st},如图 5.4(a) 所示。由前面的分析可知,此时 n_1、T_m 不变,而 s_m 则随外接电阻增大而增大,其人为机械特性曲线如图 5.4(b) 所示。

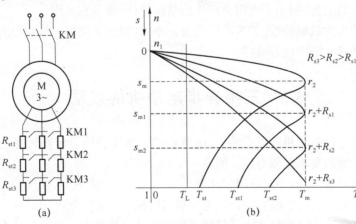

图 5.4　绕线转子异步电动机转子串接对称电阻

(a) 转子串接三相对称电阻接线;(b) 转子串接三相对称电阻的机械特性曲线

由图5.4(b)可知,在一定范围内增加转子电阻可以增大电动机的启动转矩。当所串接的电阻[如图5.4(b)中的R_{s3}]使其$s_m = 1$时,对应的启动转矩将达到最大转矩,如果再增大转子电阻,启动转矩反而会减小。另外,转子串接对称电阻后,其机械特性曲线线性段的斜率增大,机械特性变软。

转子电路串接对称电阻不仅适用于绕线转子异步电动机的启动,还可以对异步电动机进行制动和调速,这些内容将在后面的章节中讨论。

3. 定子电路串接对称电抗(或电阻)时的人为机械特性

在笼型异步电动机的定子三相绕组串接三相对称电抗器x_{st},如图5.5(a)所示。定子三相绕组串接三相对称电抗器后实际上与定子三相绕组实现了串联分压,降低了定子绕组的电压,其人为机械特性与降压启动的人为机械特性相似,其不同之处在于电抗器中的电抗和电阻分别与定子绕组的电抗x_1、电阻r_1相串联,由式(5.4)可知,临界转差率s_m减小。根据前面的分析可知,此时n_1不变,T_m、T_{st}均随x_{st}增大而减小,其人为机械特性曲线如图5.5(b)所示。

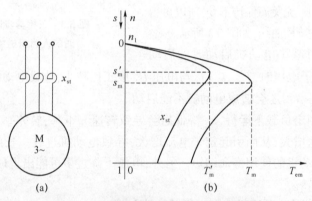

图5.5　异步电动机定子串接对称电抗器
(a)电路;(b)人为机械特性曲线

定子电路串接对称电抗器一般用于笼型异步电动机的降压启动,以限制电动机的启动电流。定子电路串接三相对称电阻时的电路图和人为机械特性与串接电抗时相似。串接电阻的目的同样是限制启动电流,但由于电阻会产生能量损耗,一般不宜采用。

除了上述几种人为机械特性,关于改变电源频率、改变定子绕组磁极对数的人为机械特性将在异步电动机调速一节中进行介绍。

5.2　三相异步电动机的启动

电动机的启动是指电动机接通电源后,由静止状态加速到稳定运行状态的过程。对三相异步电动机启动性能的要求主要有以下两点。

(1)启动电流要小,以减小对电网的冲击。

(2)启动转矩要大,以加速启动过程、缩短启动时间。

本节将分别介绍三相笼型异步电动机和三相绕线转子异步电动机的启动方法。

5.2.1　三相笼型异步电动机的启动

三相笼型异步电动机的启动方法有直接启动和降压启动两种。

1. 直接启动

直接启动也称全压启动,启动时电动机定子绕组直接接在额定电压的电网上。这是一种简单的启动方法,不需要复杂的启动设备,但是它的启动性能较差,其特点表现为以下几方面。

1) 启动电流 I_{st} 大

对于三相笼型异步电动机,启动电流倍数 $k_i = I_{st}/I_N = 4 \sim 7$。启动电流大的原因是:启动瞬间 $n=0$,转子绕组切割定子旋转磁场的相对速度最高,转子电动势很大,所以转子电流很大,根据磁通势平衡关系,定子电流也必然很大。

2) 启动转矩 T_{st} 不大

对于三相笼型异步电动机,启动转矩倍数 $k_{st} = T_{st}/T_N = 1 \sim 2$。启动时,为什么启动电流大而启动转矩并不大呢? 这可以根据机械特性物理表达式 $T_{em} = C_T \Phi_m I_2' \cos\varphi_2$ 来进行说明。

首先,启动时的转差率 $(s=1)$ 远大于正常运行时的转差率 $(s = 0.01 \sim 0.06)$,启动时转子电路的功率因数角 $\varphi_2 = \arctan\dfrac{sx_2'}{r_2'}$ 很大,转子的功率因数 $\cos\varphi_2$ 很低(一般只有 0.3 左右),因此启动时虽然 I_2' 很大,但其有功分量 $I_2'\cos\varphi_2$ 并不大,所以启动转矩不大。

其次,由于启动电流大,定子绕组漏抗压降大,故定子绕组感应电动势 E_1 减小,导致对应的气隙磁通量 Φ 减小(启动瞬间 Φ 约为额定值的一半),这是造成启动转矩不大的另一个原因。

通过以上分析可知,三相笼型异步电动机直接启动时,启动电流大,而启动转矩不大,这样的启动性能是不理想的。过大的启动电流对电网电压的波动及电动机本身均会带来不利影响,因此直接启动一般只在小容量电动机中使用,如 7.5 kW 以下的电动机可采用直接启动。如果电网容量很大,也可允许功率较大的电动机直接启动。若电动机的启动电流倍数 k_i、电动机的功率与电网容量满足下列经验公式:

$$k_i \leqslant \frac{1}{4}\left[3 + \frac{\text{电网容量}(kV \cdot A)}{\text{电动机功率}(kW)}\right] \qquad (5.11)$$

则电动机可直接启动,否则应采用下面介绍的降压启动方法。

2. 降压启动

降压启动的目的是限制启动电流。启动时,通过启动设备使加到电动机上的电压小于额定电压,待电动机转速上升到一定数值时,再使电动机承受额定电压,保证电动机在额定电压下稳定工作。下面介绍几种常见的降压启动方法。

1) 定子串电阻(或电抗)降压启动

定子串电阻(或电抗)降压启动接线如图 5.6 所示。

启动时,先合上隔离开关 QS,接触器 KM1 常开触点闭合,此时启动电流在启动电阻(或电抗)上产生了较大的电压降,从而降低了加到定子绕组上的电压,起到了限制启动电流的作用。

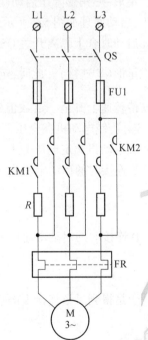

图 5.6　定子串电阻(或电抗)降压启动接线

当转速升高到一定数值时,KM1 常开触点断开,接触器 KM2 常开触点闭合,切除启动电阻(或电抗),电动机在全压下进入稳定运行。

设在额定电压 U_N 下的启动电流为 I_{st}、启动转矩为 T_{st}；串接对称电阻（或电抗）后定子绕组的电压降为 U_1'，此时电流为 I_{st}'、启动转矩为 T_{st}'。又设电压下降到额定电压的 $\dfrac{1}{a}$，即

定子串电阻降压启动

$$\frac{U_1'}{U_N} = \frac{1}{a} \tag{5.12}$$

式中，U_N、U_1' 均为相电压。

根据 $I_{st} \propto U_1$、$T_{st} \propto U_1^2$，可得启动电流和启动转矩降压前后的关系为

$$\frac{I_{st}'}{I_{st}} = \frac{1}{a} \tag{5.13}$$

$$\frac{T_{st}'}{T_{st}} = \frac{1}{a^2} \tag{5.14}$$

可见，采用定子串电阻（或电抗）降压启动时，若电压下降到额定电压的 $\dfrac{1}{a}$，则启动电流也下降到直接启动电流的 $\dfrac{1}{a}$，但启动转矩却降到直接启动转矩的 $\dfrac{1}{a^2}$。这表明降压启动虽然减小了启动电流，但启动转矩也大为减小。因此，串电阻（或电抗）降压启动方法只适用于电动机轻载启动，即必须保证降压后启动转矩不得低于负载转矩。

2）星形–三角形降压启动

星形–三角形降压启动（Y–D 降压启动）只适用于正常运行时定子绕组为三角形连接的电动机，启动原理如图 5.7 所示。

启动时合上隔离开关 QS。接触器 KM1 闭合，接通主电路，接触器 KM3 闭合，将定子绕组接成星形（Y 连接）。此时，定子绕组相电压为额定电压的 $\dfrac{1}{\sqrt{3}}$，从而实现了降压启动。

待转速上升至一定数值时，将接触器 KM3 断开，接触器 KM2 闭合，定子绕组为三角形（D）连接，使电动机在全压下运行。

设电动机额定电压为 U_N，每相漏阻抗为 Z_σ。

Y 连接时的启动电流为

$$I_{stY} = \frac{U_N}{\sqrt{3}\,Z_\sigma} \tag{5.15}$$

D 连接时的启动电流（线电流）即直接启动电流为

$$I_{stD} = \sqrt{3}\,\frac{U_N}{Z_\sigma} \tag{5.16}$$

于是得到星形连接下的启动电流与三角形连接下的启动电流之间的关系，即

$$\frac{I_{stY}}{I_{stD}} = \frac{1}{3} \tag{5.17}$$

根据 $T_{st} \propto U_1^2$，可得星形连接下的启动转矩与三角形连接下的启动转矩之间的关系为

$$\frac{T_{stY}}{T_{stD}} = \left(\frac{U_N/\sqrt{3}}{U_N}\right)^2 = \frac{1}{3} \tag{5.18}$$

可见,Y-D 降压启动时,启动电流和启动转矩都降为直接启动时的 1/3。

Y-D 降压启动操作方便,启动设备简单,应用较为广泛,但它仅适用于正常运行时定子绕组作 D 连接的电动机,因此当一般用途的小型异步电动机的容量大于 4 kW 时,定子绕组采用 D 连接。由于启动转矩为直接启动时的 1/3,这种启动方法多用于空载或轻载启动。

3) 自耦变压器降压启动

自耦变压器降压启动方法是通过自耦变压器把电压降低后再加到电动机定子绕组上,以达到减小启动电流的目的,其原理如图 5.8 所示。

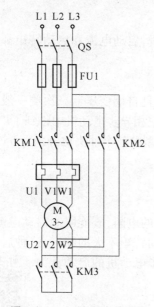

图 5.7 Y-D 降压启动原理

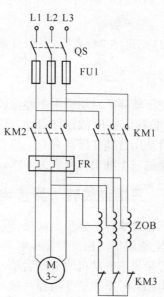

图 5.8 自耦变压器降压启动原理

启动时合上隔离开关 QS,接触器 KM1 常开触点闭合,自耦变压器二次侧电压加在电动机定子绕组上,电动机实现降压启动;待转速上升至一定数值时,接触器 KM1 常开触点断开,接触器 KM2 闭合,电动机在全压下运行。

U_N 是自耦变压器一次侧相电压,也是电动机直接启动时的额定相电压;U_1' 是自耦变压器的二次侧相电压,也是电动机降压启动时的相电压。

设自耦变压器的变比为 k,则

$$k = \frac{U_N}{U_1'} = \frac{I_{st}'}{I_{st}} \qquad (5.19)$$

式中,I_{st}' 是自耦变压器二次侧电流,也是电压降至 U_1' 后流过定子绕组的启动电流;I_{st} 是自耦变压器一次侧电流,也是电网供给的启动电流。设电动机的短路阻抗为 Z_S,则:

直接启动时的启动电流为

$$I_{st} = \frac{U_N}{Z_S} \qquad (5.20)$$

降压后的启动电流为

$$I_{st}' = \frac{U_1'}{Z_S} = \frac{U_N}{kZ_S} \qquad (5.21)$$

设降压启动时电网提供的启动电流为 I_{st1},则

$$I_{st1} = \frac{I'_{st}}{k} = \frac{U_N}{k^2 Z_S} \tag{5.22}$$

由式(5.20)、式(5.22)可得电网提供的降压前后启动电流的关系为

$$\frac{I_{st1}}{I_{st}} = \frac{1}{k^2} \tag{5.23}$$

启动转矩的关系为

$$\frac{T'_{st}}{T_{st}} = \left(\frac{U'_1}{U_N}\right)^2 = \frac{1}{k^2} \tag{5.24}$$

式(5.23)、式(5.24)表明，采用自耦变压器降压启动时，启动电流和启动转矩都降低到直接启动时的 $\frac{1}{k^2}$。

自耦变压器降压启动适用于容量较大的低压电动机，且自耦变压器二次侧一般有三个抽头，可以根据需要选用，故这种启动方法在 10 kW 以上的三相异步电动机中得到了广泛应用。

降压启动用自耦变压器有 QJ_2 和 QJ_3 两个系列。QJ_2 型的三个抽头比分别为 55%、64% 和 73%；QJ_3 型的三个抽头比分别为 40%、60% 和 80%。

5.2.2 三相绕线转子异步电动机的启动

对于三相绕线转子异步电动机，若转子回路串入适当的电阻，既能限制启动电流，又能增大启动转矩，克服了三相笼型异步电动机启动电流大、启动转矩不大的缺点，这种启动方法适用于大中容量异步电动机的重载启动。三相绕线转子异步电动机的启动分为转子串电阻和转子串频敏变阻器两种。

1. 转子串电阻启动

为了在整个启动过程中得到较大的加速转矩，并使启动过程比较平滑，应在转子回路中串入多级对称电阻。启动时，随着转速的升高，逐段切除启动电阻，这与直流电动机电枢串电阻启动类似，称为电阻分级启动。图5.9所示为三相绕线转子异步电动机转子串电阻分级启动的电路和对应的三级启动时的机械特性曲线。下面介绍转子串接对称电阻的启动过程。

转子串电阻启动

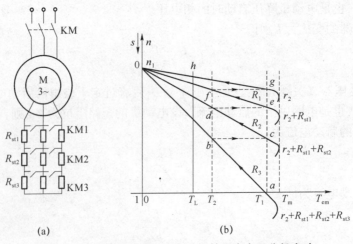

图 5.9 三相绕线转子异步电动机转子串电阻分级启动

（a）电路；（b）机械特性曲线

启动开始时,接触器 KM 触点闭合,KM1、KM2、KM3 断开,启动电阻全部串入转子回路中,转子每相电阻为 $R_3 = r_2 + R_{st1} + R_{st2} + R_{st3}$,对应的机械特性曲线如图 5.9(b)中的曲线 R_3。启动瞬间,转速 $n = 0$,电磁转矩 $T_{em} = T_1$(T_1 称为最大加速转矩),因 T_1 大于负载转矩 T_L,故电动机从 a 点沿曲线 R_3 开始加速。随着 n 上升,T_{em} 逐渐减小,当其减小到 T_2(对应于 b 点)时,KM3 闭合,切除 R_{st3},切换电阻时的转矩 T_2 称为切换转矩。

切除 R_{st3} 后,转子每相电阻变为 $R_2 = r_2 + R_{st1} + R_{st2}$,对应的机械特性曲线变为曲线 R_2。切换瞬间,转速 n 不能突变,电动机的运行点由 b 点跃变到 c 点,T_{em} 由 T_2 跃升为 T_1。此后,n、T_{em} 沿曲线 R_2 变化,待 T_{em} 又减小到 T_2(对应 d 点)时,KM2 闭合,切除 R_{st2}。此后转子每相电阻变为 $R_1 = r_2 + R_{st1}$,电动机运行点由 d 点跃变到 e 点,工作点沿曲线 R_1 变化。

最后在 f 点 KM1 闭合,切除 R_{st1},转子绕组直接短路,电动机运行点由 f 点跃变到 g 点后沿固有机械特性曲线加速到负载点 h 稳定运行,启动结束。

一般最大加速转矩取 $T_1 = (0.7 \sim 0.85) T_m$,切换转矩取 $T_2 = (1.1 \sim 1.2) T_N$。

启动电阻的计算可以采用图解法和解析法,这里只介绍解析法。

由图 5.9(b)可知,分级启动时,电动机的运行点在每条机械特性曲线的线性段($0 < s < s_m$)上变化,设 β 为启动转矩比,则

$$\beta = \frac{T_1}{T_2} = \frac{R_1}{r_2} = \frac{R_2}{R_1} = \frac{R_3}{R_2} \tag{5.25}$$

若已知转子每相电阻 r_2 和启动转矩比 β,则各级电阻为

$$\begin{cases} R_1 = \beta r_2 \\ R_2 = \beta R_1 = \beta^2 r_2 \\ R_3 = \beta R_2 = \beta^3 r_2 \end{cases} \tag{5.26}$$

当启动级数为 m 时,最大启动电阻为 $R_m = \beta^m r_2$。

在图 5.9 中启动级数 $m = 3$,故 $R_m = R_3$。

在实际应用中计算启动电阻时,启动级数 m 可能是已经确定的,也可能是未知的,故计算启动电阻又分为如下两种情况。

1)已知启动级数 m

计算启动电阻的步骤如下。

(1)按要求在 $T_1 = (0.7 \sim 0.85) T_m$ 范围内选取 T_1。

(2)计算 $\beta = \sqrt[m]{\dfrac{T_N}{s_N T_1}}$。 $\tag{5.27}$

(3)校验 T_2,应满足 $T_2 = \dfrac{T_1}{\beta} \geq (1.1 \sim 1.2) T_L$,如果不满足,应重新选取较大的 T_1 值或增加启动级数 m。

(4)计算 $r_2 = \dfrac{s_N E_{2N}}{\sqrt{3} I_{2N}}$。

(5)计算各级启动电阻和分段电阻:

$$\begin{cases} R_1 = \beta r_2 \\ R_2 = \beta R_1 = \beta^2 r_2 \\ R_3 = \beta R_2 = \beta^3 r_2 \\ \vdots \\ R_m = \beta^m r_2 \end{cases} \tag{5.28}$$

$$\begin{cases} R_{st1} = R_1 - r_2 \\ R_{st2} = R_2 - R_1 \\ R_{st3} = R_3 - R_2 \\ \vdots \\ R_{stm} = R_m - R_{m-1} \end{cases} \tag{5.29}$$

2）未知启动级数 m

计算启动电阻的步骤如下。

（1）按要求在 $T_1 = (0.7 \sim 0.85)T_m$、$T_2 = (1.1 \sim 1.2)T_N$ 范围内预选 T_1 和 T_2。

（2）计算 $\beta = \dfrac{T_1}{T_2}$。

（3）计算 $m = \dfrac{\lg\left(\dfrac{T_N}{s_N T_1}\right)}{\lg \beta}$，取整数后按式（5.27）修正 β 值，再按 $T_2 = \dfrac{T_1}{\beta}$ 修正 T_2 值。

（4）计算 $r_2 = \dfrac{s_N E_{2N}}{\sqrt{3} I_{2N}}$。

（5）按式（5.28）和式（5.29）计算各级启动电阻和分段电阻。

例5.1 一台三相绕线转子异步电动机，$P_N = 28$ kW，$n_N = 1\ 420$ r/min，$\lambda_T = 2$，$E_{2N} = 250$ V，$I_{2N} = 71$ A，启动级数 $m = 3$，负载转矩 $T_L = 0.5T_N$。求各级启动电阻。

解：

$$s_N = \frac{1\ 500 - 1\ 420}{1\ 500} = 0.053\ 3$$

取

$$T_1 = 1.7T_N$$

$$\beta = \sqrt[m]{\frac{T_N}{s_N T_1}} = \sqrt[3]{\frac{1}{0.053\ 3 \times 1.7}} = 2.23$$

$$T_2 = \frac{T_1}{\beta} = \frac{1.7T_N}{2.23} = 0.762T_N > (1.1 \sim 1.2)T_L$$

$$r_2 = \frac{s_N E_{2N}}{\sqrt{3} I_{2N}} = \frac{0.053\ 3 \times 250}{\sqrt{3} \times 71} = 0.108\ (\Omega)$$

各级启动电阻为

$$R_1 = \beta r_2 = 2.23 \times 0.108 = 0.24\ (\Omega)$$

$$R_2 = \beta^2 r_2 = 2.23^2 \times 0.108 = 0.537\ (\Omega)$$

$$R_3 = \beta^3 r_2 = 2.23^3 \times 0.108 = 1.198\ (\Omega)$$

各段启动电阻为

$$R_{st1} = R_1 - r_2 = 0.24 - 0.108 = 0.132\ (\Omega)$$

$$R_{st2} = R_2-R_1 = 0.537-0.24 = 0.297(\Omega)$$
$$R_{st3} = R_3-R_2 = 1.198-0.537 = 0.661(\Omega)$$

2. 转子串频敏变阻器启动

三相绕线转子异步电动机采用转子串接电阻启动时,若想在启动过程中保持较大的启动转矩且启动平稳,则必须采用较多的启动级数,这必然会导致启动设备复杂化。为了克服这个问题,可以采用转子串频敏变阻器启动。频敏变阻器是一个铁损耗很大的三相电抗器,从结构上看,它像一个没有二次绕组的三相芯式变压器,它的铁芯是用较厚的钢板叠成的。三个绕组分别绕在三个铁芯柱上并作 Y 连接,然后接到转子滑环上,如图 5.10(a)所示。图 5.10(b)所示为频敏变阻器每相的等效电路,其中 r_1 为频敏变阻器绕组的电阻,x_m 为带铁芯绕组的电抗,r_m 为反映铁损耗的等效电阻。因为频敏变阻器的铁芯用厚钢板制成,所以铁损耗较大,对应的 r_m 也较大。

转子串频敏变阻器启动的过程如下。

启动时触点 S2 断开,转子串入频敏变阻器,当触点 S1 闭合时,电动机接通电源开始启动。

启动瞬间 $n=0$,$s=1$,转子电流频率 $f_2=sf_1$ 最大,频敏变阻器的铁芯中与频率平方成正比的涡流损耗最大,即铁损耗大,反映铁损耗大小的等效电阻 r_m 也大,此时相当于转子回路中串入一个较大的电阻。

在启动过程中,随着 n 上升,s 减小,$f_2=sf_1$ 逐渐减小,频敏变阻器的铁损耗逐渐减小,r_m 也随之减小,这相当于在启动过程中逐渐切除转子回路串入的电阻。启动结束后,触点 S2 闭合,切除频敏变阻器,转子电路直接短路。

因为频敏变阻器的等效电阻 r_m 是随频率 f_2 变化而自动变化的,因此称为"频敏"变阻器,它相当于一种无触点的变阻器。在启动过程中,它能自动、无级地减小电阻,如果参数选择适当,可以在启动过程中保持转矩近似不变,使启动过程平稳、快速,这时电动机的机械特性曲线如图 5.10(c)中的曲线 2。曲线 1 是电动机的固有机械特性曲线。

频敏变阻器的结构简单,运行可靠,使用维护方便,因此使用广泛。

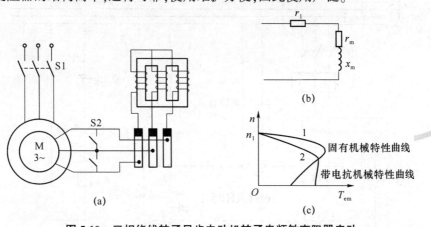

图 5.10　三相绕线转子异步电动机转子串频敏变阻器启动
(a) 线路;(b) 频敏变阻器每相的等效电路;(c) 机械特性曲线

5.2.3　软启动器的应用简介

软启动器是一种集电动机软启动、软停车、轻载节能和多种保护功能于一体的新型电动机控制装置,国外称为 Soft Starter。它的主要结构是串接于电源与被控电动机之间的三相反并联晶闸管及其电子控制电路。运用串接于电源与被控电动机之间的软启动器,以不同的方法控制其内部晶闸管的导通角,使电动机输入电压从零以预设函数关系逐渐上升,直至启动结束,赋予电动机全电压,即软启动。在软启动过程中,电动机启动转矩逐渐增加,转速也逐渐增加。软启动器实际上是一个调压器,用于电动机启动时输出只改变电压并没有改变频率。

1. 软启动器的构成

下面以 eSTAR03 软启动器为例介绍软启动器的结构,它主要由以下三个部分构成。

1) 主回路

主回路由 6 只晶闸管组成,以实现对交流三相电源进行斩波,从而控制输出给电动机的电压幅度。

2) 控制和保护电路

控制和保护电路包括微控制器电路、光电隔离电路、过零检测电路、可控硅触发电路、电流检测电路、温度检测电路等,是软启动器的核心部分,控制晶闸管的导通和关闭,从而完成对电动机启动和停车的理想化控制。

3) 人机界面单元

人机界面单元用以实现用户的参数设置、显示设备的运行状态等,给用户提供简单易用的人机界面。

2. 软启动器的工作原理

eSTAR03 软启动器的工作原理是通过对功率器件(可控硅)的控制而实现对电动机的启动控制,采用电压斜率的工作原理控制输出给电动机的电压从可整定的初始值经过可整定的斜率时间上升到供电电网全压,从而降低对电源容量的要求,并减少对供电电网的影响和机械传动的冲击。

3. 软启动器的接线

软启动器接线如图 5.11 所示。

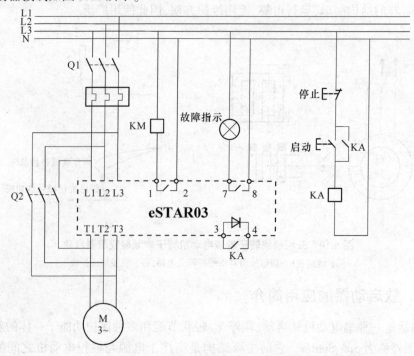

图 5.11　eSTAR03 软启动器接线

4. 软启动的启动方式

1）斜坡升压软启动

斜坡升压软启动方式简单，不具备电流闭环控制，仅调整晶闸管的导通角，使之与时间成一定函数关系即可。其缺点是，由于不限流，在电动机启动过程中有时会产生较大的冲击电流甚至使晶闸管损坏，对电网影响较大，实际很少使用。

2）斜坡恒流软启动

斜坡恒流软启动方式是在电动机启动的初始阶段启动电流逐渐增加，当电流达到预先设定的值后保持恒定，直至启动完毕。在启动过程中，电流上升变化的速率可以根据电动机负载调整设定。电流上升速率大，则启动转矩大，启动时间短。该启动方式是应用较多的启动方式，尤其是适用于风机、泵类负载的启动。

3）阶跃启动

开机后以最短时间使启动电流迅速达到设定值即阶跃启动。通过调节启动电流设定值，可以达到快速启动效果。

4）脉冲冲击启动

脉冲冲击启动在启动开始阶段，让晶闸管在极短时间内以较大电流导通一段时间后断开，再按原设定值线性上升，进入恒流启动。该启动方式在一般负载中较少应用，适用于重载并需要克服较大静摩擦的启动场合。

5. 软启动与传统降压启动方式的区别

笼型电动机传统的降压启动方式有 Y-D 启动、自耦变压器降压启动、定子绕组串电抗器启动等。这些启动方式都属于有级降压启动，存在明显缺点，即启动过程中会出现二次冲击电流。软启动与传统降压启动方式的不同之处如下。

（1）无冲击电流。软启动器在启动电动机时通过逐渐增大晶闸管导通角，使电动机启动电流从零开始线性上升至设定值。

（2）恒流启动。软启动器可以引入电流闭环控制，使电动机在启动过程中保持恒流，确保电动机平稳启动。

（3）无级调整。根据负载情况及电网继电保护特性选择，可自由地无级调整至最佳的启动电流。

（4）实现电动机的软停车。电动机停机时，传统的控制方式都是通过瞬间停电完成的。但有许多应用场合不允许电动机瞬间关机。例如，高层建筑中的水泵系统，如果瞬间停机，会产生巨大的"水锤"效应，使管道甚至水泵遭到损坏。为减少和防止"水锤"效应，需要电动机逐渐停机，即软停车，采用软启动器能满足这一要求。软启动器中的软停车功能实现原理是：晶闸管在得到停机指令后，从全导通逐渐地减小导通角，经过一定时间过渡到全关闭的过程，停车的时间根据实际需要可在 0~120 s 范围内调整。

（5）可实现轻载节能。笼型异步电动机是感性负载，在运行中定子线圈绕组中的电流滞后于电压。如果电动机工作电压不变，处于轻载时，功率因数低；处于重载时，功率因数高。软启动器能实现在轻载时，通过降低电动机端电压，提高功率因数，减少电动机的铜损耗、铁损耗，达到轻载节能的目的；在负载重时，则通过提高电动机端电压，确保电动机正常运行。

6. 软启动器的保护功能

（1）过载保护功能。软启动器引进了电流控制环，因此可随时跟踪、检测电动机电流的变化状况。通过增加过载电流的设定和反时限控制模式,实现了过载保护功能,当电动机过载时,关断晶闸管并发出报警信号。

（2）缺相保护功能。工作时,软启动器随时检测三相电流的变化,一旦发生断流,即可做出缺相保护反应。

（3）过热保护功能。通过软启动器内部的热继电器检测晶闸管散热器的温度,一旦散热器温度超过允许值后就自动关断晶闸管,并发出报警信号。

（4）其他功能。通过电子电路的组合,还可在系统中实现其他各种联锁保护。

5.3　三相异步电动机的制动

三相异步电动机运行于电动状态时,T_{em} 与 n 同方向,T_{em} 是驱动转矩,电动机从电网吸收电能并转换成机械能从轴上输出,其机械特性曲线位于第一或第三象限。三相异步电动机运行于制动状态时,T_{em} 与 n 反方向,T_{em} 是制动转矩,电动机从轴上吸收机械能并转换成电能,该电能消耗在电动机内部或反馈回电网,其机械特性曲线位于第二或第四象限。

三相异步电动机制动的目的是使电力拖动系统快速停车或使电力拖动系统尽快减速,对于位能性负载,制动运行还可获得稳定的下降速度。

三相异步电动机制动的方法有能耗制动、反接制动和回馈制动三种。

5.3.1　能耗制动

1. 制动原理

三相异步电动机的能耗制动接线如图 5.12(a) 所示。制动时,接触器 KM1 断开,电动机脱离电网,同时接触器 KM2 闭合,在定子绕组中通入直流电流（称为直流励磁电流）,该电流在定子绕组中产生一个恒定的磁场。转子因惯性而继续旋转并切割该恒定磁场,转子导体中便产生感应电动势及感应电流。由图 5.12(b) 可以判定,转子感应电流与恒定磁场作用产生的电磁转矩为制动转矩,因此转速迅速下降,当转速下降至零时,转子感应电动势和感应电流均为零,制动过程结束。制动期间转子的动能转换为电能消耗在转子回路的电阻上,故称为能耗制动。

能耗制动

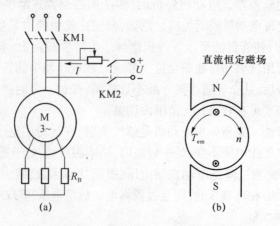

图 5.12　三相异步电动机的能耗制动

（a）接线；（b）制动原理

2. 制动过程分析

三相异步电动机能耗制动时的机械特性曲线与接到交流电网上正常运行时的机械特性曲线相似,只是它要通过坐标原点,如图 5.13 所示。

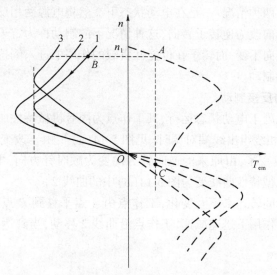

图 5.13　三相异步电动机能耗制动时的机械特性曲线

由图 5.13 可知,曲线 1 和曲线 2 具有相同的转子电阻,但曲线 2 比曲线 1 的直流励磁电流大;曲线 1 和曲线 3 具有相同的直流励磁电流,但曲线 3 比曲线 1 的转子电阻大。

能耗制动过程的分析如下:设电动机原来工作在固有机械特性曲线上的 A 点,制动瞬间因转速不能突变,工作点便由 A 点平移至能耗制动特性曲线(如曲线 1)上的 B 点,在制动转矩的作用下电动机开始减速,工作点沿曲线 1 变化,直到原点,此时 $n=0$,$T_{em}=0$。

1) 反抗性负载

如果三相异步电动机拖动的是反抗性负载,当 $n=0$ 时,$T_{em}=0$、$T_L=0$,则电动机停转,实现了快速制动停车。

2) 位能性负载

如果三相异步电动机拖动的是位能性负载,当转速过零时,若要停车,则必须立即用机械抱闸将电动机轴刹住,否则电动机将在位能性负载转矩的倒拉下反转,直到进入第四象限中的 C 点($T_{em}=T_L$),系统处于稳定的能耗制动运行状态,这时重物保持匀速下降,C 点称为能耗制动运行点。由图 5.13 可知,改变制动电阻或直流励磁电流的大小可以获得不同的稳定下降速度。

三相绕线转子异步电动机采用能耗制动时,按照最大制动转矩为 $(1.25\sim2.2)T_N$ 的要求,可用下列两式计算直流励磁电流 I 和转子应串接电阻 R_B 的大小:

$$I=(2\sim3)I_0 \tag{5.30}$$

$$R_B=(0.2\sim0.4)\frac{E_{2N}}{\sqrt{3}I_{2N}}-r_2 \tag{5.31}$$

式中,I_0 为三相异步电动机的空载电流。

能耗制动广泛应用于要求平稳准确停车的场合,也可应用于起重机等带位能性负载的机械设备上,用来限制重物下降的速度,使重物保持匀速下降。

5.3.2 反接制动

当三相异步电动机转子的旋转方向与定子磁场的旋转方向相反时，三相异步电动机便处于反接制动状态。它有两种情况：一是在电动状态下突然将电源两相反接，使定子旋转磁场的方向由原来的顺转子转向改为逆转子转向，这种情况下的制动称为定子两相反接的反接制动；二是保持定子磁场的转向不变，而转子在位能性负载的作用下进入倒拉反转，这种情况下的制动称为倒拉反转的反接制动。

1. 定子两相反接的反接制动

设三相异步电动机处于电动状态运行，其工作点为固有机械特性曲线上的 A 点，如图5.14(b)所示。当把定子两相绕组出线端对调时[见图5.14(a)]，由于改变了定子电压的相序，所以定子旋转磁场方向改变了，由原来的逆时针方向变为顺时针方向，电磁转矩方向也随之改变，变为制动性质，其机械特性曲线变为图5.14(b)中的曲线2。

在定子两相反接瞬间转速来不及变化，工作点由 A 点平移到 B 点，这时系统在制动的电磁转矩和负载转矩共同作用下迅速减速，工作点沿曲线2移动，当到达 C 点时转速为零，制动结束。

1) 反抗性负载

如果三相异步电动机拖动反抗性负载，且制动的目的是快速停车，则在转速接近零时，应立即切断电源；否则，如果在 C（或 C'）点的电磁转矩大于负载转矩，工作点将进入第三象限，则系统将反向启动并加速到 D（或 D'）点，电动机处于反向电动状态稳定运行。

2) 位能性负载

如果三相异步电动机拖动位能性负载，且制动的目的是快速停车，则在转速接近零时，应立即切断电源，并同时启动机械制动装置；否则，三相异步电动机在位能性负载拖动下，将一直反向加速到第四象限中的 E（或 E'）点处于稳定运行。这时三相异步电动机的转速高于同步转速（$-n_1$），电磁转矩与转向相反，这是后面要介绍的回馈制动状态。

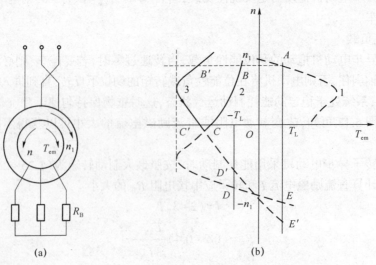

图5.14 三相异步电动机定子两相反接的反接制动

（a）制动原理；（b）机械特性曲线

对于绕线转子异步电动机,为了限制制动瞬间电流以及增大电磁制动转矩,通常在定子两相反接的同时,在转子回路中串接制动电阻 R_B,这时对应的机械特性曲线如图 5.14(b)中的曲线 3。

定子两相反接的反接制动是指从反接开始至转速为零这一段制动过程,即图 5.14(b)中曲线 2 的 BC 段或曲线 3 的 $B'C'$ 段。

2. 倒拉反转的反接制动

倒拉反转的反接制动适用于三相绕线转子异步电动机拖动位能性负载的情况,它能够使重物获得稳定的下放速度。

图 5.15 所示是三相绕线转子异步电动机倒拉反转反接制动时的原理及机械特性曲线。设电动机原来工作在固有机械特性曲线 1 上的 A 点,此时提升重物,当在转子回路中串入电阻 R_B 时,其机械特性曲线变为曲线 2。串入 R_B 瞬间转速来不及变化,工作点由 A 点平移到 B 点,此时电动机的提升转矩 T_B 小于位能负载转矩 T_L,所以提升速度减小,工作点沿曲线 2 由 B 点向 C 点移动。在减速过程中,电动机仍运行在电动状态。当工作点到达 C 点时,转速降至零,对应的电磁转矩 T_C 仍小于负载转矩 T_L,重物将倒拉电动机的转子反向旋转,并加速到 D 点,这时 $T_D=T_L$,拖动系统将以转速 n_D 稳定下放重物。在 D 点,负载转矩成为拖动转矩,拉着电动机反转,而电磁转矩起制动作用,如图 5.15(a)所示,故把这种制动称为倒拉反转的反接制动。

由图 5.15(b)可知,为了实现倒拉反转的反接制动,转子回路必须串接足够大的电阻,使工作点位于第四象限。这种制动方式的目的主要是限制重物的下放速度,所串电阻 R_B 越大,特性越软,对应下放重物的速度越快。

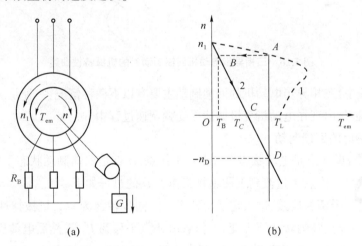

(a)　　　　　　　　　　　　　　(b)

图 5.15　三相绕线转子异步电动机倒拉反转的反接制动

(a) 原理;(b) 机械特性曲线

5.3.3　回馈制动

若三相异步电动机在电动状态运行,由于某种原因,电动机的转速超过了同步转速(转向不变),这时电动机便处于回馈制动状态。

当 $n>n_1$ 时,转差率 $s<0$,转子电流的有功分量($I_2'\cos\varphi_2$)为负值,故电磁转矩 $T_{em}=C_T\Phi I_2'\cos\varphi_2$ 也为负值,它与转子的旋转方向相反,说明电动机处于制动状态。而转子电流的无功分量为正,

说明回馈制动时,电动机仍需要从电网吸取励磁电流建立磁场。

回馈制动时,实际上电机是向电网输出电能的,气隙主磁通传递能量由转子到定子,即功率传递由轴上输入,经转子、定子到电网,就像一台发电机,因此回馈制动也称为再生发电制动。

回馈制动时,$n>n_1$,T_{em} 与 n 反方向,所以其机械特性曲线是第一象限正向电动状态特性曲线在第二象限的延伸,如图 5.16 中曲线 1 的实线部分;或者是第三象限反向电动状态特性曲线在第四象限的延伸,如图 5.16 中曲线 2、3 中的实线部分所示。

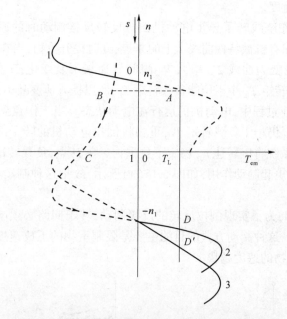

图 5.16　三相异步电动机回馈制动时的机械特性曲线

在生产实践中,三相异步电动机的回馈制动主要有以下两种情况:一种是出现在位能性负载下放时;另一种是出现在电动机变极调速或变频调速过程中。

1. 下放重物时的回馈制动

在图 5.16 中,设 A 点是电动状态提升重物工作点,D 点是回馈制动状态下放重物工作点。电动机从提升重物工作点 A 过渡到下放重物工作点 D 的过程如下。

先将电动机定子两相反接,这时定子旋转磁场的同步转速为$-n_1$,机械特性曲线如图 5.16 中的曲线 2 所示;反接瞬间转速不突变,工作点由 A 点平移到 B 点,然后电动机经过反接制动过程(工作点沿曲线 2 由 B 点变到 C 点)、反向电动加速过程(工作点由 C 点向同步点$-n_1$ 变化);最后在位能性负载作用下反向加速并超过同步速度,直到 D 点保持稳定运行,即匀速下放重物。

如果在转子电路中串入制动电阻,对应的机械特性曲线如图 5.16 中的曲线 3 所示。这时的回馈制动工作点为 D',其转速增大,重物下放的速度也增大。为了限制电动机的转速,回馈制动过程中在转子电路串入的电阻值不应太大。

2. 变极或变频调速过程中的回馈制动

变极或变频调速过程中的回馈制动可用图 5.17 来说明。

设电动机原来在机械特性曲线 1 上的 A 点稳定运行,当电动机采用变极(如增加极数)或变频(如降低频率)进行调速时,其机械特性曲线变为曲线 2,同步转速变为 n_1'。在调速瞬间,转速不能突变,工作点由 A 点变到 B 点。在 B 点,转速 $n_B>0$,电磁转矩 $T_{em}<0$ 为制动转矩,且因为 $n_B>n_1'$,故电动机处于回馈制动状态。工作点沿曲线 2 的 B 点到 n_1' 点这一段变化过程为回馈制动过程,在此过程中电动机吸收系统释放的动能,并转换成电能回馈到电网。电动机沿曲线 2 的 n_1' 点到 C 点的变化过程为电动状态的减速过程,C 点为调速后的稳态工作点。

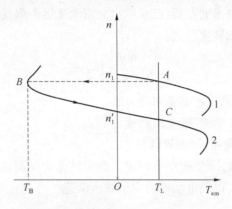

图 5.17 变极或变频调速过程中的回馈制动机械特性曲线

以上介绍了三相异步电动机的三种制动方法,为了便于掌握,现将这三种制动方法及其能量关系、优缺点、应用场合进行比较,如表 5.1 所示。

表 5.1 三相异步电动机各种制动方法的比较

项目	能耗制动	反接制动		回馈制动
		定子两相反接	倒拉反转	
方法条件	断开交流电源的同时,在定子两相中通入直流电流	突然改变定子电源相序,使定子旋转磁场方向改变	定子按提升方向接通电源,转子电路串入较大电阻,电动机被重物拖动反转	在某一转矩作用下使电动机转速超过同步转速
能量关系	吸收机械系统储存的动能并转换成电能,消耗在转子电路电阻上	吸收机械系统储存的动能,将其作为轴上输入的机械功率并转换成电能后,连同定子传递给转子的电磁功率一起全部消耗在转子电路电阻上		轴上输入机械功率并转换成电功率,由定子回馈给电网
优点	制动平稳,便于实现准确停车	制动强烈,停车迅速	能使位能性负载在 $n<n_1$ 下稳定下放	能向电网回馈电能,比较经济
缺点	制动较慢,需要一套直流电源	能量损耗大,控制较复杂,不易实现准确停车	能量损耗大	在 $n<n_1$ 时不能实现回馈制动
应用场合	要求平稳、准确停车的场合;限制位能性负载的下降速度	要求迅速停车和需要反转的场合	限制位能性负载的下放速度,并在 $n<n_1$ 的情况下采用	限制位能性负载的下放速度,并在 $n>n_1$ 的情况下采用

5.4 三相异步电动机的调速

直流电动机具有良好的调速性能,但直流电动机存在价格高、维护困难、需要专门的直流电源等一系列缺点。交流电动机具有价格低、运行可靠、维护方便等一系列优点。近年来,由于电力电子技术和计算机技术的发展,已显示出交流调速逐步取代直流调速的趋势。

根据三相异步电动机的转速公式:

$$n = \frac{60f_1}{p}(1-s) \tag{5.32}$$

可知,三相异步电动机有下列三种基本调速方法。

(1) 改变定子极对数 p 调速,即变极调速。

(2) 改变电源频率 f_1 调速,即变频调速。

(3) 改变转差率 s 调速,即变转差率调速。改变转差率 s 调速包括绕线转子电动机的转子串接电阻调速、串级调速,以及电动机的定子调压调速。

5.4.1 变极调速

在电源频率不变的条件下,改变电动机的极对数 p,电动机的同步转速 n_1 就会变化,p 增加一倍,n_1 降低一半,n 也几乎下降一半,从而实现转速的调节。

改变电动机的极数通常是利用改变定子绕组接法来改变极数,这种电动机称为多速电动机。只有定子和转子具有相同的极数,电动机才具有恒定的电磁转矩,才能实现机电能量的转换,所以变极调速只适用于笼型电动机。

1. 变极原理

下面以 4 极变 2 极为例说明定子绕组的变极原理。图 5.18 画出了 4 极电动机 U 相绕组的两个线圈,每个线圈代表 U 相绕组的一半,称为半相绕组。两个半相绕组顺向串联(头尾相接)时,根据线圈中的电流方向可以看出定子绕组产生 4 极磁场($2p=4$),磁场方向如图 5.18(a)中的虚线或图 5.18(b)中的⊗、⊙所示。

如果将两个半相绕组的连接方式改为图 5.19 所示的连接方式,即使其中的一个半相绕组 U2、U2′中电流反向,这时定子绕组也会产生 2 极磁场,即 $2p=2$。由此可见,使定子每相的一半绕组中电流改变方向,就可改变磁极对数。

2. 三种常用的变极接线方式

图 5.20 所示是三种常用的变极接线方式,其中图 5.20(a)表示由 Y 连接改接成并联的 YY连接;图 5.20(b)表示由顺向串联的 Y 连接改接成反向串联的 Y 连接;图 5.20(c)表示由 D 连接改接成 YY 连接。由图 5.20 可知,这三种接线方式都是使每相的一半绕组内的电流改变了方向,因而定子磁场的极对数减少一半。

当改变定子绕组接线时,必须同时改变定子绕组的相序(对调任意两相绕组出线端),以保证调速前后电动机的转向不变。这是因为在电动机定子圆周上,电角度 = p × 机械角度,当 $p=1$ 时,U、V、W 三相绕组在空间分布的电角度依次为 0°、120°、240°;而当 $p=2$ 时,U、V、W 三

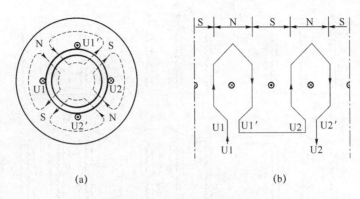

图 5.18　绕组变极原理($2p=4$)

(a) 剖视原理图;(b) 顺串展开图

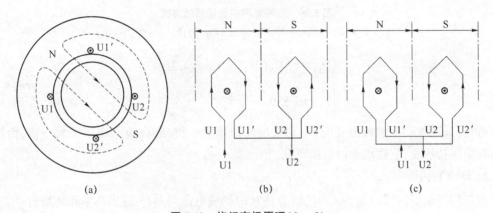

图 5.19　绕组变极原理($2p=2$)

(a) 剖视原理图;(b) 反串展开图;(c) 反并展开图

相绕组在空间分布的电角度变为 $0°$、$120°×2=240°$、$240°×2=480°$。可见,变极前后三相绕组的相序发生了变化,因此变极后只有对调定子两相绕组的出线端,才能保证电动机的转向不变。

3. 变极调速时的容许输出

调速时电动机的容许输出是指在保持电流为额定值的条件下,调速前、后电动机轴上输出的功率和转矩。下面对三种接线方式变极调速时的容许输出进行分析。

1) Y-YY 接线方式

设外施电压为 U_N,绕组每相额定电流为 I_N,当 Y 连接时,线电流等于相电流,输出功率和转矩为

$$\begin{cases} P_Y = \sqrt{3}\,U_N I_N \eta_N \cos\varphi_N \\ T_Y = 9\,550\,\dfrac{P_Y}{n_Y} \end{cases} \tag{5.33}$$

改接成 YY 连接后,极数减少一半,转速增大一倍,即 $n_{YY}=2n_Y$。若保持绕组电流 I_N 不变,则每相电流为 $2I_N$。假设改接前后效率和功率因数近似不变,则输出功率和转矩为

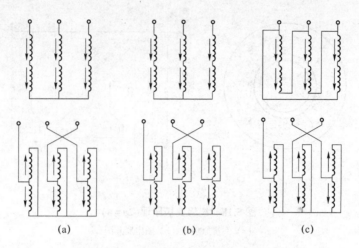

图 5.20　三种常用的变极接线方式

（a）Y-YY($2p$-p)；（b）顺串 Y-反串 Y($2p$-p)；（c）D-YY($2p$-p)

$$\begin{cases} P_{YY} = \sqrt{3}\,U_N(2I_N)\,\eta_N\cos\varphi_N = 2P_Y \\ T_{YY} = 9\,550\,\dfrac{P_{YY}}{n_{YY}} = T_Y \end{cases} \tag{5.34}$$

可见，采用 Y-YY 接线方式时，电动机的转速增大一倍，容许输出功率增大一倍，而容许输出转矩保持不变，它适用于恒转矩负载。

2）D-YY 接线方式

当每相绕组的额定电流为 I_N 时，则 D 连接时的线电流为 $\sqrt{3}I_N$，输出功率和转矩为

$$\begin{cases} P_D = \sqrt{3}\,U_N\left(\sqrt{3}I_N\right)\eta_N\cos\varphi_N \\ T_D = 9\,550\,\dfrac{P_D}{n_D} \end{cases} \tag{5.35}$$

改接成 YY 连接后，极数减少一半，转速增大一倍，即 $n_{YY} = 2n_D$，线电流为 $2I_N$，则输出功率和转矩为

$$\begin{cases} P_{YY} = \sqrt{3}\,U_N(2I_N)\,\eta_N\cos\varphi_N = 1.15P_D \\ T_{YY} = 9\,550\,\dfrac{P_{YY}}{n_{YY}} = 9\,550\,\dfrac{1.15P_D}{2n_D} = 0.58T_D \end{cases} \tag{5.36}$$

可见，采用 D-YY 接线方式时，容许输出功率近似不变，容许输出转矩近似减小一半。这种接线方式的变极调速可认为是恒功率调速，它适用于恒功率负载。

3）顺串 Y-反串 Y 接线方式

同理可以分析，顺串 Y-反串 Y 接线方式的变极调速，它也属于恒功率调速。

4. 变极调速时的机械特性

1）由 Y 连接改成 YY 连接

由于 Y 连接改成 YY 连接时两个半相绕组由一路串联改为两路并联，所以 YY 连接时的阻抗参数为 Y 连接时的 1/4。再考虑改接后电压不变，极数减半，可以得到变极前后临界转差率、最大转矩和启动转矩的关系为

$$\begin{cases} s_{mYY} = s_{mY} \\ T_{mYY} = 2T_{mY} \\ T_{stYY} = 2T_{stY} \end{cases} \tag{5.37}$$

这表明 YY 连接时电动机的最大转矩和启动转矩均为 Y 连接时的 2 倍,临界转差率的大小不变,但对应的同步转速是不同的,其机械特性曲线如图 5.21(a)所示。

2）由 D 连接改成 YY 连接

当 D 连接改成 YY 连接时,阻抗参数也变为原来的 1/4,极数减半,相电压变为 $U_{YY} = U_D / \sqrt{3}$,可以得到变极前后临界转差率、最大转矩和启动转矩的关系为

$$\begin{cases} s_{mYY} = s_{mD} \\ T_{mYY} = \dfrac{2}{3} T_{mD} \\ T_{stYY} = \dfrac{2}{3} T_{stD} \end{cases} \tag{5.38}$$

可见,由 D 连接改成 YY 连接时的最大转矩和启动转矩均为 D 连接时的 2/3,其机械特性曲线如图 5.21(b)所示。

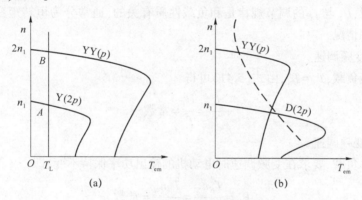

图 5.21　变极调速时的机械特性曲线

（a）Y-YY 变换；（b）D-YY 变换

变极调速电动机分为倍极比（如 2/4 极、4/8 极等）双速电动机、非倍极比（如 4/6 极、6/8 极等）双速电动机和单绕组三速电动机等。

5. 变极调速的特点

变极调速时,转速几乎是成倍变化的,所以调速的平滑性差。但它在每个转速等级运转时和通常的三相异步电动机一样,具有较硬的机械特性,稳定性较好。变极调速既可用于恒转矩负载,又可用于恒功率负载,所以对于不需要无级调速的生产机械,如金属切削机床、通风机、升降机等大多采用多速电动机。

5.4.2　变频调速

1. 电压随频率调节的规律

根据转速公式 $n = \dfrac{60f_1}{p}(1-s)$ 可知,当转差率 s 变化不大时,三相异步电动机的转速 n 基本

上与电源频率 f_1 成正比。但是，单一地调节电源频率将导致电动机运行性能恶化，其原因如下：

$$U_1 \approx E_1 = 4.44 f_1 W_1 k w_1 \Phi_m \tag{5.39}$$

若 U_1 不变，则当 f_1 减小时，Φ_m 将增加，这将导致磁路过分饱和，励磁电流增大，功率因数降低，铁芯损耗增大；而当 f_1 增大时，Φ_m 将减少，电磁转矩及最大转矩下降，过载能力降低，电动机的容量也得不到充分利用。因此，为了使电动机保持较好的运行性能，要求在调节 f_1 的同时，改变定子电压 U_1，以维持 Φ_m 不变。一般认为，在任何类型负载下变频调速时，若能保持电动机的过载能力不变，则电动机的运行性能就较为理想。电动机的过载能力为

$$\lambda_T = \frac{T_m}{T_N} \tag{5.40}$$

为了保持变频前后 λ_T 不变，要求式（5.41）成立：

$$\frac{U_1'}{U_1} = \frac{f_1'}{f_1} \sqrt{\frac{T_N'}{T_N}} \tag{5.41}$$

式中，加 "'" 的字母表示变频后的量。

式（5.41）表示变频调速时 U_1 随 f_1 的变化规律，此时电动机的过载能力 λ_T 保持不变。

变频调速时，U_1 与 f_1 的调节规律是和负载性质有关的，通常分为恒转矩变频调速和恒功率变频调速两种情况。

1）恒转矩变频调速

对于恒转矩负载，$T_N = T_N'$，由式（5.41）可得

$$\frac{U_1}{f_1} = \frac{U_1'}{f_1'} = 常数 \tag{5.42}$$

2）恒功率变频调速

对于恒功率负载，要求在变频调速时电动机的输出功率保持不变，即

$$P_N = \frac{T_N n_N}{9\,550} = \frac{T_N' n_N'}{9\,550} = 常数 \tag{5.43}$$

将式（5.44）：

$$\frac{T_N'}{T_N} = \frac{n_N}{n_N'} = \frac{f_1}{f_1'} \tag{5.44}$$

代入式（5.41）可得

$$\frac{U_1}{\sqrt{f_1}} = \frac{U_1'}{\sqrt{f_1'}} = 常数 \tag{5.45}$$

在恒功率负载下，如果能保持式（5.45）的调节规律，则电动机的过载能力 λ_T 不变，但主磁通 Φ_m 将发生变化。

2. 变频调速时电动机的机械特性

变频调速时电动机的机械特性可用以下公式（式中忽略了 r_1、r_2'）来分析。

最大转矩：

$$T_m \approx \frac{m_1 p}{8\pi^2 (L_1 + L_2')} \left(\frac{U_1}{f_1}\right)^2 \tag{5.46}$$

启动转矩：

$$T_{st} \approx \frac{m_1 p r_2'}{8\pi^2 (L_1 + L_2')^2} \left(\frac{U_1}{f_1}\right)^2 \frac{1}{f_1} \tag{5.47}$$

临界点转速降：

$$\Delta n_m = s_m n_1 \approx \frac{30 r_2'}{\pi p (L_1 + L_2')} \tag{5.48}$$

以电动机的额定频率 f_{1N} 为基准频率，变频调速时电压随频率的调节规律以基准频率为分界线可分为以下两种情况。

1）在基准频率以下调速

保持 $\dfrac{U_1}{f_1} = \dfrac{U_1'}{f_1'} =$ 常数，即恒转矩调速。当 f_1 减小时，最大转矩 T_m 不变，启动转矩 T_{st} 增大，临界点转速降 $\Delta n_m = s_m n_1$ 不变。因此，机械特性曲线随频率减小而向下平移，如图 5.22 中虚线所示。实际上由于定子电阻 r_1 的存在，随着 f_1 的降低，最大转矩 T_m 将减小，如图 5.22 中实线所示。

为保证电动机在低速时有足够大的 T_m 值，U_1 应比 f_1 降低的比例小一些，使 U_1/f_1 的值随 f_1 的降低而增加，这样才能得到图 5.22 中虚线所示的机械特性曲线。

2）在基准频率以上调速

频率从 f_{1N} 往上升高，但电压 U_1 却不能超过额定电压 U_{1N}，最大只能达到 $U_1 = U_{1N}$。由式(5.39)可知，这将迫使磁通与频率成反比例降低，最大转矩 T_m、启动转矩 T_{st} 将随频率升高而减小，临界点转速降 Δn_m 不变，其机械特性曲线如图 5.23 所示，这种调速近似为恒功率调速。

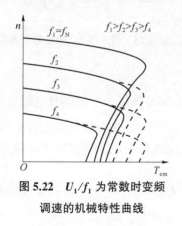

图 5.22 U_1/f_1 为常数时变频
调速的机械特性曲线

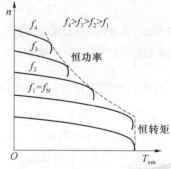

图 5.23 恒转矩和恒功率变频
调速的机械特性曲线

5.4.3 变转差率调速

三相异步电动机的变转差率调速包括绕线转子电动机的转子串接电阻调速、串级调速，以及电动机的定子调压调速等。

1. 转子串接电阻调速

绕线转子电动机的转子回路串接对称电阻时的机械特性曲线如图 5.24 所示。

从机械特性上看，转子串入附加电阻时，n_1、T_m 不变，但 s_m 增大，特性曲线斜率增大。当负载转矩一定时，工作点的转差率随转子串联电阻的增大而增大，电动机的转速随转子串联电阻的增大而减小。

这种调速方法的优点是设备简单,易于实现;缺点是调速是有级的、不平滑,低速时转差率较大,造成转子铜损耗增大,运行效率降低,机械特性变软,当负载转矩波动时将引起较大的转速变化,所以低速时静差率较大。

这种调速方法多应用在起重机等对调速性能要求不高的恒转矩负载上。

2. 绕线转子电动机的串级调速

在负载转矩不变的条件下,三相异步电动机的电磁功率 $P_{em} = T_{em}\omega_1 =$ 常数,转子铜损耗 $P_{Cu2} = sP_{em}$ 与转差率成正比,所以转子铜损耗又称为转差功率。转子串接电阻调速时,转速调得越低,转差功率越大、输出功率越小、效率就越低,所以转子串接电阻调速很不经济。

如果在转子回路中不接电阻,而是串接一个与转子电动势 $\dot{E}_{2s}$ 同频率的附加电动势 $\dot{E}_{ad}$,通过改变 $\dot{E}_{ad}$ 幅值大小和相位,同样也可实现调速,如图5.25所示。

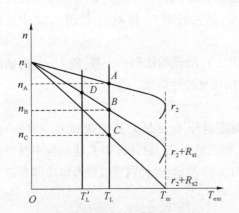

图 5.24　绕线转子电动机的转子回路串接对称电阻时的机械特性曲线

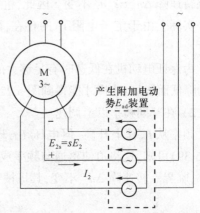

图 5.25　转子串 $\dot{E}_{ad}$ 的串级调速原理

这样,电动机在低速运行时,转子中的转差率只有小部分被转子绕组本身电阻所消耗,而其余大部分被附加电动势 $\dot{E}_{ad}$ 所吸收,利用产生 $\dot{E}_{ad}$ 的装置可以把这部分转差功率回馈到电网,使电动机在低速运行时仍具有较高的效率。这种在绕线转子电动机的转子回路中串接附加电动势的调速方法称为串级调速。

串级调速完全克服了转子串电阻调速的缺点,它具有高效率、无级平滑调速、较硬的低速机械特性等优点。

串级调速的基本原理如下。

(1)当转子串入的 $\dot{E}_{ad}$ 与 $\dot{E}_{2s}$ 反相位时,电动机的转速将下降。因为反相位 $\dot{E}_{ad}$ 串入后会立即引起转子电流 I_2 减小,电磁转矩 T_{em} 也随 I_2 的减小而减小,于是电动机开始减速, $\dot{E}_{ad}$ 幅值越大,转速越低。

(2)当转子串入的 $\dot{E}_{ad}$ 与 $\dot{E}_{2s}$ 同相位时,电动机的转速将上升。因为同相位 $\dot{E}_{ad}$ 串入后会立即引起转子电流 I_2 增大,电磁转矩 T_{em} 也随 I_2 的增大而增大,于是电动机转速升高, $\dot{E}_{ad}$ 幅值越大,转速越高。

3. 定子调压调速

改变三相异步电动机定子电压时的机械特性曲线如图 5.26 所示。当定子电压降低时,同步转速 n_1、临界转差率 s_m 不变,最大转矩 T_m、启动转矩 T_{st} 随电压按平方关系减小。

对于泵和风机类负载(图 5.26 中的曲线 1),电动机在全段机械特性曲线上都能稳定运行,改变定子电压就可以获得不同的稳定运行速度,不同电压时的稳定工作点分别为 a_1、b_1、c_1。

对于恒转矩负载(图 5.26 中的曲线 2),电动机只能在机械特性的线性段($0<s<s_m$)稳定运行,在不同电压时的稳定工作点分别为 a_2、b_2、c_2,显然电动机的调速范围很窄。

三相异步电动机的调压调速通常应用在专门设计的具有较大转子电阻的高转差率三相异步电动机上,这种电动机的机械特性曲线如图 5.27 所示。由图 5.27 可知,即使恒转矩负载,改变电压也能获得较宽的调速范围。但是,这种电动机在低速时的机械特性太软,其静差率和运行稳定性往往不能满足生产工艺的要求。

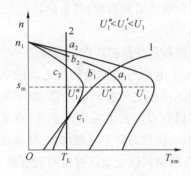

图 5.26　改变三相异步电动机
定子电压时的机械特性曲线

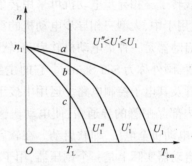

图 5.27　高转差率三相异步电动机改变定子
电压时的机械特性曲线

小　　结

一、三相异步电动机的机械特性

三相异步电动机的机械特性是指电动机的转速 n 与电磁转矩 T_{em} 之间的关系。由于转速 n 与转差率 s 有一定的对应关系,所以机械特性也常用 $T_{em}=f(s)$ 形式表示。三相异步电动机的电磁转矩表达式有三种,即物理表达式、参数表达式和实用表达式。物理表达式反映了三相异步电动机电磁转矩产生的物理本质,说明了电磁转矩是由主磁通和转子有功电流相互作用而产生的。参数表达式反映了电磁转矩与电源参数及电动机参数之间的关系,利用该式可以方便地分析参数变化对电磁转矩的影响和对各种人为机械特性的影响。实用表达式简单、便于记忆,是工程计算中常采用的形式。

电动机的最大转矩和启动转矩是反映电动机过载能力和启动性能的两个重要指标,最大转矩和启动转矩越大,则电动机的过载能力越强、启动性能越好。

三相异步电动机的机械特性曲线是一条非线性曲线,一般情况下以最大转矩(或临界转差率）为分界点，其线性段为稳定运行区，而非线性段为不稳定运行区。固有机械特性在线性段属于硬特性，额定工作点的转速略低于同步转速。人为机械特性曲线的形状可用参数表达式分析得出，分析时关键要抓住最大转矩、临界转差率及启动转矩三个量随参数的变化规律。

二、三相异步电动机的启动

小容量的三相异步电动机可以采用直接启动，容量较大的笼型电动机可以采用降压启动。降压启动分为定子串接电阻（或电抗）降压启动、Y-D 降压启动和自耦变压器降压启动。定子串电阻（或电抗）降压启动时，启动电流随电压一次方关系减小，而启动转矩随电压的平方关系减小，它适用于轻载启动。Y-D 降压启动只适用于正常运行时为 D 连接的电动机，其启动电流和启动转矩均降为直接启动时的 1/3，它也适用于轻载启动。自耦变压器降压启动时，启动电流和启动转矩均降为直接启动时的 $1/k^2$（k 为自耦变压器的变比），它适合带较大负载的启动。

绕线转子三相异步电动机可采用转子串接电阻或频敏变阻器启动，其启动转矩大、启动电流小，适用于中、大型三相异步电动机的重载启动。

软启动器是一种集电动机软启动、软停车、轻载节能和多种保护功能于一体的新型电动机控制装置，国外称为 Soft Starter。它的主要构成是串接于电源与被控电动机之间的三相反并联晶闸管及其电子控制电路。运用串接于电源与被控电动机之间的软启动器，以不同的方法控制其内部晶闸管的导通角，使电动机输入电压从零以预设函数关系逐渐上升，直至启动结束，赋予电动机全电压，即软启动。在软启动过程中，电动机启动转矩逐渐增加，转速也逐渐增加。软启动器实际上是一个调压器，用于电动机启动时输出只改变电压并没有改变频率。

三、三相异步电动机的制动

三相异步电动机也有三种制动状态：能耗制动、反接制动（电源两相反接和倒拉反转）和回馈制动。这三种制动状态的机械特性曲线、能量转换关系、用途、特点等均与直流电动机制动状态类似。

四、三相异步电动机的调速

三相异步电动机的调速方法有变极调速、变频调速和变转差率调速。其中变转差率调速包括绕线转子电动机的转子串接电阻调速、串级调速，以及电动机的定子调压调速。

变极调速是通过改变定子绕组接线方式来改变电动机极数，从而实现电动机转速的变化。变极调速为有级调速，变极调速时的定子绕组连接方式有三种：Y-YY、顺串 Y-反串 Y、D-YY。其中 Y-YY 连接方式属于恒转矩调速方式，另外两种属于恒功率调速方式。变极调速时，应同时对调定子两相接线，这样才能保证调速后电动机的转向不变。

变频调速是现代交流调速技术的主要方向，它可实现无级调速，适用于恒转矩和恒功率负载。

绕线转子电动机的转子串接电阻调速方法简单，易于实现，但调速是有级的、不平滑，且低速时机械特性软，转速稳定性差，同时转子铜损耗大，电动机的效率低。串级调速克服了转子串接电阻调速的缺点，但设备要复杂得多。

三相异步电动机的定子调压调速主要用于风机类负载的场合,或者高转差率的电动机上,同时应采用速度负反馈的闭环控制系统。

把电压和频率固定不变的工频交流电转换为电压或频率可变的交流电的装置称为变频器。为了产生可变的电压和频率,该设备先要把电源的交流电转换为直流电(DC),这个过程叫作整流;再把直流电(DC)转换为交流电(AC),这个过程叫作逆变,把直流电转换为交流电的装置叫作逆变器。对于逆变为频率可调、电压可调的逆变器,我们称之为变频器。变频器输出的波形是模拟正弦波,主要用在三相异步电动机的调速,又叫作变频调速器。

习题 5

5.1 何为三相异步电动机的固有机械特性和人为机械特性?

5.2 三相异步电动机的定子电压、转子电阻、定子漏电抗及转子漏电抗对最大转矩、临界转差率及启动转矩有何影响?

5.3 对于三相绕线转子异步电动机,如果转子电阻增加、转子漏抗增大、定子频率增大,对最大转矩和启动转矩分别有哪些影响?

5.4 对于三相异步电动机,当降低定子电压、转子串接对称电抗器时的人为机械特性各有什么特点?

5.5 三相异步电动机直接启动时,为什么启动电流很大而启动转矩却不大?

5.6 三相笼型异步电动机定子串接电阻或电抗降压启动时,当定子电压降到额定电压的 $1/a$ 时,启动电流和启动转矩降到额定电压时的多少?

5.7 什么是三相异步电动机的 Y-D 降压启动?它与直接启动相比,启动转矩和启动电流有何变化?

5.8 三相绕线转子异步电动机转子回路串接适当的电阻时,为什么启动电流小而启动转矩增大?如果串接电抗器,会有同样的结果吗?

5.9 为使三相异步电动机快速停车,可采用哪几种制动方法?如何改变制动的强弱?试用机械特性曲线说明其制动过程。

5.10 当三相异步电动机拖动位能性负载时,为了限制负载下降时的速度,可采用哪几种制动方法?如何改变制动运行时的速度?

5.11 三相异步电动机怎样实现变极调速?变极调速时为什么要改变定子电源的相序?

5.12 三相异步电动机变频调速时,其机械特性有何变化?

5.13 三相绕线转子异步电动机转子串接电阻调速时,为什么低速时的机械特性变软?为什么轻载时的调速范围不大?

第6章

驱动和控制电机

【本章目标】

知道单相异步电动机的结构和工作原理；

知道单相异步电动机的主要类型及特点；

知道单相串激电动机的特点及主要用途；

知道单相串激电动机的结构和工作原理；

掌握单相串激电动机的转向改变方法；

掌握单相串激电动机的调速方法；

知道测速发电机类型、用途、结构和工作原理；

知道伺服电机类型、用途、结构和工作原理。

除我们前面所讲的直流电机和三相异步电动机之外，驱动电机在电动工具、家用电器及其他通用小型机械设备等领域得到了广泛应用。另外，在自动控制系统中执行元件、检测元件和运算元件都需要各种控制电机。

6.1 单相异步电动机

单相异步电动机由单相电源供电，它广泛应用于家用电器和医疗器械上，如电风扇、电冰箱、洗衣机、空调设备和医疗器械中都使用单相异步电动机作为驱动电机。

6.1.1 单相异步电动机的结构

单相异步电动机的结构如图6.1所示。从结构上看，单相异步电动机与三相笼型异步电动机相似，其转子也为笼型，只是定子绕组为单相工作绕组。通常为满足启动需要，定子上除了工作绕组，还设有启动绕组，它的作用是产生启动转矩，一般只在启动时接入，当转速达到同步转速的70%~85%时，由离心开关将其从电源自动切除，所以正常工作时只有工作绕组在电源上运行。也有一些电容或电阻电动机，在运行时将启动绕组接于电源上，这实质上相当于一台两相电动机，但由于它接在单相电源上，故仍称为单相异

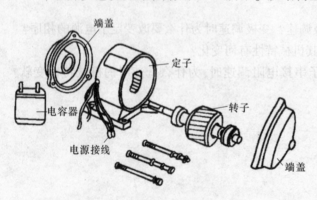

图6.1 单相异步电动机的结构

端盖
定子
转子
电容器
电源接线
端盖

步电动机。

6.1.2　单相异步电动机的工作原理

单相交流绕组通入单相交流电流产生脉振磁通势,这个脉振磁通势可以分解为两个幅值相等、转速相同、转向相反的旋转磁通势,从而在气隙中建立正转和反转磁场。这两个旋转磁场切割转子导体,并分别在转子导体中产生感应电动势和感应电流。该电流与磁场相互作用产生正向和反向电磁转矩,如图 6.2 所示,T_{em}^+ 企图使转子正转,T_{em}^- 企图使转子反转,这两个转矩叠加起来就是推动电动机转动的合成转矩 T_{em},如图 6.3 所示。

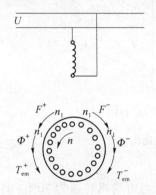

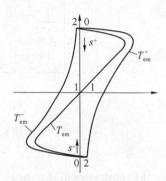

图 6.2　单相异步电动机的磁场和转矩　　　图 6.3 单相异步电动机的 $T_{em}-s$ 曲线

当转子静止时,正、反向旋转磁场均以 n_1 速度以相反方向切割转子绕组,在转子绕组中感应出大小相等而相序相反的电动势和电流,它们分别产生大小相等而方向相反的两个电磁转矩,使其合成的电磁转矩为零。这说明单相异步电动机无启动转矩,如不采取其他措施,电动机将不能启动。

当 $s \neq 1$ 时,$T_{em} \neq 0$,且 T_{em} 无固定方向,它取决于 s 的正负。若用外力使电动机转动起来,合成转矩不为零,这时若合成转矩大于负载转矩,则即使去掉外力,电动机也可以旋转起来。因此单相异步电动机虽无启动转矩,但一经启动,便可达到某一稳定转速,而旋转方向则取决于启动瞬间作用于转子的外力矩方向。

由此可知,三相异步电动机运行中断一相,电动机仍能继续运转,但由于存在反向转矩,使合成转矩减小,电动机转速下降,转差率上升,定、转子电流增加,从而使得电动机温升增加。

由于反向转矩的作用,合成转矩减小,最大转矩也随之减小,故单相异步电动机的过载能力较低。

6.1.3　单相异步电动机的主要类型

单相异步电动机可分为分相启动电动机和罩极电动机两大类。

1. 分相启动电动机

在分析交流绕组磁通势时得出了一个结论,只要在空间不同相的绕组中通入时间上不同相的电流,就能产生旋转磁场,分相启动电动机就是根据这一原理设计的。

分相启动电动机包括电容启动电动机、电容电动机和电阻启动电动机。

1) 电容启动电动机

定子上有两个绕组,一个称为主绕组或工作绕组,另一个称为辅助绕组或启动绕组,两绕组在空间上相差90°。

在启动绕组2回路中串接启动电容C,作电流分相用,并通过离心开关S或继电器触点S与工作绕组1并联在同一单相电源上,如图6.4(a)所示。若适当选择电容C,使流过启动绕组的电流超前工作绕组电流90°,如图6.4(b)所示,这就相当于在时间相位上互差90°的两相电流流入在空间上相差90°的两相绕组中,于是在气隙中产生旋转磁场,并在该磁场作用下产生电磁转矩,使电动机转动。

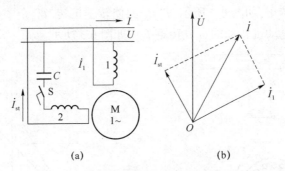

(a)　　　　　　　　　　(b)

图6.4　单相电容启动电动机

(a) 电路;(b) 相量图

这种电动机的启动绕组是按短时工作设计的,所以当电动机转速为70%~85%同步转速时,启动绕组和启动电容器就在离心开关S作用下自动退出工作,这时电动机就在工作绕组单独作用下运行。

2) 电容电动机

在启动绕组2中串入电容后,不仅能产生较大的启动转矩,而且运行时还能改善电动机的功率因数和提高过载能力。为了改善单相异步电动机的运行性能,电动机启动后可不切除串有电容器的启动绕组,这种电动机称为电容电动机,如图6.5所示。

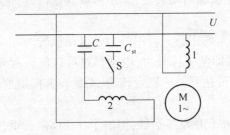

图6.5　单相电容电动机

电容电动机实质上是一台两相异步电动机,因此启动绕组应按长期工作方式设计。由于电动机工作时比启动时所需的电容小,所以单相电容电动机在启动后必须利用离心开关S把启动电容C_{st}切除,工作电容与工作绕组及启动绕组一起参与运行。

3) 电阻启动电动机

电阻启动电动机的启动绕组不串联电容而采用串联电阻的方法来对绕组的电流分相,但由于此时工作电流与启动电流之间的相位差较小,因此其启动转矩较小,只适用于空载或轻载启动的场合。

2. 罩极电动机

罩极电动机的定子一般都采用凸极式,工作绕组集中绕制,套在定子磁极上。在极靴表面的$\frac{1}{4}$~$\frac{1}{3}$处开有一个小槽,并用短路铜环把这部分磁极罩起来,故称为罩极电动机。短路铜环起启动绕组的作用,称为启动绕组。罩极电动机的转子仍做成笼型,如图6.6(a)所示。

当工作绕组通入单相交流电流后,将产生脉振磁通,其中一部分磁通 $\dot{\Phi}_1$ 不穿过短路铜环,另一部分磁通 $\dot{\Phi}_2$ 则穿过短路铜环。由于 $\dot{\Phi}_1$ 与 $\dot{\Phi}_2$ 都是由工作绕组中的电流产生的,故 $\dot{\Phi}_1$ 与 $\dot{\Phi}_2$ 同相位,并且 $\dot{\Phi}_1 > \dot{\Phi}_2$。

$\dot{\Phi}_2$ 脉振的结果为:在短路环中感应出电动势 $\dot{E}_2$,它滞后 $\dot{\Phi}_2$ 90°。由于短路铜环闭合,在短路铜环中就有滞后于 $\dot{E}_2\,\varphi°$ 的电流 $\dot{I}_2$ 产生,它又产生与 $\dot{I}_2$ 同相的磁通 $\dot{\Phi}'_2$,也穿过短路环,因此罩极部分穿过的总磁通为 $\dot{\Phi}_3 = \dot{\Phi}_2 + \dot{\Phi}'_2$,如图 6.6(b)所示。

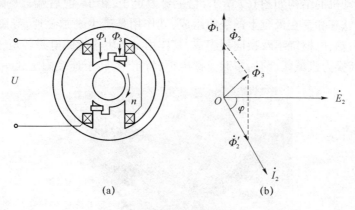

图6.6　罩极电动机
(a) 绕组接线;(b) 相量图

由此可知,未罩极部分磁通 $\dot{\Phi}_1$ 与被罩极部分磁通 $\dot{\Phi}_3$ 不仅在空间上,而且在时间上有相位差,因此它们的合成磁场是一个由超前相转向滞后相的旋转磁场(由未罩极部分转向罩极部分),由此产生电磁转矩,其方向也为由未罩极部分转向罩极部分。

6.2　单相串激电动机

单相串激电动机俗称单相串励电动机或通用电机(Universal Motor),因激磁绕组和励磁绕组串联在一起工作而得名。串激电动机属于交、直流两用电动机,它既可以使用交流电源工作,也可以使用直流电源工作。

6.2.1　单相串激电动机的特点及主要用途

1. 单相串激电动机的特点

(1) 可交、直流两用。

(2) 转速高,一般为 8 000~35 000 r/min。

(3) 调速方便,且转速与电源频率无关。

(4) 启动转矩大,为 4~6 倍额定转矩。

(5) 机械特性较软,过载能力强。

(6) 体积小,用料省。

(7) 碳刷和换向器有摩擦、有换向火花、易产生电磁干扰。

2. 单相串激电动机的主要用途

（1）电动工具，如电钻、电锯、砂光机、电刨等。

（2）园林工具，如割草机、修枝剪、电链锯等。

（3）医疗器械，如牙床机。

（4）家用电器，如吸尘器、电吹风、榨汁机、滚筒洗衣机等。

6.2.2　单相串激电动机的结构

单相串激电动机的结构如图6.7所示，它主要由定子、转子、前后端盖（罩）及散热风叶组成。定子由定子铁芯和套在极靴上的绕组组成，其作用是产生励磁磁通、导磁及支撑前后罩；转子由转子铁芯、轴、电枢绕组及换向器组成，其作用是产生连续的电磁转矩，通过转轴带动负载做功，将电能转换为机械能；前后罩起支撑电枢，将定子、转子连接固定成一体的作用。

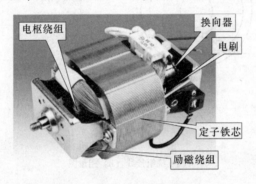

图6.7　单相串激电动机的结构

单相串激电动机结构示意如图6.8所示。

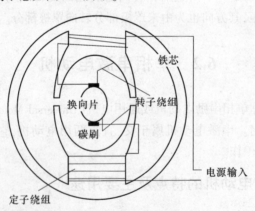

图6.8　单相串激电动机结构示意

6.2.3　单相串激电动机的工作原理

如图6.9所示，单相串激电动机定子线圈与转子线圈在电路上是串联关系。当单相串激电动机电源处于交流电正半周时，如图6.9（a）所示，由左手定则可以判定转子受到电磁转矩的作用沿逆时针方向旋转；当其交流电变化到负半周时，如图6.9（b）所示，磁场极性改变，同时电枢电流的方向也随之改变，因此电磁转矩的方向不变，仍为逆时针方向，即电动机的转向不变。

由此可见,因换向器的换流作用,不论电动机工作在交流电的正半波、负半波或直流电,其电磁转矩的方向都是一致的,这正是单相串激电动机可以交流、直流两用的原因。

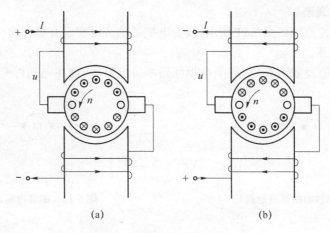

(a) (b)

图 6.9 单相串激电动机的原理

6.2.4 单相串激电动机的转向改变方法

改变单相串激电动机转动方向的方法有以下几种。

(1) 改变定子线圈的绕向。

(2) 碳刷所连接的电源线对调。

(3) 改变转子绕线方式。

注意:对调电源线不能改变单相串激电动机的转动方向。

6.2.5 单相串激电动机的调速

单相串激电动机转速为

$$n = \frac{60\sqrt{2}E10^{-8}}{\Phi N} \tag{6.1}$$

式中,E——电枢电动势有效值(V);

Φ——每极磁通(Wb);

N——电枢导体数;

n——电动机转速(r/min)。

单相串激电动机的磁极对数 p、并联支路数 a 均为1。

由式(6.1)可知,单相串激电动机的转速与电源频率、磁极对数无关,电动势由电压决定,改变电压、减少磁通和电枢导体数均能改变转速。

1. 调压调速

如图 6.10 所示,VD_1、R_1、R_2、C 及电枢绕组、激磁绕组 F 组成 RC 充放电电路,RC 越大充放电时间越长。当输入交流电压为正半周时,二极管 VD_1 导通,由 R_1、R_2、C 组成的充电回路开始充电,当电容 C 两端电

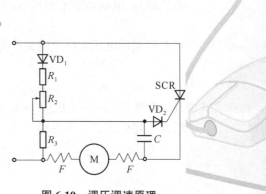

图 6.10 调压调速原理

压升高到可控硅的触发电压时,可控硅 SCR 触发导通,调节电阻 R_2,即可控制充电时间,从而控制整流电压,以达到调速的目的。

2. 串联电抗器调速

串联电抗器调速原理如图 6.11 所示,改变电抗器抽头可实现有级调速。

3. 串联电阻调速

串联电阻调速原理如图 6.12 所示,电枢回路串接电阻后,加在电动机两端的电压将下降,从而实现降压调速。

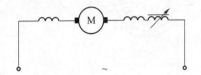

图 6.11 串联电抗器调速原理

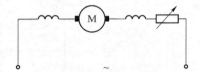

图 6.12 串联电阻调速原理

6.3 测速发电机

测速发电机是机械转速测量装置,它的输入是转速,输出是与转速成正比的电压信号。根据输出电压不同,测速发电机分为直流测速发电机和交流测速发电机两种。在实际应用中,对测速发电机的要求主要有以下几个方面。

(1) 线性度要好,最好在全程范围内输出电压与转速成正比。

(2) 测速发电机的转动惯量要小,以保证测速的快速性。

(3) 测速发电机的灵敏度要高,较小的转速变化也能引起输出电压明显的变化。

6.3.1 直流测速发电机

直流测速发电机实际上是微型直流发电机,包括永磁式测速发电机和电磁式测速发电机,输出为直流电压。

1. 直流测速发电机的输出特性

直流测速发电机的原理与直流发电机的原理相同,在忽略电枢反应的情况下,电枢的感应电动势为

$$E_a = C_e \Phi n = k_e n \tag{6.2}$$

带负载后,电刷两端的输出电压为

$$U_a = E_a - R_a I_a \tag{6.3}$$

负载两端的电压与电流的关系为

$$I_a = \frac{U_2}{R_L} = \frac{U_a}{R_L} \tag{6.4}$$

式中,U_2 为负载两端的电压($U_2 = U_a$);R_L 为负载电阻。

联合上述公式并整理可得

$$U_2 = E_a - R_a \frac{U_2}{R_L} = \frac{E_a}{1 + \frac{R_a}{R_L}} = Cn \tag{6.5}$$

式中，$C = \dfrac{k_e}{1+\dfrac{R_a}{R_L}}$ 为输出特性曲线的斜率。

根据式(6.5)可得直流测速发电机的输出特性曲线，如图 6.13 所示。

2. 直流测速发电机的误差及减小误差的方法

实际的直流测速发电机的输出电压与转速间并不能保持严格的正比关系，产生误差的原因主要有以下几个方面。

1) 电枢反应

由于有电枢反应，主磁通发生变化，式(6.2)中的电动势常数 k_e 将不再为常数，而是随负载电流的变化而变化，负载电流升高，电动势系数 k_e 略有减小，特性曲线向下弯曲。

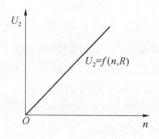

图 6.13　直流测速发电机的输出特性曲线

为消除电枢反应的影响，除在设计时采用补偿绕组进行补偿、结构上加大气隙削弱电枢反应的影响外，对于使用者而言应使发电机的负载电阻阻值等于或大于负载电阻的规定值，这样可使负载电流对电枢反应的影响尽可能小。

2) 电刷接触电阻的影响

电刷接触电阻为非线性电阻，当测速发电机的转速低、输出电压也低时，接触电阻较大，电刷接触电阻压降在总电枢电压中所占比例大，实际输出电压较小；而当转速升高时接触电阻变小，接触电压也将变小。因此，在低转速时转速与电压间的关系由于接触电阻的非线性影响而有一个不灵敏区。为减小电刷接触电阻的影响，使用时可对低输出电压进行非线性补偿。

6.3.2　交流测速发电机

交流测速发电机分为同步测速发电机和异步测速发电机。同步测速发电机的输出频率和电压幅值均随转速的变化而变化，因此一般用作指示式转速计，很少用于控制系统中的转速测量；异步测速发电机的输出电压频率与励磁电压频率相同而与转速无关，其输出电压与转速成正比，因此在控制系统中得到了广泛应用，本书只介绍异步测速发电机。

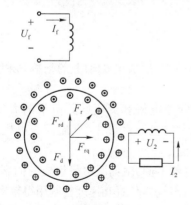

图 6.14　空心杯型异步测速发电机的工作原理

1. 空心杯型转子异步测速发电机的工作原理

异步测速发电机分为笼型和空心杯型两种，笼型测速发电机不及空心杯型测速发电机的测量精度高，而且空心杯型测速发电机的转动惯量也小，适合快速系统，因此目前应用比较广泛的是空心杯型测速发电机，图 6.14 所示为空心杯型异步测速发电机的工作原理。

在图 6.14 中定子两相绕组在空间位置上严格相差 90°电角度，在一相上加恒频恒压的交流电源，使其作为励磁绕组产生励磁磁通；另一相作为输出绕组，输出与励磁绕组电源同频率、幅值与转速成正比的交流电压 U_2。

空心杯型测速发电机的转子为空心杯，用电阻率较大的非磁性材料制成，其目的是获得线性度较好的电压输出信号。电动机励磁绕组中加入恒频恒压的励磁电压时，励磁绕组中有励磁电流流过，产生与电源同频率的脉振磁通势 F_d 和脉振磁通 Φ_d。脉振磁通势 F_d 和脉振磁通 Φ_d 在励磁绕组的轴线方向上脉振，称为直轴磁通势和磁通。电动机转子和输出绕组中的电动势及由此产生的反应磁通势根据电动机的转速可分如下两种情况。

1）电动机不转

当转速 $n=0$ 时，转子中的电动势为变压器性质电动势，该电动势产生的转子磁通势性质和励磁磁通势性质相同，均为直轴磁通势。输出绕组由于与励磁绕组在空间位置上相差 90° 电角度，因此不产生感应电动势，输出电压 $U_2=0$。

2）电动机旋转

当转速 $n \neq 0$ 时，转子切割脉振磁通 Φ_d，产生切割电动势 E_r，切割电动势的大小可通过式（6.6）计算：

$$E_r = C_r \Phi_d n \tag{6.6}$$

式中，C_r 为转子电动势常数；Φ_d 为脉振磁通幅值。

由式（6.6）可知，转子电动势的幅值与转速成正比，其方向可用右手定则判断。

2. 异步测速发电机的误差

异步测速发电机的主要误差包括幅值及相位误差和剩余电压误差。

1）幅值及相位误差

由于输出电压除了与转速有关，还与 Φ_d 有关，若要输出电压严格正比于转速 n，则 Φ_d 应保持为常数。当励磁电压为常数时，由于励磁绕组的漏感抗存在，励磁绕组电动势与外加励磁电压有一个相位差，随着转速的变化使得 Φ_d 的幅值和相位均发生变化，造成输出电压的误差。为减小该误差，可增大转子电阻。

2）剩余电压误差

由于加工、装配过程中存在机械上的不对称及定子磁性材料性能的不一致性，当测速发电机转速为零时，实际输出电压并不为零，此时的输出电压被称为剩余电压。剩余电压引起的测量误差称为剩余电压误差。减小剩余电压误差的方法是选择高质量、各方向特性一致的磁性材料，在机械加工和装配过程中提高机械精度，也可通过装配补偿绕组的方法加以补偿。使用者可通过电路补偿的方法去除剩余电压的影响。

6.4　伺服电机

伺服电机又称执行电机，伺服电机可以把输入的电压信号转换成电机轴上的角位移和角速度等机械信号输出。

根据伺服电机的控制电压来分，伺服电机可分为直流伺服电机和交流伺服电机两大类。直流伺服电机的输出功率通常为 1～600 W，可用于功率较大的控制系统中；交流伺服电机的输出功率较小，一般为 0.1～100 W，用于功率较小的控制系统。

伺服电机在控制系统中一般用作执行元件。根据被控对象不同，由伺服电机组成的伺服系统一般有三种基本控制方式，即位置控制、速度控制和力矩控制，通常位置和速度控制用得较多。

6.4.1　直流伺服电机

1. 直流伺服电机的结构

直流伺服电机的控制电源为直流电压电源，根据其功能可分为普通型直流伺服电机、盘形电枢直流伺服电机、空心杯电枢直流伺服电机和无槽直流伺服电机等。

1）普通型直流伺服电机

普通型直流伺服电机的结构与他励直流电机的结构相同,由定子和转子两大部分组成。根据励磁方式又可分为电磁式和永磁式两种,电磁式伺服电机的定子磁极上装有励磁绕组,励磁绕组接励磁控制电压产生磁通;永磁式伺服电机的磁极是永磁铁,其磁通是不可控的。与普通直流电机相同,直流伺服电机的转子一般由硅钢片叠压而成,转子外圆有槽,槽内装有电枢绕组,绕组通过换向器和电刷与外边电枢控制电路相连接。为提高控制精度和响应速度,伺服电机的电枢铁芯长度与直径之比比普通直流电机要大,气隙也较小。

当定子中的励磁磁通和转子中的电流相互作用时,就会产生电磁转矩驱动电枢转动,恰当地控制转子中电枢电流的方向和大小,从而可以控制伺服电机的转动方向和转动速度。当电枢电流为零时,伺服电机则停止不动。普通的电磁式和永磁式直流伺服电机性能接近,它们的惯性较其他类型伺服电机的惯性大。

2）盘形电枢直流伺服电机

盘形电枢直流伺服电机的定子由永久磁铁和前后铁轭共同组成,磁铁可以在圆盘电枢的一侧,也可以在其两侧。盘形伺服电机的转子电枢由线圈沿转轴的径向圆周排列,并用环氧树脂浇注成圆盘形。盘形绕组中通过的电流是径向电流,而磁通是轴向的,径向电流与轴向磁通相互作用产生电磁转矩,使伺服电机旋转。图6.15所示为盘形电枢直流伺服电机的结构。

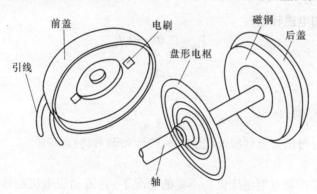

图6.15 盘形电枢直流伺服电机的结构

3）空心杯电枢直流伺服电机

空心杯电枢直流伺服电机有两个定子,一个是由软磁材料构成的内定子,另一个是由永磁材料构成的外定子,外定子产生磁通,内定子主要起导磁作用。空心杯伺服电机的转子由单个成型线圈沿轴向排列成空心杯形,并用环氧树脂浇注成型。空心杯电枢直接装在转轴上,在内外定子间的气隙中旋转。图6.16所示为空心杯电枢直流伺服电机的结构。

4）无槽直流伺服电机

无槽直流伺服电机与普通伺服电机的区别是无槽直流伺服电机的转子铁芯上不开元件槽,电枢绕组元件直接放置在铁芯的外表面,然后用环氧树脂浇注成型。图6.17所示为无槽直流伺服电机的结构。

其他三种伺服电机与普通伺服电机相比,具有转动惯量小、电枢等效电感小等特点,因此其动态特性较好,适用于快速系统。

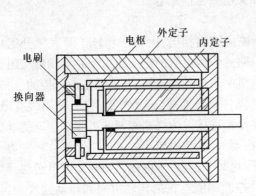

图 6.16 空心杯电枢直流伺服电机的结构

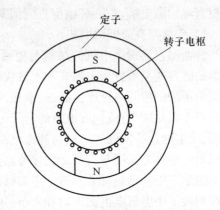

图 6.17 无槽直流伺服电的结构

2. 直流伺服电机的运行特性

在忽略电枢反应的情况下，直流伺服电机的电压平衡方程可表示如下：

$$U = E_a + R_a I_a \tag{6.7}$$

当磁通恒定时，电枢反电动势为

$$E_a = C_e \Phi n = k_e n \tag{6.8}$$

式中，k_e 为电动势常数。

直流伺服电机的电磁转矩为

$$T_{em} = C_T \Phi I_a = k_t I_a \tag{6.9}$$

式中，k_t 为转矩常数。

转速关系式为

$$n = \frac{U}{k_e} - \frac{R_a}{k_e k_t} T_{em} \tag{6.10}$$

根据式(6.10)可得出直流伺服电机的机械特性和调节特性。

1) 机械特性

机械特性是指在控制电枢电压保持不变的情况下，直流伺服电机的转速 n 随转矩变化的关系。当电枢电压为常值时，式(6.10)可写成

$$n = n_0 - k T_{em} \tag{6.11}$$

式中，$k = \dfrac{R_a}{k_e k_t}$；$n_0 = \dfrac{U}{k_e}$。

当转矩为零时，电机的转速仅与电枢电压有关，此时的转速为直流伺服电机的理想空载转速，理想空载转速与电枢电压成正比，即

$$n = n_0 = \frac{U}{k_e} \tag{6.12}$$

当转速为零时，电机的转矩仅与电枢电压有关，此时的转矩称为堵转转矩，堵转转矩与电枢电压成正比，即

$$T_D = \frac{U}{R_a} k_t \tag{6.13}$$

图 6.18 所示为电枢控制直流伺服电机的机械特性曲线。从机械特性曲线上看，不同电枢电压下的机械特性曲线为一组平行线，其斜率为 $-k$。从图 6.18 中可以看出，当控制电压一定

时,不同的负载转矩对应不同的机械转速。

　　2) 调节特性

　　直流伺服电机的调节特性是指负载转矩恒定时,电机转速与电枢电压的关系。当转矩一定时,根据式(6.10)可知,转速与电压的关系也为一组平行线,如图 6.19 所示,其斜率为 $1/k_e$。

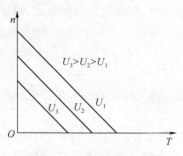

图 6.18　电枢控制直流伺服
电机的机械特性曲线

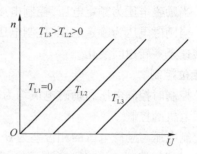

图 6.19　直流伺服电机的调节特性曲线

6.4.2　交流伺服电机

1. 交流伺服电机的工作原理

　　交流伺服电机一般是两相交流电机,由定子和转子两部分组成。交流伺服电机的转子有笼型和杯型两种,无论哪一种转子,它的转子电阻都做得比较大,其目的是使转子在转动时产生制动转矩,从而使它在控制绕组不加电压时,能及时制动,防止自转。交流伺服电机的定子为两相绕组,并在空间上相差90°电角度。两个定子绕组结构完全相同,使用时一个绕组作励磁用,另一个绕组作控制用。

　　图 6.20 所示为交流伺服电机的工作原理,U_f 为励磁电压,U_c 为控制电压,这两个电压均为交流,相位互差 90°。当励磁绕组和控制绕组均加交流互差 90°电角度的电压时,在空间上形成圆形旋转磁场(控制电压和励磁电压的幅值相等)或椭圆旋转磁场(控制电压和励磁电压幅值不等),

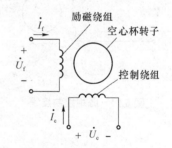

图 6.20　交流伺服电机的工作原理

转子在旋转磁场作用下旋转。当控制电压和励磁电压的幅值相等时,控制两者的相位差也能产生旋转磁场。

　　与普通两相异步电机相比,伺服电机具有以下特点。

　　(1) 伺服电机应当有较宽的调速范围。

　　(2) 当励磁电压不为零、控制电压为零时,其转速也应为零。

　　(3) 机械特性曲线应为线性并且动态特性要好。

　　(4) 伺服电机的转子电阻应当大,转动惯量应当小。

2. 交流伺服电机的控制方式

交流伺服电机的控制方式有三种,即幅值控制、相位控制和幅相控制。

　　1) 幅值控制

控制电压和励磁电压保持相位差 90°,只改变控制电压幅值,这种控制方法称为幅值控制。图 6.20 所示为幅值控制接线，使用时控制电压 U_c 的幅值在额定值与零之间变化，励磁电压 U_f 保持额定值。

幅值控制交流伺服电机具有以下特性。

（1）当励磁电压为额定电压、控制电压为零时，伺服电机转速为零，电机不转。

（2）当励磁电压为额定电压、控制电压也为额定电压时，伺服电机转速最大，转矩也最大。

（3）当励磁电压为额定电压、控制电压在额定电压与零电压之间变化时，伺服电机的转速在最高转速至零转速间变化。

2. 相位控制

相位控制时控制电压和励磁电压均为额定电压，通过改变控制电压和励磁电压相位差，实现对伺服电机的控制。

设控制电压与励磁电压的相位差为 β，$\beta = 0° \sim 90°$。根据 β 的取值可得气隙磁场的变化情况。当 $\beta = 0°$ 时，控制电压与励磁电压同相位，气隙总磁通势为脉振磁通势，伺服电机转速为零，不转动；当 $\beta = 90°$ 时，气隙总磁通势为圆形旋转磁通势，伺服电机转速最大，转矩也最大；当 β 在 $0° \sim 90°$ 变化时，磁通势从脉振磁通势变为椭圆形旋转磁通势最终变为圆形旋转磁通势，伺服电机的转速由低向高变化。β 值越大，磁通势越接近圆形旋转磁通势。

3. 幅相控制

幅相控制是对幅值和相位差都进行控制，通过改变控制电压的幅值及控制电压与励磁电压的相位差控制伺服电机的转速。图 6.21 所示为幅相控制接线。

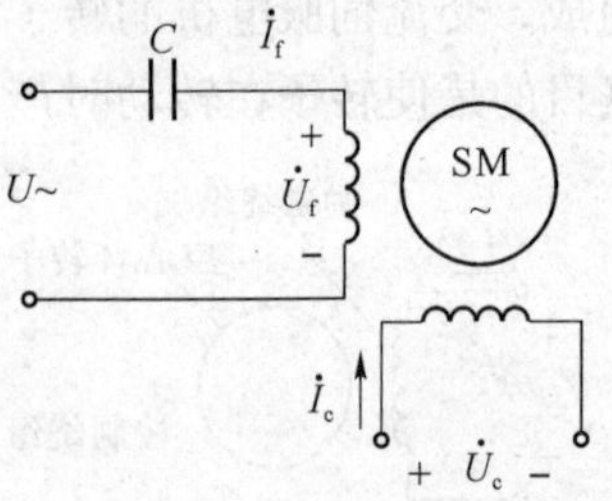

图 6.21　幅相控制接线

当控制电压的幅值改变时，电机转速发生变化，此时励磁绕组中的电流随之发生变化，励磁电流的变化引起电容端电压的变化，使控制电压与励磁电压之间的相位角 β 改变。幅相控制的机械特性和调节特性不如幅值控制和相位控制，但由于线路比较简单，不需要移相器，因此在实际应用中用得较多。

小　结

本章主要从使用的角度介绍了常用的驱动与控制电机，通过本章学习应当掌握以下内容。

一、单相异步电动机

（1）从结构上看，单相异步电动机与三相笼型异步电动机相似，其转子也为笼型，只是定子绕组为单相工作绕组。通常为了启动的需要，定子上除了工作绕组，还设有启动绕组。

（2）从工作原理上看，单相交流绕组通入单相交流电流产生脉振磁通势，这个脉振磁通势可以分解为两个幅值相等、转速相同、转向相反的旋转磁通势，从而在气隙中建立正转和反转磁场。当转子静止时，其合成的电磁转矩为零。这说明单相异步电动机无启动转矩，如果不采取其他措施，电动机不能启动。因此，单相异步电动机必须设置启动绕组。

（3）单相异步电动机的主要类型有分相启动电动机和罩极电动机两大类。

二、单相串激电动机

单相串激电动机俗称单相串励电动机或通用电机,因激磁绕组和励磁绕组串联在一起工作而得名。单相串激电动机属于交、直流两用电动机,它既可以使用交流电源工作,也可以使用直流电源工作。

(1) 单相串激电动机的特点是可交、直流两用,转速高、调速方便、启动转矩大。

(2) 单相串激电动机主要用于电动工具、园林工具、医疗器械、家用电器。

(3) 单相串激电动机的结构与直流电动机的结构非常相似,它主要由定子、转子、前后端盖(罩)及散热风叶组成。

(4) 单相串激电动机的工作原理是利用定子线圈与转子线圈在电路上是串联关系这一特点,当单相串激电动机电源处于交流电正半周时,转子受到电磁转矩的作用沿逆时针方向旋转;当交流电变化到负半周时,磁场极性改变,同时电枢电流的方向也随之改变,因此电磁转矩的方向不变,即电动机的转向不变。

(5) 改变单相串激电动机转动方向的方法有以下几种:改变定子线圈的绕向、对调碳刷所连接的电源线和改变转子绕线方式。

注意:对调非碳刷所连接的电源线不能改变单相串激电动机的转动方向。

(6) 单相串激电动机的调速方法有调压调速、串联电抗器调速和串联电阻调速。

三、测速发电机的原理与应用

1. 测速发电机的工作原理

测速发电机是测量转速的一种测量电动机。根据测速发电机所发出电压不同,测速发电机可分为直流测速发电机和异步测速发电机两类。直流测速发电机的工作原理与直流发电机的工作原理相同;异步测速发电机的工作原理可通过下式进行说明。

转子切割电动势为

$$E_r = C_r \Phi_d n$$

q 轴磁通为

$$\Phi_q \propto F_{rq} \propto F_r \propto E_r \propto n$$

输出绕组电动势为

$$E_2 \propto \Phi_q \propto n$$

因此异步测速发电机的输出电压与测速发电机轴上的转速成正比。

2. 测速发电机的输出误差

直流测速发电机的误差主要有电枢反应引起的误差、电刷接触电阻引起的误差和纹波误差;交流测速发电机的误差主要有幅值及相位误差和剩余电压误差,使用时应当尽量减小误差的影响。直流测速发电机输出特性好,但由于有电刷和换向的问题限制其应用;交流测速发电机的惯量低,快速性好,但输出为交流电压信号且需要特定的交流励磁电源(最好为 400 Hz 交流电源)。使用时可根据实际情况选择测速发电机。

四、伺服电机的原理与应用

1. 直流伺服电机、交流伺服电机的工作原理

直流伺服电机的工作原理与普通直流电机的工作原理相同,交流伺服电机的工作原理与

两相交流电机的工作原理相同。伺服电机在控制系统中主要作为执行元件,因此要求伺服电机的启动、制动及跟随性能要好,交流伺服电机无控制电压时,应无自转现象。伺服电机的转子与普通电机的转子不同,直流伺服电机的转子要求低惯量,以保证启动、制动特性;交流伺服电机除要求低惯量外,转子的电阻还要大,以克服自转现象。直流伺服电机输出功率大,交流伺服电机输出功率小。

2. 伺服电机的特性

直流伺服电机的特性可通过下式获得,从式中可以看出,直流伺服电机的特性较好,其机械特性曲线和调节特性曲线均为线性。

$$n = \frac{U}{k_e} - \frac{R_a}{k_e k_t} T_{em}$$

交流伺服电机的特性曲线是非线性的,相位控制方式特性最好。

3. 伺服电机的控制方式

直流伺服电机的控制方式比较简单,可通过控制电枢电压实现对直流伺服电机的控制。交流伺服电机的控制方式分为幅值控制、相位控制和幅相控制三种。三种控制方式中相位控制方式特性最好,幅相控制线路最简单。

习题 6

6.1 单相异步电动机主要分为哪几种类型? 简述罩极电动机的工作原理。

6.2 单相串激电动机有何特点? 其工作原理是什么?

6.3 如何改变单相串激电动机的转向? 单相串激电动机的调速方法有哪几种?

6.4 简述空心杯型转子异步测速发电机的工作原理。

6.5 为什么异步测速发电机的输出电压大小与电机的转速成正比,而与励磁频率无关?

6.6 造成异步测速发电机误差的主要原因有哪些?

6.7 伺服电机的作用是什么?

6.8 直流伺服电机的励磁电压下降,对电机的机械特性和调节特性有何影响?

6.9 简述交流伺服电动机的工作原理。

6.10 简述交流伺服电机控制方式的特点。

第7章

常用低压电器

【本章目标】

知道低压断路器的用途与分类；

知道低压断路器的结构和工作原理；

会选用、安装、维护低压断路器；

知道刀开关的用途及安装刀开关的操作；

知道转换开关的用途；

知道主令电器的用途；

知道交流接触器的结构、主要技术数据及安装、使用注意事项；

知道电磁式电流、电压和中间继电器的用途；

知道时间继电器、热继电器、速度继电器的用途和符号含义；

会选用、安装熔断器。

电器是所有电工器件的简称，凡是用来接通和断开电路，以达到控制、调节、转换和保护目的的电工器件都称为电器。我国现行标准将工作在直流额定电压 1 500 V 及以下，交流 50 Hz、额定电压 1 200 V 及以下的电路中的各种电器称为低压电器，电器按动作方式可分为手动电器和自动电器两种。

低压电器是电力拖动自动控制系统的基本组成元件，控制系统的优劣与所用低压电器直接相关，电气技术人员必须熟悉常用低压电器的原理结构、型号、规格和用途，并能正确选择、使用与维护低压电器。

7.1 认识低压电器

低压电器的品种繁多、规格各异、构造及工作原理各有不同，因而有多种分类方法。

7.1.1 低压电器的分类

1. 按用途分类

低压电器按其用途可分为控制电器和配电电器。

（1）控制电器：主要用于电力拖动控制系统，指电动机完成生产机械要求的启动、调速、反转和停止所用的电器，包括接触器、继电器和主令电器等。

（2）配电电器：主要用于低压供电系统，指正常或事故状态下接通或断开用电设备和供电电网所用的电器，包括刀开关、转换开关、熔断器、断路器等。

2. 按动作方式分类

低压电器按其动作方式可分为自动切换电器和非自动切换电器(手动电器)。

（1）自动切换电器：依靠本身参数的变化或外来信号的作用自动完成接通或断开动作的电器，包括接触器、断路器、继电器等。

（2）非自动切换电器（手动电器）：通过人力来完成接通、分断、启停等动作的电器，包括刀开关、转换开关、主令电器等。

3. 按有无触头分类

低压电器按有无触头可分为有触头电器和无触头电器。

（1）有触头电器：利用触头的分合来实现电路的断开和接通，有动触头和静触头之分，包括按钮、转换开关等。

（2）无触头电器：利用晶体管的导通与截止来实现电路的通与断，没有触头，包括接近开关等。

4. 按工作原理分类

低压电器按其工作原理可分为电磁式电器和非电量控制电器。

（1）电磁式电器：由电磁机构控制电器动作，即由感受部分接收外界输入信号，使执行部分动作，实现控制目的，其感受元件接收电流或电压等电量信号，包括电流继电器、电压继电器等。

（2）非电量控制电器：由非电磁力控制电器触头动作，其感测元件接收的信号是温度、热量、转速等非电量信号，包括速度继电器等。

7.1.2　低压电器的主要技术参数

为了保证电器设备安全、可靠地工作，低压电器在设计、制造上必须严格按照国家标准，在选用低压电器时，也必须按照产品说明书中规定的技术条件进行选用。低压电器的主要技术参数有以下几个。

1. 额定电压

额定电压分额定工作电压、额定绝缘电压、额定脉冲耐受电压三种。

（1）额定工作电压：在规定条件下，保证电器正常工作的电压值。

（2）额定绝缘电压：在规定条件下，用来度量电器及其部件的绝缘强度、电气间隙和爬电距离的标称电压值。

（3）额定脉冲耐受电压：反映当电器所在系统发生最大过电压时所能耐受的能力。额定绝缘电压和额定脉冲耐受电压共同决定了该电器的绝缘水平。

2. 额定电流

额定电流分额定工作电流、约定发热电流、约定封闭发热电流和额定不间断电流四种。

（1）额定工作电流是指在规定条件下保证电器正常工作的电流值。

（2）约定发热电流和约定封闭发热电流是指电器处于非封闭和封闭状态下，按规定条件试验时，在 8 h 工作制下的温升不超过极限值时所能承载的最大电流。

（3）额定不间断电流是指电器在长期工作值下，各部件温升不超过极限值时所能承载的电流值。

3. 绝缘强度

绝缘强度是指电器元件的触头处于断开状态时，动静触头之间耐受的电压值。

4. 耐潮湿性

耐潮湿性是指保证电器可靠工作的允许环境潮湿条件。

此外，低压电器的主要技术参数还有极限允许温升、操作频率、通电持续率、机械寿命和电气寿命等。只有满足这些参数，低压电器才能正常工作。

7.1.3　选择低压电器的注意事项

低压电器的品种、规格较多,在选择时要考虑安全性和经济性,因此在选用低压电器时应注意以下几点。

（1）明确控制对象及其工作环境。

（2）明确控制对象的额定电压、额定电流等相关技术数据。

（3）了解备选电器的正常工作条件,如环境温度、湿度、海拔高度、振动和防御有害气体的能力等。

（4）了解备选电器的主要技术性能,如额定电压、额定电流、通断能力、使用寿命等。

7.2　低压断路器

低压断路器是低压配电网和电力拖动系统中非常重要的一种电器,除了能完成接通和分断电路,还能对电路或电器设备的短路、过载及失压等进行保护,同时也可用于不频繁地启停电动机。低压断路器电气图形和文字符号如图 7.1 所示。

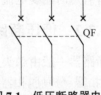

图 7.1　低压断路器电气图形和文字符号

7.2.1　低压断路器的用途与分类

1. 断路器的用途

低压断路器是低压开关的一种,又称自动空气开关或自动空气断路器,简称断路器。断路器可以用来接通和分断正常的负载电流、电动机的工作电流和过载电流,也可以用来接通和分断短路电流,它在电路中可以起短路和过载保护作用,还可以起欠电压保护和远距离分断电路作用,近年来有些断路器还具有接地故障保护。

2. 断路器的分类

（1）断路器根据使用类别可以分为选择型和非选择型。

（2）断路器根据结构形式可以分为万能式和塑壳式。

图 7.2　塑壳式断路器

（3）断路器根据采用的灭弧介质可以分为空气式和真空式。

（4）断路器根据断路器的安装方式可以分为固定式、插入式和抽屉式。

但根据人们的使用习惯,断路器多按结构形式分类,分为万能式和塑壳式两大类。

3. 塑壳式断路器

塑壳式断路器的标准型式为 DZ,如图 7.2 所示。我国自行开发的塑壳式断路器系列有 DZ20 系列、DZ25 系列、DZ15 系列,引进技术生产的有日本寺崎公司的 TO、TG 和 TH-5 系列,西门子公司的 3VE 系列,日本三菱公司的 M 系列,ABB 公司的 M611(DZ106)和 SO60 系列,施耐德公司的 C45N(DZ47)系列等,以及生产厂以各自产品命名的高新技术塑壳式断路器。

塑壳式断路器的主要特征是所有部件都安装在一个塑料外壳中，没有裸露的带电部分，提高了使用的安全性。新型的塑壳式断路器也可制成选择型的。小容量断路器(50 A以下)的操作机构采用非储能式闭合，手动操作；大容量断路器的操作机构采用储能式闭合，可以手动操作，亦可由电动机操作，电动机操作可实现远方遥控操作。额定电流一般为6~630 A，有单极、二极、三极和四极，目前已有额定电流为800~3 000 A的大型塑壳式断路器。

塑壳式断路器一般用于配电馈线控制和保护、小型配电变压器的低压侧出线总开关、动力配电终端控制和保护及住宅配电终端控制和保护，也可用于各种生产机械的电源开关。

4. 万能式断路器

万能式断路器按使用类别可分为非选择型与选择型两种，在《低压开关设备和控制设备低压断路器》中被称为A类和B类。

A类为非选择型，即在短路情况下，断路器不是明确用作串联在负载侧的另一短路保护电器的选择性保护，无人为的短延时，因而断路器本身无额定短时耐受电流的要求。

B类为选择型，即在短路情况下，断路器明确用作串联在负载侧的另一短路保护电器的选择性保护，有人为的短延时(可调节)，其延时时间最小不少于0.05 s，最大可到0.4 s，因而断路器本身有短时耐受电流的要求。

7.2.2 低压断路器的结构

断路器一般由触头系统、灭弧系统、自由脱扣机构、操作机构、过电流脱扣器、欠电压(失压)脱扣器、分励脱扣器、辅助触头、外壳或框架等组成，如图7.3所示。

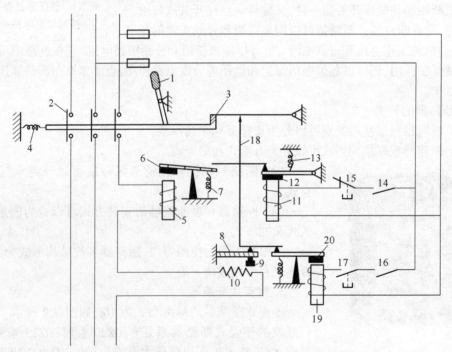

图7.3 低压断路器的结构

1—操作手柄；2—主触头；3—自由脱扣机构；4—分闸弹簧；5—过流脱扣器电磁铁；
6—过流脱扣器衔铁；7—反作用力弹簧；8—热脱扣器双金属片；9—热脱扣器电流整定螺钉；10—加热元件；
11—失压脱扣器电磁铁；12—失压脱扣器衔铁；13—反作用力弹簧；14,16—断路器辅助触头；15,17—按钮；
18—传递元件；19—分励脱扣电磁铁；20—分励脱扣器衔铁

1. 触头系统

一般指动触头、静触头、载流母线和软连接等。触头形式有对接式、桥式和插入式三种；触头有单挡、双挡和三挡之分。

2. 灭弧系统

灭弧系统主要指灭弧室。其形式较多,常用的有狭缝式和去离子栅灭弧室。

3. 自由脱扣机构

通过自由脱扣机构将操作机构和触头系统的机构进行联系。当操作手柄在合闸位置时,靠自由脱扣机构仍可使断路器跳闸、触头分开。

4. 操作机构

通过操作机构可以使断路器实现分合。操作机构的形式有手动操作机构、电动操作机构、电磁操作机构、气动操作机构等。操作机构按闭合方式可分为储能闭合和非储能闭合两种。储能闭合操作机构在合闸时的力和速度与操作人无关;非储能闭合操作在合闸时的力和速度决定操作人所施加的力和速度,一般应由熟练操作人进行操作。

5. 过电流脱扣器

过电流脱扣器可以反映过电流的大小,当过电流达到整定数值时,脱扣器经一定时间后动作,使断路器断开电路。过电流越大,动作时间越短,称为反时限过电流脱扣器。当电流大到一定程度时,可使断路器瞬时断开电路,称为瞬动过电流脱扣器。

6. 欠电压(失压)脱扣器

欠电压(失压)脱扣器多为电磁式。当主电路电源电压为零或降低到某一数值以下时,其电磁吸引力不足以维持衔铁吸合,在反作用弹簧作用下衔铁的顶板推动脱扣器轴而使断路器分断。

7. 分励脱扣器

分励脱扣器由控制电源供电,可以按照操作人员的命令或继电保护信号使线圈通电、衔铁动作,从而使断路器分断。可见,断路器在运行中分励脱扣器是不带电的。

8. 辅助触头

辅助触头与断路器主触头是联动的,由传动机构带动,有常开与常闭两种形式。辅助触头的主要作用是接通、断开信号电路或构成电路的联锁。

9. 外壳或框架

外壳或框架是断路器的主要支承件,一般外壳多由塑料制成,而框架多为钢板冲压、焊接而成。断路器的所有零部件均装于外壳或框架内。

7.2.3　低压断路器的工作原理

低压断路器的主触头是靠手动操作手柄或电动合闸的。主触头闭合后,自由脱扣机构将主触头锁在合闸位置上。过电流脱扣器的线圈和热脱扣器的热元件与主电路串联,欠电压脱扣器的线圈和电源并联。

当电路发生短路或严重过载时,过电流脱扣器的衔铁吸合,使自由脱扣机构动作,主触头断开主电路。

当电路过载时,热脱扣器的热元件发热使双金属片向上弯曲,推动自由脱扣机构动作。

低压断路器工作原理

当电路欠电压时,欠电压脱扣器的衔铁释放,也使自由脱扣机构动作。

分励脱扣器则作远距离控制用,在正常工作时其线圈是断电的,在需要距离控制时按下启动按钮,使线圈通电、衔铁带动自由脱扣机构动作,主触头断开。

7.2.4　低压断路器的选用

断路器的选用首先应根据具体使用条件,选择其类别,然后进行具体参数的确定,如可按额定工作电压、额定工作电流、脱扣器整定电流,以及欠压脱扣器的电压、电流等分别进行。

1. 断路器的选用原则

（1）断路器的额定电压应大于或等于被控电路的额定电压。

（2）断路器的额定电流应大于或等于被控电路的计算负载电流。

（3）脱扣器的额定电流应大于或等于电路计算电流。

（4）极限分断能力应大于或等于被控电路中最大短路电流。

（5）电路末端单相对地短路电流与断路器瞬时（或短延时）脱扣器整定电流之比应大于或等于 1.25。

（6）欠压脱扣器额定电压应等于电路额定电压。

2. 电动机保护用断路器的选用

电动机保护用断路器有两种不同的使用方式,一种是将断路器与其他开关电器（如刀开关、接触器等）串联后控制电动机,即断路器只作短路、过载或欠电压保护用,正常的操作则由其他电器承担;另一种是指断路器不再串联其他开关电器,既起保护作用,又作不频繁操作开关使用。对于后一类情况,需要考虑操作条件和寿命。电动机保护用断路器一般按下列原则来选用。

（1）长时间动作电流整定值应等于电动机的额定电流值。

（2）保护笼型电动机的断路器瞬间整定电流应等于 8~15 倍电动机额定电流,其取值大小则取决于电动机的型号、容量和启动条件。

（3）保护绕线转子电动机的断路器瞬时整定电流应等于 3~6 倍电动机额定电流,同样,其取值大小取决于电动机的型号、容量及启动条件。

3. 导线保护断路器的选用

照明、生活用导线保护断路器是指在生活建筑中用来保护配电系统的断路器,其选用原则如下。

（1）长延时动作电流整定值应小于或等于线路计算负载电流。

（2）瞬时动作电流整定值应等于 6~20 倍线路计算负载电流。

7.2.5　低压断路器的安装维护及使用注意事项

1. 低压断路器的安装接线

断路器应按规定垂直安装,以断路器面板上铭牌的字或标识作参照,将断路器上方的接线端作为电源的进线端,又称电源端,将断路器下方的接线端作为负载的连接端,又称负载端,其上、下导线端接点必须使用规定截面的导线或母线连接。如果用铝排搭接,则搭接端面最好用超声波搪锡或钢丝刷刮擦后上一层锡,以保证端面接触良好。

2. 低压断路器的维护

低压断路器的结构比较复杂,设计时应选用得当,运行中还应进行精心维护,一般维护时应做到以下几点。

（1）投入运行前,应将磁铁工作面的防锈油脂除净,以免影响其动作的可靠性。

（2）投入运行前,应检查其安装是否牢固,各部件螺栓是否拧紧,电路连接是否可靠,外壳有无尘垢。

（3）投入运行前,检查脱扣器的整定电流及整定时间是否满足电路要求,出厂整定值是否移动、变化。

（4）运行中的断路器应定期进行清扫、检修,要注意有无异常声响和气味。

（5）运行中的断路器触头表面不应有毛刺和烧蚀痕迹,当触头磨损到小于原厚度的 1/3 时,应更换新的触头。

（6）运行中的断路器在分断短路电流后或运行一段时间后,应清除灭弧室内壁和栅片上的金属颗粒,灭弧室不应有破损现象。

（7）带有双金属片式的脱扣器,因过载分断断路器后,不应立即"再扣",须冷却几分钟使双金属片复位后才能"再扣"。

（8）运行中的传动机构应定期加润滑油。

（9）定期检修时,检修后应在不带电的情况下进行数次分合闸试验,以检查其动作的可靠性。

（10）定期检查各脱扣器的电流整定值和延时,特别是半导体脱扣器,应定期用试验按钮检查其动作情况。

（11）运行中还应检查其引线及导电部分有无过热现象。

3. 低压断路器的使用注意事项

断路器在使用中应注意以下几点。

（1）工作时不能将灭弧罩取下,灭弧罩若有损坏,应立即更换,以免发生短路时不能切断电弧,酿成事故。

（2）过电流脱扣器的整定值一经调好就不允许随意更动,而且使用日久后要检查其弹簧是否生锈卡住,以免影响其动作。

（3）触头的长期工作电流不得大于开关的额定电流,以免使触头温升过高。

（4）在断路器分断短路电流以后,应在切除上一级电源的情况下及时检查其触头。若发现有弧烟痕迹,可用干布抹净;若发现触头已烧毛,可用砂纸或细锉小心修整,但主触头一般不允许用锉刀修整。

（5）使用前应将脱扣器电磁铁工作面的防锈油脂抹去,以免影响电磁机构的动作值。

（6）每使用一定次数(一般为 1/4 机械寿命)后,应给操作机构添加润滑油。

（7）应定期清除掉落在断路器上的尘垢,以免影响操作和绝缘。

（8）应定期检查各种脱扣器的动作值,有延时者还要检查其延时。

7.3　刀开关和转换开关

7.3.1　刀开关

刀开关俗称闸刀开关,是结构简单的一种手动电器,常用作照明电路的电源开关,也可以用于低压电路中作不频繁接通或分断容量不大的低压供电线路,有时也用作隔离开关。它由操作手柄、触刀、静夹座和绝缘底板组成,操作手柄使动触刀插入静夹座中,电路就会被接通。刀开关的电气图形符号和文字符号如图7.4所示。刀开关的种类很多,这里只介绍一种带有熔断器的常用刀开关。

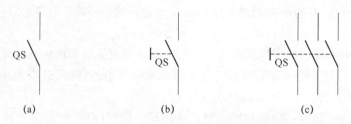

图7.4 刀开关的电气图形符号和文字符号

（a）一般图形符号；（b）手动符号；（c）三极单投刀开关符号

1. 刀开关的结构

图7.5所示为HK系列闸刀开关的结构,它由刀开关和熔断器组成,均装在瓷底板上。这种开关易被电弧烧坏,因此不宜带重负载接通或分断电路,但因其结构简单,价格低廉,常用于频率为50 Hz、电压小于380 V、电流小于60 A的电力线路中,作为一般照明、电热等回路的控制开关;也可作为分支线路的配电开关。三极闸刀开关适当降低容量时,可以直接用于不频繁地控制小型电动机,并借助熔丝起过载保护作用。

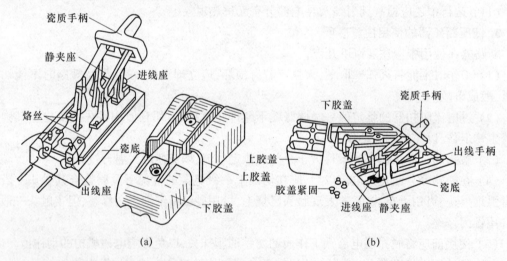

图7.5 HK系列刀开关的结构

（a）二极胶闸刀开关；（b）三极闸刀开关

2. 刀开关的安装

（1）电源进线应接在静触头一边的进线端（进线座应在上方）,用电设备应接在出线端,这样当开关断开时,闸刀和熔丝均不带电,以保证更换熔丝时的安全。

（2）刀开关应垂直安装在开关板上,并要使静夹座位于上方,即刀开关在合闸状态下手柄应该向上,不能倒装和平装,以防止闸刀松动落下时误合闸。

3. 刀开关的操作

（1）刀开关作电源隔离开关使用时,合闸顺序是:先合上刀开关,再合上其他用于控制负载的开关;分闸顺序则相反。

(2) 刀开关在合闸时,应保证三相同时合闸而且接触良好,否则会造成断路,当负载是三相异步电动机时,可能会发生电动机因缺相运转而烧坏的事故。

(3) 应尽量缩短刀开关的合闸与分闸时间。

4. 刀开关的使用注意事项

(1) 没有灭弧罩的刀开关不能切断较大的负载电流,只能切断较小的负载电流或空载电流。因此,一般应与断路器、熔断器或接触器配合使用。送电时,先合上刀开关,后合断路器或接触器;停电时,先拉断路器或接触器,后拉刀开关。

(2) 带灭弧罩的刀开关可切断额定电流,但只适用于不频繁操作的场合。

(3) 带灭弧罩的熔断器式刀开关可切断额定电流,并用熔断器切断短路电流,它是一种组合电器,一般与接触器配合使用。

(4) 除刀熔开关外,刀开关可与断路器配合使用。

(5) 选用刀开关时应注意其允许通断电流的能力。

7.3.2　转换开关(组合开关)

组合开关实质上是一种刀开关,不过它的刀片是转动的。它由装在一根轴上的单个或多个单极旋转开关叠装在一起组成,有单极、双极、三极和多极结构,根据动触片和静触片的不同组合,有许多接线方式,图 7.6 所示为常用的 HZ10 系列组合开关,它有三对静触片,每个触片的一端固定在绝缘垫板上,另一端伸出盒外连在接线上。三个动触片套在装有手柄的绝缘轴上,转动手柄就可将三个触片同时接通或断开。组合开关常用作交流 50 Hz、380 V 和直流 220 V 以下的电源引入开关、用于 5 kW 以下的电动机直接启动和正反转控制,以及用作机床照明电路中的控制开关。

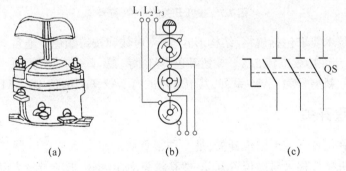

(a)　　　　　　(b)　　　　　　(c)

图 7.6　常用的 HZ10 系列组合开关

(a) 外形;(b) 结构;(c) 符号

7.4　主令电器

主令电器是在自动控制系统中发出指令或信号的电器,主要用来接通和分断控制电路,以达到"发号施令"的目的。主令电器应用广泛,种类繁多,常见的有按钮、行程开关、万能转换开关、主令开关和主令控制器等。

7.4.1 按钮

按钮是一种手动且可以自动复位的主令电器,一般情况下它不直接控制主电路的通断,主要利用按钮开关远距离发出手动指令或信号来控制接触器、继电器等电器,再由它们控制主电路;也可用于电气联锁等线路中。

按钮开关一般是由按钮帽、复位弹簧、桥式动触头、静触头、外壳及支柱连杆等组成的。按钮根据静态时触头分合状况,可分为常开按钮(启动按钮)、常闭按钮(停止按钮)及复合按钮(常开、常闭组合一体),按钮开关的结构、符号如图 7.7 所示。

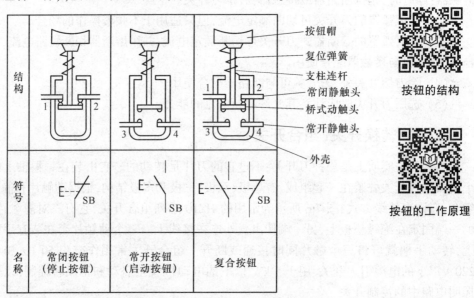

按钮的结构

按钮的工作原理

图 7.7　按钮开关的结构、符号

按钮的主要技术要求包括规格、结构形式、触点对数和按钮颜色。通常选用的规格为交流额定电压 500 V、允许持续电流 5 A。按钮颜色有红、绿、黑、黄、白、蓝等,供不同场合选用。全国统一设计的按钮新型号为 LA25 系列,其他常用的有 LA2、LA10、LA18、LA19、LA20 等系列。

7.4.2 行程开关

行程开关又称位置开关或限位开关,是一种很重要的小电流主令电器。它利用生产设备某些运动部件的机械位移来碰撞位置开关,使其触头动作,将机械信号变为电信号,接通、断开或变换某些控制电路的指令,以实现对机械设备的电气控制要求,这类开关常被用来限制机械运动的位置或行程,使运动机械按一定位置或行程自动停止、反向运动或自动往返运动等。行程开关电气图形和文字符号如图 7.8 所示。

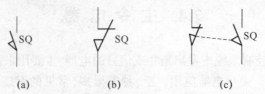

图 7.8　行程开关电气图形和文字符号
（a）常开触头；（b）常闭触头；（c）复合触头

行程开关的结构形式很多,但基本是以某种位置开关元件为基础,装置不同的操作头得到各种不同的形式。

行程开关按运动形式分为直动式和转动式;按结构可分为直动式、滚动式和微动式;按触点性质可分为有触点式和无触点式。

1. 直动式行程开关

图 7.9 所示为直动式行程开关的结构,其动作与按钮类似,只是它通过运动部件上的撞块来碰撞行程开关的推杆。直动式行程开关的优点是结构简单,成本较低;其缺点是触点的分合速度取决于撞块移动的速度,若撞块移动太慢,则触点就不能瞬间切断电路,使电弧在触点上停留时间过长,易于烧蚀触点。

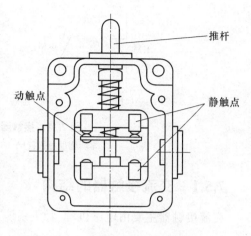

图 7.9　直动式行程开关的结构

2. 微动行程开关

为克服直动式行程开关的缺点,微动行程开关采用具有弯片状弹簧的瞬动机构,如图 7.10 所示。当推杆被压下时,弹簧片发生变形,储存能量并产生位移,当达到预定的临界点时,弹簧片连同动触点产生瞬时跳跃,从而导致电路的接通、分断或转换。同样,当减小操作力时,弹簧片会向相反方向跳跃。微动行程开关体积小、动作灵敏,适合在小型机构中使用。

行程开关的工作原理

3. 接近开关(无触点行程开关)

这种开关不是靠挡块碰压开关发出信号,而是在移动部件上装一金属片,在移动部件需要改变工作状态的位置处安装接近开关的感应头,其感应面正对金属片。当移动部件的金属片移动到感应头上面(不需接触)时,接近开关就输出一个指令信号,使控制电路改变工作状态。

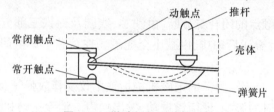

图 7.10　微动行程开关的结构

7.5　接　触　器

接触器是一种用来接通或分断带有负载的交流或直流主电路及大容量控制电路的电器元件。它主要控制的对象是电动机、变压器等电力负载,可实现远距离接通或分断电路,可频繁操作,工作可靠。另外,它还具有零压保护、欠压释放保护等作用。接触器的电气图形和文字符号如图 7.11 所示。

接触器按流过触点工作电流的种类不同可分为交流接触器(CJ)和直流接触器(CZ)两类,直流接触器的结构及工作原理与交流接触器基本相同。

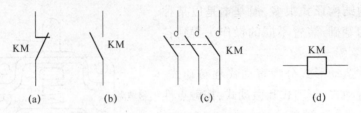

图 7.11　接触器的电气图形和文字符号

（a）常闭辅助触头；（b）常开辅助触头；（c）主触头；（d）线圈

7.5.1　交流接触器的结构

交流接触器主要由电磁机构、触头系统、灭弧装置等组成，其结构如图 7.12 所示。

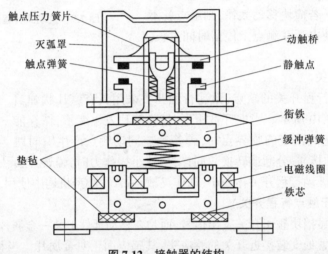

图 7.12　接触器的结构

1. 电磁系统

电磁系统用来操纵触点的闭合与分断，由铁芯、线圈及衔铁三部分组成，铁芯及衔铁形状均为 E 形，一般由硅钢片叠压后铆成，以减小交变磁场在铁芯中产生的涡流和磁滞损耗，防止铁芯过热。

在实际运行过程中，交流接触器的电磁机构衔铁不仅受释放弹簧及其他机构阻力的作用，还受交流励磁电流过零时的影响，使衔铁振动，发出噪声。消除振动和噪声的措施是在铁芯上加装短路环（又称减振环或分磁环）。加装短路环后，交变磁通 Φ_1 的一部分通过短路环，在短路环中产生感应电流，该电流在短路环中也会产生磁通，使得短路环中的磁通变成 Φ_2，Φ_1 与 Φ_2 的相位不同，即 Φ_1 与 Φ_2 不会同时过零，由它们产生的电磁力 F_1 和 F_2 也不会同时为零，从而使铁芯始终吸引衔铁，振动和噪声会显著减小。

2. 触头系统

接触器的触头用来接通或断开电路，按其接触情况可以分为点接触式、线接触式和面接触式三种。根据用途不同，触点分为主触点和辅助触点两种。主触点用来接通或断开电流较大的主电路，一般由接触面较大的常开触点组成。辅助触点用来接通或断开小电流的控制电路，由常开和常闭触点成对组成。

当接触器未工作时，处于断开状态的触点称为常开（或动合）触点；当接触器未工作时，处于接通状态的触点称为常闭(或动断)触点。

3. 灭弧装置

交流接触器在分断大电流电路时会在动、静触点之间产生很强的电弧,电弧是触点间气体在强电场作用下产生的放电现象。电弧一方面会烧伤触点,另一方面会使电路的切断时间延长,甚至引起其他事故。因此,灭弧是接触器的主要任务之一。

电弧的熄灭方法一般采用双断口结构的电动力灭弧和半封闭式绝缘栅片陶土灭火罩,前者适用于容量较小(10 A 以下)的接触器,后者适用于容量较大的接触器。

7.5.2　交流接触器的工作原理

如图 7.12 所示,当电磁线圈通电后产生磁场,使铁芯产生足够的吸力,克服反作用弹簧与动触点压力弹簧片的反作用力,将衔铁吸合,同时带动传动杠杆使动触点和静触点的状态发生改变,其中三对常开触点闭合。另外,常闭辅助触点首先断开,其次常开辅助触点闭合。当电磁线圈断电后,由于铁芯电磁吸力消失,衔铁在反作用弹簧的作用下释放,各触点也随之恢复到原始状态。

7.5.3　接触器的主要技术数据

1. 额定电压

交流接触器的
工作原理

接触器铭牌上的额定电压是指主触头的额定电压,选择主触头的额定电压应大于或等于负载回路的额定电压。

2. 额定电流

接触器铭牌上的额定电流是指主触头的额定电流,选择主触头的额定电流应大于或等于电动机的额定电流。

3. 吸引线圈的额定电压

吸引线圈的额定电压等于控制回路的电压,交流有 36 V、110 V、127 V、220 V、380 V;直流有 24 V、48 V、220 V、440 V 等。

4. 额定操作频率

接触器的额定操作频率是指接触器每小时允许的操作次数。

7.5.4　接触器的选择

1. 接触器的类型

根据被控制电动机或负载电流类型来选择接触器,交流负载应使用交流接触器,直流负载应使用直流接触器。如果整个控制系统中主要是交流负载,而直流负载的容量较小,也可以全部使用交流接触器,但触点的额定电流应适当选大些。

2. 接触器的额定电压

一般选择接触器触点的额定电压大于或等于负载回路的额定电压。

3. 接触器主触点的额定电流

接触器主触点的额定电流应大于或等于电动机或负载的额定电流。由于电动机的额定电流与其额定功率有关,因此接触器主触点的额定电流也可根据电动机的额定功率进行选择。

当三相电动机额定电压为 380 V 时,电动机的额定运行线电流为

$$I_N = P_N \times 2 \ \text{A/kW} \tag{7.1}$$

式中,P_N 为电动机额定容量(kW)。

当三相电动机额定电压为 660 V 时,电动机的额定运行线电流为

$$I_N = P_N \times 1.2 \ \text{A/kW} \tag{7.2}$$

例如,$P_N = 4 \ \text{kW}$,$U_N = 380 \ \text{V}$。由式(7.1)可知:

$$I_N = 4 \ \text{kW} \times 2 \ \text{A/kW} = 8 \ \text{A}$$

即选择接触器主触点额定电流大于或等于 8 A。

当接触器使用在频繁启动、制动和正反转的场合时,一般将接触器主触点的额定电流降低一个等级或按可控制电动机的最大功率减半选用。

4. 接触器线圈的电压

一般应使接触器线圈电压与控制回路的电压等级相同。

5. 接触器的辅助触点

接触器辅助触点的额定电流、数量和种类应能满足控制线路的要求,如果不能满足要求,可选用中间继电器来扩充。

7.5.5 接触器的安装及使用注意事项

1. 接触器的安装

1）安装前的检查

检查接触器的铭牌及线圈的技术数据,如额定电压、额定电流、操作频率和通电持续率等是否符合实际使用要求;

将铁芯极面上的防锈油擦净,以免油垢黏滞造成接触器线圈断电后铁芯不能释放;

用手分合接触器的活动部分,要求动作灵活、无卡阻现象;

检查与调整触点的工作参数,如开距、超程、初压力和终压力等,并要求各级触点接触良好、分合同步。

2）安装

接触器安装前应先检查线圈的额定电压等技术数据是否与实际使用相符;

接触器安装时,一般应安装在垂直面上,其倾斜度不得超过 5°;

安装有散热孔的接触器时,应将散热孔放于向下位置,以利于散热和降低线圈的温度;

安装接线时,应注意勿使螺钉、垫圈、接线头等零件失落,以免落入接触器内部造成卡住或短路现象,并将螺钉拧紧,以免振动松脱;

检查接线正确无误后,应在主触点不带电的情况下先使吸引线圈通电分合数次,检查其动作是否可靠,然后才能投入使用。

2. 接触器的使用注意事项

在使用中,应定期检查接触器的各部件,要求可动部分无卡住现象、紧固件无松脱现象,如有损坏,应及时检修;

触点表面应经常保持清洁,不允许涂油;

当触点表面因电弧作用形成金属小珠时,应及时铲除,但银及银基合金触点表面产生的氧化膜接触电阻很小,不必挫修,否则将缩短触点的寿命;

对于原来有灭弧室的接触器,一定要带灭弧室使用。

7.6　继　电　器

继电器是一种根据外界输入信号(电信号或非电信号)来控制电路中电流"通"与"断"的自动切换电器,它主要用来反映各种控制信号,其接点通常接在控制电路中。本节主要介绍常用的电磁式(电流、电压和中间)继电器、时间继电器、热继电器和速度继电器。

7.6.1　电磁式(电流、电压和中间)继电器

1. 电流继电器

根据线圈中电流的大小而动作的继电器称为电流继电器,这种继电器线圈的导线粗、匝数少、串联在主电路中。线圈电流高于整定值而动作的继电器称为过电流继电器,低于整定值而动作的继电器称为欠电流继电器。

过电流继电器在正常工作时电磁吸力不足以克服反力弹簧的力,衔铁处于释放状态;当线圈电流超过某一整定值时,衔铁动作,于是常开触点闭合、常闭触点断开。瞬动型过电流继电器常用于电动机的短路保护;延时动作型过电流继电器常用于过载短路保护。有的过电流继电器带有手动复位机构,当过电流时,继电器衔铁动作后不能自动复位,只有当操作人员检查并排除故障后手动松掉锁扣机构,衔铁才能在复位弹簧作用下返回,从而避免重复过电流事故的发生。

欠电流继电器是当线圈电流降到低于某一整定值时释放的继电器,所以在线圈电流正常时衔铁是吸合的。这种继电器常用于直流电动机和电磁吸盘的失磁保护。

2. 电压继电器

根据电压大小而动作的继电器称为电压继电器,这种继电器线圈的导线细、匝数多、使用时并联在主电路中。电压继电器可分为过电压继电器和欠电压(或零压)继电器。

过电压继电器是当电压超过规定电压上限时,衔铁吸合,一般动作电压为$(105\% \sim 120\%)U_N$时,对电路进行过电压保护;欠电压继电器是当电压低于规定电压的低限时,衔铁释放,一般动作电压为$(40\% \sim 70\%)U_N$时对电路进行欠压保护;零压继电器在电压降为$(10\% \sim 35\%)U_N$时对电路进行零压保护。

3. 中间继电器

中间继电器在结构上是一个电压继电器,是用来转换控制信号的中间元件。它输入的是线圈的通电或断电信号,输出的是触点动作信号。中间继电器的触点数量较多,可将一路信号转变为多路信号,以满足控制要求。各触点的额定电流相同,多数为 5 ~ 10 A,小型的为 3 A,常用的中间继电器有 J27 和 J28 型。中间继电器吸引线圈的额定电压等于控制回路的电压,交流有 24 V、36 V、110 V、127 V、220 V、380 V,直流有 24 V、48 V、220 V、440 V。

7.6.2　时间继电器

感受部分在感受外界信号后,经过一段时间才能使执行部分动作的继电器,叫作时间继电器。

1. 时间继电器的分类

时间继电器主要有空气式、电动式、电子式及直流电磁式等几大类。延时方式有通电延时

和断电延时两种。时间继电器根据动作的原理可分为电子式、机械式等。电子式时间继电器又称半导体时间继电器，利用半导体元件做成的时间继电器具有适用范围广、延时精度高、调节方便、寿命长等一系列优点，被广泛地应用于自动控制系统中。如果延时电路的输出是有触点的继电器，则称为触点输出；如果输出是无触点的继电器，则称为无触点输出。电子式时间继电器外形如图 7.13 所示。

2. 电子式时间继电器的安装

图 7.14 所示是电子式时间继电器安装接线，其中 2、7 是电源；第一组 1、3 是一对常开触点，1、4 是一对常闭触点；第二组 6、8 是一对常开触点，5、8 是一对常闭触点。

图 7.13　电子式时间继电器外形

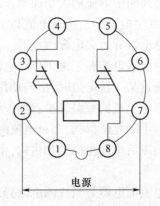

图 7.14　电子式时间继电器安装接线

3. 时间继电器的符号

在绘制和识别电气原理图时，时间继电器的图形符号很容易让人产生混淆。特别是时间继电器的延时触点，在使用时一般让人无法确定。

1）时间继电器的文字符号

时间继电器的文字符号是 KT。

2）时间继电器的线圈图形符号

时间继电器的线圈分为通电延时线圈和断电延时线圈，时间继电器线圈图形符号如图 7.15所示。

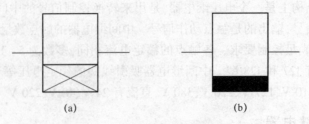

　　　　　　(a)　　　　　　　　　　　　　　(b)

图 7.15　时间继电器线圈图形符号

（a）通电延时线圈；（b）断电延时线圈

3）时间继电器的触点图形符号

时间继电器的触点图形符号主要是触点的半圆符号开口的指向，遵循的原则是：半圆开口方向是触点延时动作的指向，图 7.16 所示是时间继电器触点图形符号。

图 7.16 时间继电器触点图形符号

(a) 延时闭合常开触点;(b) 延时断开常开触点;(c) 延时断开常闭触点;(d) 延时闭合常闭触点

7.6.3 热继电器

热继电器主要用于三相电动机的过载保护,热继电器在电气原理图中的图形文字符号如图 7.17 所示。

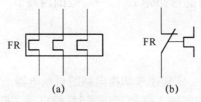

图 7.17 热继电器的电气图形文字符号

(a) 加热元件;(b) 触头

1. 热继电器的结构

图 7.18 所示为热继电器的结构,它主要由双金属片、加热元件、动作机构、触头系统、整定调整装置及温度补偿元件等组成。

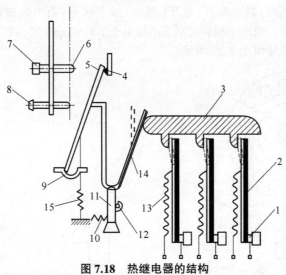

图 7.18 热继电器的结构

1—固定柱;2—双金属片;3—导板;4,6—静触头;

5—动触头;7—螺钉;8—复位按钮;9—簧片;10,15—弹簧;

11—支撑杆;12—凸轮;13—发热元件;14—温度补偿片

2. 热继电器的工作原理

热继电器是利用电流热效应原理来动作的。双金属片作为测量元件,由两种线膨胀系数不同的金属片压焊而成，受热时因两种金属片的伸长率不同而弯曲。在图 7.18 中，主双金属片上的发热元件 13 串联在接触器负载端（主电路），动触头 5 与静触头 4 接于控制电路的接触器线圈回路，当负载电流超过整定电流并经过一定时间后，发热元件所产生的热量足以使双金属片受热向左弯曲，如图 7.18 虚线所示，并推动导板 3 向左移动一定距离，导板又推动温度补偿片 14 与动触头 5 的连杆，使动触头 5 与静触头 4 分断，从而使接触器线圈断电释放，切断主电路，保护电动机。

热继电器的工作原理

电源切断后，电流消失，双金属片逐渐冷却，经过一段时间后恢复原状，于是动触头在失去作用力的情况下，靠弹簧 15 的拉力自动复位与静触头闭合。

热继电器的主要技术数据是整定电流，整定电流是指长期通过发热元件而不动作的最大电流。电流超过整定电流 20% 时，热继电器应在 20 min 内动作，超过的数值越大，发生动作的时间越短。整定电流的大小可通过凸轮 12 在一定范围内调节，选用热继电器时应取其整定电流等于电动机的额定电流。

7.6.4 速度继电器

速度继电器是利用转轴的一定转速来切换电路的自动电器。它常用于电动机反接制动控制电路中，当反接制动使电动机的转速下降到接近零时，能自动切断电路。速度继电器由转子、定子和触头三部分组成，如图 7.19 所示，它的工作原理与笼型异步电动机的工作原理相似。

转子是一块永久磁铁，与电动机转轴或机械转轴连在一起，随轴转动。它的外边有一个可以转动一定角度的外环，装有笼型绕组。当转轴带动永久磁铁旋转时，定子外环中的笼型绕组因切割磁力线而产生感应电动势和感应电流，该电流在转子磁场作用下产生电磁力和电磁转矩，使定子外环跟随转动一个角度。如果永久磁铁逆时针方向转动，则定子外环带着摆杆摆向右边，使右边的常闭（动断）触点断开，常开（动合）触点接通；当永久磁铁顺时针方向旋转时，使左边的触点改变状态。当电动机转速较低（如小于 100 r/min）时，触点复位。速度继电器触头的电气图形和文字符号如图 7.20 所示。

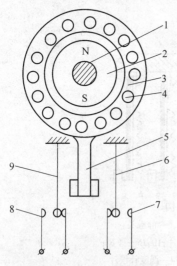

图 7.19　速度继电器的结构

1—转轴;2—转子;3—定子;4—绕组;
5—摆锤;6,9—簧片;7,8—静触点

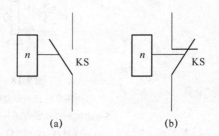

图 7.20　速度继电器触头的电气图形和文字符号

（a）常开触头；（b）常闭触头

7.7 低压熔断器

低压熔断器是在低压线路及电动机控制电路中主要起短路保护作用的元件,串联在线路中。当线路或电气设备发生短路或过载时,通过熔断器的电流超过规定值一定时间后,以其自身产生的热量使熔体熔化而自动分断电路,使线路或电气设备脱离电源,起到保护作用。熔断器的电气图形和文字符号如图 7.21 所示。

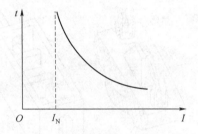

图 7.21 熔断器的电气
图形和文字符号

7.7.1 低压熔断器的特性和技术参数

1. 熔断器的安–秒特性

熔断器主要由熔体、熔管和熔座三部分组成。每个熔体都有一定的额定电流值 I_N,熔体允许长期通过额定电流而不熔断。熔断器的安–秒特性曲线是保护特性曲线,是表征流过熔体的电流与熔体的熔断时间之间的关系,如图 7.22 所示。

该曲线说明熔体的熔断时间随着电流的增大而缩短,是反时限特性,熔断器的熔断电流与熔断时间的关系如表 7.1 所示。

图 7.22 熔断器的安–秒特性曲线

表 7.1 熔断器的熔断电流与熔断时间的关系

熔断电流	$1.25\,I_N$	$1.6\,I_N$	$2\,I_N$	$2.5\,I_N$	$3.0\,I_N$	$4.02\,I_N$
熔断时间/s	∞	3 600	40	8	4.5	2.5

从表 7.1 中可以看出,熔断器是短路保护的理想元件,但不宜作为电动机的过载保护,因为交流异步电动机的启动电流很大,为电动机额定电流的 4~7 倍。为了使熔体不在电动机启动时熔断,选用的熔体额定电流必须比电动机额定电流大很多,这样电动机在运行中过载时,熔断器就不能起过载保护作用。

2. 熔断器的技术参数

1)额定电压

额定电压是从灭弧的角度出发,规定保证熔断器能长期正常工作的电压。

2)额定电流

额定电流是指保证熔断器能长期正常工作的电流值,应该注意的是熔断器的额定电流应大于或等于所装熔体的额定电流。

3)极限分断电流

极限分断电流是指熔断器在额定电压下所能断开的最大短路电流。

3. 熔断器的型号

熔断器的型号含义如下。

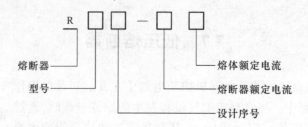

熔断器 ————— R □ □ — □ □
型号
设计序号
熔断器额定电流
熔体额定电流

7.7.2 常用熔断器简介

1. 瓷插式熔断器

图 7.23 所示是瓷插式熔断器的外形结构，它是一种常见的熔断器，其结构简单、更换方便、价格低廉，一般在额定电压 380 V 以下、额定电流 200 A 以下的低压线路末端或分支电路中使用，作为电气设备的短路保护及一定程度上的过载保护。

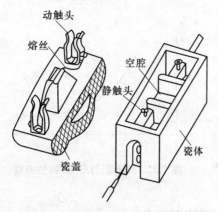

动触头
熔丝
空腔
静触头
瓷体
瓷盖

图 7.23 瓷插式熔断器的外形结构

2. 螺旋式熔断器

螺旋式熔断器属有填料封闭管式外形结构，如图 7.24 所示。熔体内装有熔丝和石英砂（石英砂作为熄灭电弧用），同时还有熔体熔断的信号指示装置，熔体熔断后，带色标的指示头弹出，便于发现更换。

3. 有填料封闭管式圆筒形帽熔断器

有填料封闭管式圆筒形帽熔断器由熔断器支持件和熔断体组成，其外形如图 7.25 所示。

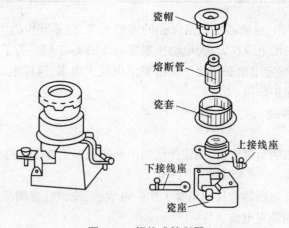

瓷帽
熔断管
瓷套
上接线座
下接线座
瓷座

图 7.24 螺旋式熔断器

熔断器支持件由底板、载熔件、插座等组成，具体是由塑料压制的底板装上载熔件、插座后铆合或螺丝固定而成的，为半封闭式结构。

熔断体由熔管、熔体、填料等组成，由纯铜片（或铜丝）制成的变截面熔体封装于高强度熔管内，熔管内充满高纯度石英砂作为灭弧介质；熔体两端采用点焊与端帽牢固连接，熔断体可带有撞击器，熔断时撞击器动作发出信号。

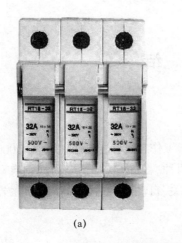

（a）　　　　　　　　　　　　　　　　（b）

图 7.25　有填料封闭管式圆筒形帽熔断器外形
（a）熔断器支持件；（b）熔断体

7.7.3　熔断器的选用与安装

1. 熔断器的选用

熔断器的选用应遵循以下几个要点。

（1）根据被保护负载的性质和短路电流的大小选择具有相应分断能力的熔断器。

（2）根据网络电压选用相应电压等级的熔断器。

（3）根据安装场所选用相应的熔断器。例如，经常发生故障处应选用可拆式熔断器，如 RL、RM 系列；易燃易爆炸或有毒气的地方选用封闭式熔断器。

（4）根据被保护负载的性质和容量选择熔体的额定电流。对于静止电器，如变压器、电热器、电灯等平稳的负载，熔体额定电流应等于或大于实际负载电流；对于输配电线路，熔体额定电流应小于或等于线路的安全电流。

（5）根据熔体的额定电流等级确定熔管的额定电流等级，一般为熔体熔断电流的最大值。

（6）在配电系统中，各级熔断器应互相配合，以实现保护的选择性。

（7）熔断器的保护特性必须与被保护对象的安全热特性相匹配。

2. 熔断器的安装

（1）应垂直安装，并应能防止电弧飞溅在邻近带电体上。

（2）安装位置及相互间距应便于更换熔件。

（3）安装螺旋式熔断器时，必须注意将电源线接到瓷底座的下接线端，以保证安全。

（4）瓷插式熔断器安装熔丝时，熔丝应顺着螺钉旋紧方向绕过去，同时注意不要划伤熔丝，也不要把熔丝绷紧，以免减小熔丝截面尺寸或拉断熔丝。

（5）安装时应保证熔体和触刀以及触刀和刀座接触良好，以免因熔体温度升高而发生误动作。

（6）对于有熔断指示的熔管，其指示器方向应装在便于观察侧。

（7）更换熔体时应切断电源，并应换上相同额定电流的熔体，不能随意加大熔体的额定电流。

（8）对于二次回路用的管型熔断器，其固定触头的弹簧片突出底座侧面，熔断器间应加绝缘片,防止相邻熔断器的熔体熔断时造成短路。

小　　结

一、低压电器

电器是所有电工器件的简称,低压电器是指工作在直流1 200 V、交流1 000 V以下的各种电器,按动作方式可分为手动电器和自动电器两种。低压电器是电力拖动自动控制系统的基本组成元件,常用低压电器包括刀开关、转换开关、自动开关、主令电器、接触器、继电器、熔断器等。

二、刀开关和转换开关

（1）刀开关和转换开关通常作为"隔离开关",也可以启停小容量电动机。

（2）刀开关一般应与断路器、熔断器或接触器配合使用。送电时,先合上刀开关,后合断路器或接触器;停电时,先拉断路器或接触器,后拉刀开关。

（3）组合开关常用作交流50 Hz、380 V和直流220 V以下电源的引入开关,5 kW以下的电动机直接启动和正反转控制,以及机床照明电路中的控制开关。

三、自动开关

（1）自动开关又称低压断路器,是低压配电网和电力拖动系统中非常重要的一种电器,除了能完成接通和分断电路,还能对电路或电气设备的短路、过载及失压等进行保护,同时也可用于不频繁地启停电动机。

（2）断路器应按规定垂直安装,工作时不能将灭弧罩取下不用,其过电流脱扣器的整定值一经调好就不允许随意更动,其触头的长期工作电流不得大于开关的额定电流,以免触头温升过高。

四、主令电器

主令电器是在自动控制系统中发出指令或信号的电器。主令电器主要用来接通和分断控制电路,以达到"发号施令"的目的,常见的主令电器有按钮、行程开关、万能转换开关、主令开关和主令控制器等。

五、接触器

接触器是一种用来接通或分断带有负载的交流或直流主电路及大容量控制电路的电器元件。它主要控制的对象是电动机、变压器等电力负载,可实现远距离接通或分断电路,可频繁操作,工作可靠。另外,它还具有零压保护、欠压释放保护等作用。接触器按流过其触点的工作电流种类不同,可分为交流接触器(CJ)和直流接触器(CZ)两类。

六、继电器

继电器是一种根据外界输入信号（电信号或非电信号）来控制电路中电流"通"与"断"的

自动切换电器,它主要用来反映各种控制信号,其接点通常接在控制电路中。常用的继电器有电磁式(电流、电压和中间)继电器、时间继电器、热继电器和速度继电器。

七、低压熔断器

低压熔断器是在低压线路及电动机控制电路中主要起短路保护作用的元件,它串联在线路中。当线路或电气设备发生短路或过载时,通过熔断器的电流超过规定值一定时间后,以其自身产生的热量使熔体熔化而自动分断电路,使线路或电气设备脱离电源,起到保护作用。

习题 7

7.1　什么是低压电器? 它可以分为哪几类?

7.2　低压断路器的主要用途及图形和文字符号是什么?

7.3　简述低压断路器的结构及工作原理。

7.4　使用、安装刀开关时,有哪些注意事项?

7.5　转换开关的用途有哪些?

7.6　按钮开关有哪几种?

7.7　行程开关的主要种类和用途有哪些?

7.8　接触器有何用途? 其触点可分为哪两种类型?

7.9　交流接触器上的短路环有何作用? 如果短路环断裂有何现象?

7.10　简述交流接触器的安装使用注意事项。

7.11　若额定电压为 220 V 的交流励磁线圈误接到交流 380 V 或交流 110 V 的电路上,分别会产生什么后果? 为什么?

7.12　常用继电器有哪几种? 在控制电路中各起什么作用?

7.13　在电动机控制电路中,熔断器和热继电器能否互相替代? 为什么?

7.14　速度继电器的主要作用是什么?

7.15　常用熔断器有哪几种? 其用途是什么?

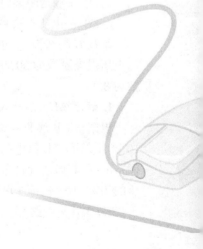

第8章

导线的选择与连接

【本章目标】

掌握低压导线截面的选择方法；

知道导线颜色的选择原则；

知道导线连接的规范。

导线的选择和连接是电气控制系统安装与调试过程中的一项基本工序，也是一项十分重要的工序，导线能否正确选择以及导线的连接质量的好坏直接关系到整个线路能否安全、可靠地长期运行。本章节我们重点介绍一下导线的选择原则和连接方法。

8.1 低压导线截面的选择

在生产、生活中导线随处可见，如果导线选择不合理，则会产生很多潜在危险，那么在进行导线选择时应遵循什么原则呢？导线的安全载流量是根据所允许的线芯最高温度、冷却条件、敷设条件来确定的。一般铜导线的安全载流量为 $5 \sim 8$ A/mm^2，铝导线的安全载流量为 $3 \sim 5$ A/mm^2。

8.1.1 计算法选择导线截面积

选择低压导线可用式(8.1)简单计算：

$$S = PL/(C\Delta U\%) \tag{8.1}$$

式中 P——有功功率，单位为 kW；

L——输送距离，单位为 m；

C——电压损失系数。

系数 C 的选择：三相四线制供电且各相负荷均匀时，铜导线的电压损失系数为85，铝导线的电压损失系数为50；单相220 V供电时，铜导线的电压损失系数为14，铝导线的电压损失系数为8.3。

1. 确定 $\Delta U\%$ 的建议

根据《供电营业规则》（以下简称《规则》）中关于电压质量标准的要求来求 $\Delta U\%$。即 10 kV 及以下三相供电的用户受电端供电电压允许偏差（$\Delta\delta$）为额定电压的 $\pm 7\%$；对于 380 V 额定电压，其电压允许范围则为 $354 \sim 407$ V；对于 220 V 单相供电，其电压允许范围为额定电压的 $90\% \sim 105\%$，即 $198 \sim 231$ V。因此，在计算导线截面积时，应通过计算保证电压偏差不低于 -7%（380 V 线路）和 -10%（220 V 线路），就可满足用户要求。

2. 确定 ΔU% 的计算公式

$$\Delta U = U_1 - U_N - \Delta\delta \times U_N \qquad (8.2)$$

$$\Delta U\% = \Delta U / U_1 \times 100\% \qquad (8.3)$$

（1）对于三相四线制 380 V：

$$\Delta U = 400 - 380 - (-0.07 \times 380) = 46.6(\text{V}) \qquad (8.4)$$

$$\Delta U\% = \Delta U / U_1 \times 100\% = 46.6/400 \times 100\% = 11.65\% \qquad (8.5)$$

（2）对于单相 220 V：

$$\Delta U = 230 - 220 - (-0.1 \times 220) = 32(\text{V}) \qquad (8.6)$$

$$\Delta U\% = \Delta U / U_1 \times 100\% = 32/230 \times 100\% = 13.91\% \qquad (8.7)$$

3. 低压导线截面积计算终极公式

1）三相四线制 380 V

导线为铜导线：

$$S_{st} = PL/(85 \times 11.65\%) = 1.01PL \times 10^{-3}(\text{mm}^2) \qquad (8.8)$$

导线为铝导线：

$$S_{sl} = PL/(50 \times 11.65\%) = 1.72PL \times 10^{-3}(\text{mm}^2) \qquad (8.9)$$

2）单相 220 V

导线为铜导线：

$$S_{dt} = PL/(14 \times 13.91\%) = 5.14PL \times 10^{-3}(\text{mm}^2) \qquad (8.10)$$

导线为铝导线：

$$S_{dl} = PL/(8.3 \times 13.91\%) = 8.66PL \times 10^{-3}(\text{mm}^2) \qquad (8.11)$$

式中，下角标 s、d、t、l 分别表示三相、单相、铜、铝。所以只要知道了用电负荷（kW）和供电距离（m），就可以方便地运用式（8.8）~式（8.11）求出导线截面积了。如果 L 的单位为 km，则去掉公式中的 10^{-3}。

8.1.2 导线载流量简单算法

1. 导线选择的估算口诀

二点五下乘以九，往上减一顺号走；

三十五乘三点五，双双成组减点五；

条件有变加折算，高温九折铜升级；

穿管根数二三四，八七六折满载流。

2. 说明

本节口诀对各种绝缘线（橡皮和塑料绝缘线）的载流量（安全电流）不是直接指出，而是用截面积乘以一定的倍数来表示，通过计算而得，倍数随截面积的增大而减小。我国常用导线标称截面（mm²）排列如下：

1、1.5、2.5、4、6、10、16、25、35、50、70、95、120、150、185、…

（1）"二点五下乘以九，往上减一顺号走"说的是 2.5 mm² 及以下的各种截面铝芯绝缘线，其载流量约为截面积的 9 倍，如 2.5 mm² 导线的载流量为 2.5×9＝22.5（A）。4 mm² 及以上导线的载流量和截面积的倍数关系是顺着线号往上排，倍数逐次减 1，即 4×8、6×7、10×6、16×5、25×4。

（2）"三十五乘三点五,双双成组减点五"说的是 35 mm² 的导线载流量为截面积的 3.5 倍,即 $35×3.5 = 122.5(A)$。50 mm² 及以上的导线载流量与截面积之间的倍数关系变为每两个线号成一组,倍数依次减 0.5,即 50 mm²、70 mm² 导线的载流量为截面数的 3 倍;95 mm²、120 mm² 导线的载流量是其截面积的 2.5 倍;依此类推。

（3）"条件有变加折算,高温九折铜升级"是铝芯绝缘线明敷在环境温度 25 ℃ 的条件下而定的。若铝芯绝缘线明敷在环境温度长期高于 25 ℃ 的地区,导线载流量可按上述口诀计算方法算出,然后再打九折即可;当使用的不是铝芯绝缘线而是铜芯绝缘线,它的载流量要比同规格铝芯绝缘线略大一些,可按上述口诀方法算出比铝芯绝缘线加大一个线号的载流量。例如,16 mm² 铜芯绝缘线的载流量可按 25 mm² 铝芯绝缘线计算。

裸线（如架空裸线）的载流量为截面积乘以相应倍率后再乘以 2,如 16 mm² 导线载流量为 $16×5×2 = 160(A)$。

常见铝芯绝缘导线载流量与截面积的倍数关系如表 8.1 所示。

表 8.1　常见铝芯绝缘导线载流量与截面积的倍数关系

截面积/mm²	1	1.5	2.5	4	6	10	16	25	35	50	70	95	120
倍数	9	9	9	8	7	6	5	4	3.5	3	3	2.5	2.5
电流/A	9	14	23	32	42	60	90	100	123	150	210	238	300

8.2　导线颜色的选择

《电气装置安装工程 1 kV 及以下配线工程施工及验收规范》第 3.1.9 条规定:当配线采用多相导线时,其相线的颜色应易于区分,相线与零线（中性线 N）的颜色应不同,同一建筑物、构筑物内的导线颜色选择应统一;保护地线（PE 线）应采用黄绿颜色相间的绝缘导线;零线宜采用淡蓝色绝缘导线。

1. 相线颜色

相线颜色宜采用黄、绿、红三色。以三相进建筑物的住宅为例,三相电源引入三相电度表箱内时,相线宜采用黄、绿、红三色;单相电源引入单相电度表箱时,相线宜分别采用黄、绿、红三色。

2. 中性线颜色

中性线颜色规范规定中性线宜采用淡蓝色绝缘导线。"宜"的含义是:在条件许可时应优先采用淡蓝色绝缘导线。有的国家中性线采用白色绝缘导线,如果其建筑物因业主要求采用白色绝缘导线作中性线,那么该建筑物内所有的中性线都应采用白色绝缘导线。如果中性线的颜色是深蓝色,那么相线颜色不宜采用绿色,因为在暗淡的灯光下深蓝色与绿色差别不大,相线颜色在单相供电时应采用红色或黄色。

3. 保护地线的颜色

保护地线应采用黄绿颜色相间的绝缘导线。"应"的含义是必须,在正常情况下均必须采用黄绿相间的绝缘导线。

8.3　导线连接的规范

很多电气故障是由于导线连接不规范、不可靠引起导线发热、线路压降过大,甚至断路。因此,杜绝线路隐患、保障线路畅通与导线的连接工艺和质量有非常密切的关系。

8.3.1　导线连接要求

导线的连接包括导线与导线、电缆与电缆、导线与设备元件、电缆与设备元件及导线与电缆的连接。导线的连接与导线材质、截面积大小、结构形式、耐压高低、连接部位、敷设方式等因素有关。

1. 导线连接的总体要求

导线的连接必须符合国标所规范的电气装置安装工程施工及验收标准规程的要求。在无特殊要求和规定的场合,连接导线的芯线要采用焊接、压板压接或套管连接。在低压系统中,电流较小时应采用绞接、缠绕连接。

必须学会使用剥线钳、钢丝钳和电工刀剖削导线的绝缘层。线芯截面积为 4 mm^2 及以下的塑料硬线一般用钢丝钳或剥线钳剖削;线芯截面积大于 4 mm^2 的塑料硬线可用电工刀剖削;塑料软线绝缘层只能用剥线钳或钢丝钳剖削,不可用电工刀剖削;塑料护套线绝缘层的剖削必须使用电工刀。剖削导线绝缘层时,不得损伤芯线,如果损伤较多应重新剖削。

导线的绝缘层破损及导线连接后必须恢复绝缘,恢复后的绝缘强度不应低于原有绝缘层的强度。使用绝缘带包缠时,应均匀、紧密、不能过疏,更不允许露出芯线,以免造成触电或短路事故。在绝缘端子的根部与导线绝缘层间的空白处要用绝缘带包缠严密。绝缘带平时不可放在温度很高的地方,也不可浸染油类。

凡是包缠绝缘的相与相、相与零线上的接头位置要错开一定的距离,以避免发生相与相、相与零线之间的短路。

2. 导线与导线的连接要求

采用熔焊连接时,熔焊连接的焊缝不能有凹陷、夹渣、断股、裂纹及根部未焊合等缺陷。焊接的外形尺寸应符合焊接工艺要求,焊接后必须清除残余的焊药和焊渣。锡焊连接的焊缝应饱满,表面光滑,焊剂无腐蚀性,焊后要清除残余的焊剂。

使用压板或其他专用夹具压接时,其规格要与导线线芯截面积相适应,螺钉、螺母等紧固件应拧紧到位,要有防松装置。

采用套管、压模等连接器件连接时,其规格要和导线线芯的截面积相适应,压接深度、压坑数量、压接长度应符合规范的要求。

10 kV 及以下架空线路的单股和多股导线宜采用缠绕法连接,其连接方法要随芯线的股数和材料不同而异。导线缠绕方法要正确,连接部位的导线缠绕后要平直、整齐和紧密,不应有断股、松股等缺陷。

在配线的分支线路连接处和架空线的分支线路连接处,干线不应受到支线的横向拉力。

在架空线路中,不同材质、不同规格、不同绞制方向的导线严禁在跨挡内连接。在其他部位以及低压配电线路中不同材质的导线不能直接连接,必须使用过渡元件连接。

采用接续管连接的导线连接后的握着力与原导线的握着力保持计算拉断力比,接续管连接不小于 95%,螺栓式耐张线夹连接不小于 90%,缠绕连接不小于 80%。

不管采用何种形式的连接法,导线连接后的电阻不得大于与接线长度相同的导线电阻。

穿在管内的导线绝缘必须完好无损,不允许在管内有接头,所有接头和分支路都应在接线盒内进行。

护套线的连接不可采用线与线在明处直接连接,应采用接线盒、分线盒或借用其他电气装置的接线柱来连接。

铜芯导线采用绞接或缠绕法连接,必须先对其进行搪锡或镀锡处理后再进行连接,连接后再进行蘸锡处理。单股与单股、单股与软铜线连接时,可先除去其表面的氧化膜,连接后再蘸锡。

不管采用何种连接方法,导线连接后都应将毛刺和不妥之处进行修理,以符合要求。

3. 导线与设备元件的连接要求

1) 在针孔式接线端子上连接

截面积为 10 mm^2 及以下的单股铜芯线、单股铝芯线可直接与设备元件、用电器具的接线端子连接,其中铜芯线应先搪锡再连接。

截面积为 2.5 mm^2 及以下的多股铜细丝导线的线芯必须先绞紧搪锡或在导线端头上采用针形接轧头压接后插入端子针孔连接,切不可有细丝露在外面,以免发生短路事故。

单股铝芯线和截面积大于 2.5 mm^2 的多股铜芯线应压接针式轧头后再与接线端子连接。

2) 在螺钉平压式接线端子上连接

对于截面积为 10 mm^2 及以下的单股铜芯线、单股铝芯线,应将其端头弯制成圆套环。

对于截面积为 10 mm^2 及以下的多股铜芯线、铝芯线和较大截面积的单股线,应在其线端压接线鼻子后再与设备元件的接线端子连接。

所有导线的连接必须牢固,不得松动。在任何情况下,连接器件必须与连接导线的截面和材料性质相适应。

8.3.2 导线连接的方法

1. 铜导线的绞接和缠绕连接

当导线不够长或要分接支路时,就要将导线与导线连接。常用导线的线芯有单股、7 股和 19 股等,连接方法随芯线的股数不同而异。

1) 单股铜芯导线的一字形连接

把被连接的两导线线端的绝缘层剖削掉,其长度一般为 100~150 mm,较小截面积的导线取 100 mm,较大截面积的导线取 150 mm。

把两导线端头芯线的 2/3 长度处成 X 形相交,按顺时针方向绞在一起并用钳口咬住,互相绞绕 2~5 圈后扳直两头,如图 8.1(a)所示。

用一只手握钳,另一只手将每个线头在另一芯线上紧贴缠绕 5 圈,截面积较大的缠绕 10 圈,用钢丝钳剪去余下的线头,并挤紧钳平芯线的末端,如图 8.1(b)所示。

双芯线的导线一字形连接可用同样的方法把另一线芯缠绕,将接头修整平直,如图 8.1(c)所示。

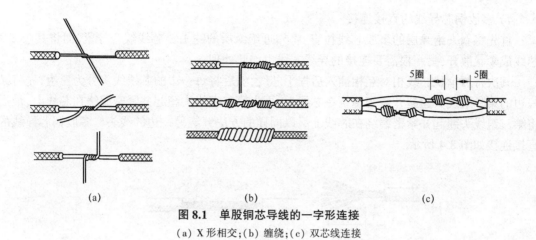

图 8.1 单股铜芯导线的一字形连接

（a）X 形相交；（b）缠绕；（c）双芯线连接

2）单股铜芯导线的 T 字分支连接方法

将干线分支点导线的绝缘层剖削掉 50 mm，再把分支导线端部的绝缘层剖削掉 100~150 mm，长度选取同上。

将支路芯线的线头与干线芯线十字相交打一个结，并用钳口咬住，使支路芯线根部留出 3~5 mm，然后按顺时针方向紧紧缠绕干线芯线，缠绕 5~10 圈后，用钢丝钳切去余下的芯线并掐紧芯线末端，钳平切口毛刺，如图 8.2 所示。

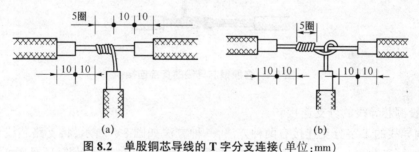

图 8.2 单股铜芯导线的 T 字分支连接（单位：mm）

（a）小截面分线连接；（b）分线打结连接

3）单股铜芯导线的十字连接

方法同上，如图 8.3 所示。

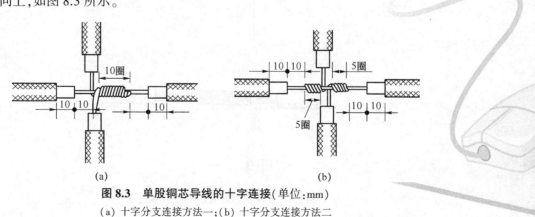

图 8.3 单股铜芯导线的十字连接（单位：mm）

（a）十字分支连接方法一；（b）十字分支连接方法二

4）多股铜芯导线的直接连接

首先将剥去绝缘层的多股芯线拉直，将靠近绝缘层的约 1/3 芯线绞合拧紧，而将其余 2/3 芯线成伞状散开，另一根需要连接的导线芯线也如此处理。

其次将两伞状芯线相对互相插入后捏平芯线，然后将每一边的芯线线头分为三组，先将某一边的第一组线头翘起并紧密缠绕在芯线上，再将第二组线头翘起并紧密缠绕在芯线上，最后将第三组线头翘起并紧密缠绕在芯线上。以同样的方法缠绕另一边的线头。多股铜芯导线的直接连接如图 8.4 所示。

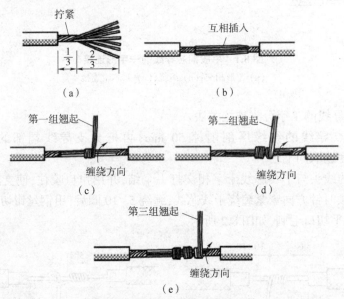

图 8.4　多股铜芯导线的直接连接

5）多股铜芯导线的分支连接

多股铜导线的 T 字分支连接有两种方法，一种方法如图 8.5 所示，将支路芯线 90° 折弯后与干路芯线并行［见图 8.5(a)］，然后将线头折回并紧密缠绕在芯线上即可［见图 8.5(b)］。

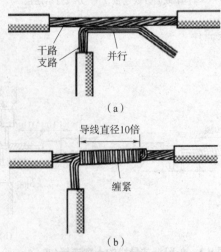

图 8.5　多股铜芯导线的分支连接方法一

另一种方法如图 8.6 所示,将支路芯线靠近绝缘层的约 1/8 芯线绞合拧紧,其余 7/8 芯线分为两组,一组插入干路芯线中,另一组放在干路芯线前面,并朝右边按图 8.6(b)所示方向缠绕四五圈。再将插入干路芯线中的一组芯线朝左边按图 8.6(c)所示方向缠绕四五圈,连接好的导线如图 8.6(d)所示。

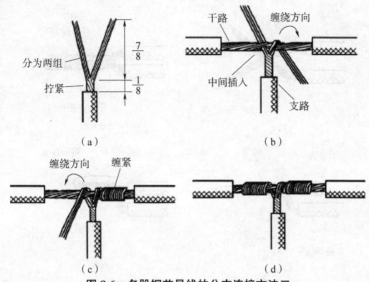

图 8.6　多股铜芯导线的分支连接方法二

6) 单股铜芯导线与多股铜芯导线的连接

单股铜芯导线与多股铜芯导线的连接方法如图 8.7 所示,先将多股铜芯导线的芯线绞合拧紧成单股状,再将其紧密缠绕在单股铜芯导线的芯线上,最后将单股芯线线头折回并压紧在缠绕部位即可。

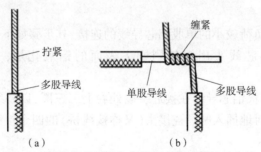

图 8.7　单股铜芯导线与多股铜芯导线的连接方法

7) 同一方向导线的连接

当需要连接的导线来自同一方向时,对于单股导线,可将一根导线的芯线紧密缠绕在其他导线的芯线上,再将其他芯线的线头折回压紧即可;对于多股导线,可将两根导线的芯线互相交叉,然后绞合拧紧即可;对于单股导线与多股导线的连接,可将多股导线的芯线紧密缠绕在单股导线的芯线上,再将单股导线的线头折回压紧即可。同一方向导线的连接方法如图 8.8所示。

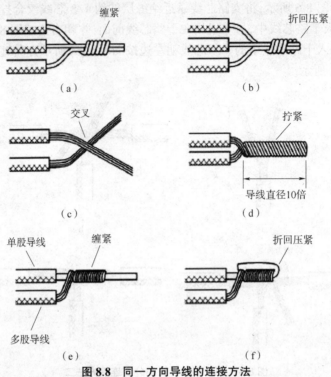

图 8.8 同一方向导线的连接方法

2. 铝芯导线的连接

由于铝极易氧化,且铝氧化膜的电阻率很高,所以铝芯导线不宜采用铜芯导线的方法进行连接,铝芯导线常采用螺钉压接法、压板连接法和压接管压接法连接。下面介绍螺钉压接法和压接管压接法。

1）螺钉压接法

螺钉压接法适用于负荷较小的单股铝芯导线的连接,其步骤如下。

将剥去绝缘层的铝芯线头用钢丝刷刷去表面的铝氧化层,并涂上中性凡士林,如图 8.9(a)所示。

直线连接时,先把每根铝芯导线在接近线段处卷上二三圈,以备线头断裂后再次连接用,然后把四个线头两两相对地插入两只瓷接头(又称接线桥)的四个接线端子上,旋紧接线桩上的螺钉,如图 8.9(b)所示。

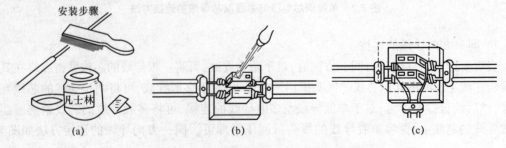

图 8.9 单股铝芯导线的螺钉压接法连接
(a) 去氧化层;(b) 直线瓷接头连接;(c) 分路瓷接头连接

若要做分路连接,应把支路导线的两个芯线头分别插入两个瓷接头的两个接线端子上,然后旋紧螺钉,如图 8.9(c)所示。

在瓷接头上加罩铁皮盒盖或木罩盒盖。

如果连接处在插座或熔断器附近,则不必用瓷接头,可用插座或熔断器上的接线桩进行过渡连接。

2) 压接管压接法

压接管压接法使用手动冷挤压接钳和压接管,如图 8.10 所示。

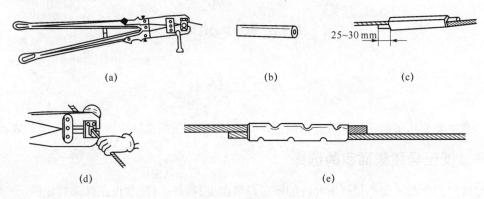

图 8.10　压接管压接法

(a) 手动冷挤压接钳;(b) 压接管;(c) 穿进压接管;(d) 进行压接;(e) 压接后

按多股铝芯导线规格选择合适的铝压接管;

用钢丝刷清除铝芯导线表面和压接管内壁的氧化层,涂上一层中性凡士林;

把两根铝芯导线的线端相对穿入压接管,并使线端穿出压接管 25~30 mm;

进行压接时,第一道压接坑应压在铝芯导线端的一侧,不可压反,压接坑的距离和数量应符合技术要求。

8.3.3　恢复导线的绝缘层

通常用黄蜡带、涤纶薄膜带和黑胶带作为恢复绝缘层的材料,黄蜡带和黑胶带一般选用 20 mm 宽,恢复导线绝缘层的方法步骤如下。

将黄蜡带从导线左边完整的绝缘层上开始包缠,包缠两根带宽后方可进入无绝缘层的线芯部分,如图 8.11 (a)所示。包缠时,黄蜡带与导线保持约 55°的倾斜角,每圈叠压带宽的1/2,如图 8.11 (b)所示。

包一层黄蜡带后,将黑胶带接在黄蜡带的尾端,按另一斜叠方向包缠一层黑胶带,也要每圈压叠带宽的 1/2,如图 8.11 (c)和(d)所示。

用在 380 V 线路上的导线恢复绝缘层时,必须先包缠一两层黄蜡带,然后包缠一层黑胶带。用在 220 V 线路上的导线恢复绝缘时,先包一层黄蜡带,然后包缠一层黑胶带,也可只包缠两层黑胶带。双股线芯的导线连接时,用绝缘带将后圈压前圈 1/2 带宽,正反各包缠一次,包缠后的首尾应压住原绝缘层一个绝缘带宽。

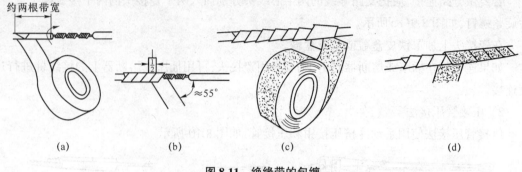

约两根带宽

(a)　　　　　(b)　　　　　(c)　　　　　(d)

≈55°

图 8.11　绝缘带的包缠

小　　结

本章主要介绍了低压导线截面积的选择方法、导线颜色的选择原则和导线连接的规范。

一、低压导线截面积的选择

导线的安全载流量是根据所允许的线芯最高温度、冷却条件、敷设条件来确定的。一般铜导线的安全载流量为 $5\sim8$ A/mm^2，铝导线的安全载流量为 $3\sim5$ A/mm^2。确定导线截面积的常用方法有两种，即计算法和利用口诀简单估算。

二、导线颜色的选择

根据国标相关规范相线颜色宜采用黄、绿、红三色，中性线颜色宜采用淡蓝色，保护地线的颜色应采用黄绿相间的颜色。

三、导线连接

很多电气故障是由于导线连接不规范、不可靠引起导线发热、线路压降过大，甚至断路。因此，杜绝线路隐患、保障线路畅通与导线的连接工艺和质量有非常密切的关系。

1. 导线连接的总体要求

导线的连接必须符合相关国标要求，一般连接导线的芯线要采用焊接、压板压接或套管连接。在低压系统中，电流较小时应采用绞接、缠绕连接。导线的绝缘层破损及导线连接后必须恢复绝缘，恢复后的绝缘层强度不应低于原有绝缘层的强度。

2. 导线连接的方法

不同类型的导线及不同的场合导线连接的形式也不同，常见的导线连接形式有：铜芯导线的绞接和缠绕连接，包括单股铜芯导线的一字形连接、单股铜芯导线的 T 字分支连接、单股铜芯导线的十字连接、多股铜芯导线的直接连接、多股铜芯导线的分支连接、单股铜芯导线与多股铜芯导线的连接、同一方向导线的连接；铝芯导线的连接，包括螺钉压接法连接、压接管压接法连接。

3. 恢复导线的绝缘层

通常用黄蜡带、涤纶薄膜带和黑胶带作为恢复绝缘层的材料，黄蜡带和黑胶带一般选用 20 mm 宽。

习题 8

8.1 简述导线选型的步骤。

8.2 导线颜色选择的原则是什么？

8.3 导线连接的总体要求有哪些？

8.4 导线穿管有什么要求？

8.5 简述恢复导线绝缘的方法。

第9章

电气识图

【本章目标】

掌握电气识图基本知识；

会看电气图；

能够利用电气图进行故障分析；

能够根据接线图接线。

电气控制系统是由许多电器元件按照一定的要求连接而成的。为了表达生产机械电气控制系统的结构、原理等设计意图，同时也为了便于电气控制系统的安装、接线、使用和维修，需要将电气控制系统中的各电器元件及其连接关系用图形表示出来，这就是电气控制系统图。

9.1 电气识图基本知识

1. 电气图定义

电气图是用电气图形符号、带注释的围框或简化外形表示电气系统或设备中组成部分之间相互关系及其连接关系的一种图。广义地说，表明两个或两个以上变量之间关系的曲线，用于说明系统、成套装置或设备中各组成部分的相互关系或连接关系，用于提供工作参数的表格、文字等，也属于电气图。

2. 电气图的特点

（1）阐述工作原理，描述产品的构成和功能，提供装接和使用信息的重要工具和手段。

（2）简图是电气图的主要表达方式，是用图形符号、带注释的围框或简化外形表示系统或设备中各组成部分之间相互关系及其连接关系的一种图。

（3）元件和连接线是电气图的主要表达内容。一个电路通常由电源、开关设备、用电设备和连接线四个部分组成，如果将电源设备、开关设备和用电设备看成元件，则电路由元件与连接线组成，或者说各种元件按照一定的次序用连接线连接起来就构成一个电路。

（4）图形符号、文字符号（或项目代号）是电气图的主要组成部分。一个电气系统或一种电气装置由各种元器件组成，在主要以简图形式表达的电气图中，无论是表示构成、功能，还是表示电气接线，通常都用简单的图形符号表示。

3. 电气图用图形符号

电气图用图形符号用于图样或其他文件，以表示一个设备或概念的图形、标记或字符。图形符号是通过书写、绘制、印制或其他方法产生的可视图形，是一种以简明易懂的方式来传递一种信息、表示一个实物或概念,并提供有关条件、相关性及动作信息的工业语言。

(1) 所有的图形符号均应按无电压、无外力作用的正常状态示出。

(2) 符号的大小和图线的宽度一般不影响符号的含义,但在有些情况下,为了强调某些方面、为了便于补充信息,或者为了区别不同的用途,允许采用不同大小的符号和不同宽度的图线。

(3) 为了保持图面清晰,避免导线弯折或交叉,在不致引起误解的情况下,可以将符号旋转或成镜像放置,但此时图形符号的文字标注和指示方向不得倒置。

(4) 图形符号一般都画有引线,但在绝大多数情况下引线位置仅用作示例,在不改变符号含义的原则下引线可取不同的方向。如果引线符号的位置影响到符号的含义,则不能随意改变,否则会引起歧义。

4. 电气设备用图形符号

(1) 电气设备用图形符号是完全区别于电气图用图形符号的另一类符号,主要适用于各种类型的电气设备或电气设备部件上,使操作人员了解其用途和操作方法,也可用于安装或移动电气设备的场合,诸如禁止、警告、规定或限制等应注意的事项。

(2) 电气设备用图形符号的用途:识别、限定、说明、命令、警告、指示。

(3) 电气设备用图形符号应按一定比例绘制,要求含义明确,图形简单、清晰,易于理解,易于辨认和识别。

5. 电气技术中的文字符号

电气技术中的文字符号分为基本文字符号和辅助文字符号。基本文字符号分为单字母符号和双字母符号。

(1) 单字母符号:用拉丁字母将各种电气设备、装置和元器件划分为 23 大类,每大类用一个专用单字母符号表示,如 R 为电阻器,Q 为电力电路的开关器件等。

(2) 双字母符号:由表示种类的单字母与另一字母组成,其组合形式以单字母符号在前,另一个字母在后的次序列出。双字母符号中的另一个字母通常选用该类设备、装置和元器件的英文名词的首位字母常用缩略语,或约定俗成的习惯用字母。

(3) 辅助文字符号:表示电气设备、装置、元器件以及线路的功能、状态和特性,通常也由英文单词的前一两个字母构成。它一般放在基本文字符号后边,构成组合文字符号。

9.2　常用电气图的分类及绘制原则

1. 系统图或框图

系统图或框图是指用符号或带注释的框概略表示系统或分系统的基本组成、相互关系及其主要特征的一种简图,如图 9.1 所示。

2. 电路图(电气原理图)

用图形符号和项目代号表示电路各个电器元件的连接关系和电气工作原理而不考虑其实际位置的一种简图称为电气原理图,如图 9.2 所示。由于电气原理图结构简单、层次分明,适用于研究和分析电路工作原理,在设计部门和生产现场得到了广泛应用。

1) 电气原理图的绘制标准

电气原理图中所有电器元件都应采用国家统一规定的图形符号和文字符号。

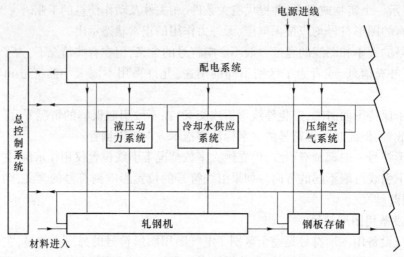

图 9.1　系统图

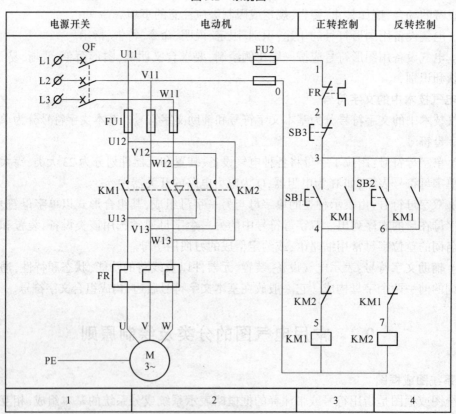

图 9.2　电气原理图

2）电气原理图的组成和绘制原则

（1）电气原理图由电源电路、主电路和辅助电路三部分组成。

（2）电器应是未通电时的状态，二进制逻辑元件应是置零时的状态，机械开关应是循环开始前的状态 。

（3）电气原理图上的动力电路、控制电路和信号电路应分开绘制。

（4）电气原理图上应标出各个电源电路的电压、极性等，某些元器件的特性（如电阻、电容的数值等），不常用电器（如位置传感器、手动触点等）的操作方式和功能。

（5）电气原理图上各电路的安排应便于分析、维修和查找故障，电气原理图应按功能分开画出。

（6）采用垂直布置时，动力电路的电源电路绘成水平线，受电的动力装置（电动机）及其保护电器支路应垂直于电源电路画出。

（7）控制和信号电路可垂直绘制，耗能元件（如线圈、电磁铁、信号灯等）应画在电路的最下端。

（8）为阅图方便，电气原理图中从左至右或自上而下表示操作顺序，并尽可能减少线条和避免线条交叉。

（9）在电气原理图上方将图分成若干图区，并标明该区电路的用途和作用；在继电器、接触器线圈下方列有触点表，以说明线圈和触点的从属关系。

3）电气原理图的用途

供详细表达和理解设计对象（电路、设备或装置）的作用原理、分析和计算电路特性之用；

作为编制接线图的依据；

为测试和寻找故障提供信息。

3. 设备元件表

设备元件表是指把成套装置、设备和装置中各组成部分和相应数据列成的表格，其用途是表示各组成部分的名称、型号、规格和数量等，图 9.2 所示电路的设备元件表如表 9.1 所示。

表 9.1 图 9.2 所示电路的设备元件表

序号	代号	名称	型号	数量	备注
1	QF	空气开关	DZX4-2P/5A	1	
2	FU1	熔断器	RT18-32/32A	3	
3	FU2	熔断器	RT18-32/2A	2	
4	KM1、KM2	交流接触器	CJ8-20/380V［20A］	2	
5	M	三相异步电动机	YZB160M1-6/5.5 kW	1	
6	FR	热继电器	3UA59-2C［25A］	1	西门子
7	SB1~SB3	按钮	LA10-3H	1	钮数 3

4. 端子功能图

端子功能图是指表示功能单元全部外接端子，并用功能图、表图或文字表示其内部功能的一种简图。

5. 安装接线图

安装接线图是指表示成套装置、设备或装置的连接关系，用于进行安装接线、线路检查、线路维修和故障排查的一种简图，它不仅表示设备（元件）之间的连接关系，还表示其实际位置布局，通常安装接线图与电气原理图中的标注一致，并与电气原理图和元件布置图一起使用，如图 9.3 所示。

电气安装接线图的绘制原则如下。

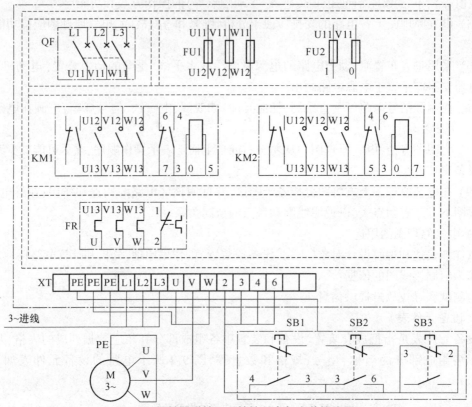

图 9.3　接触器联锁正反转控制电气安装接线图

（1）各电器元件均应按照实际安装位置绘出，同一电器的各元件应根据其实际结构、使用与电气原理图中相同的图形符号画在一起，并用点画线框起来。

（2）各元器件的图形符号和文字符号必须与电气原理图中的一致，符合国家标准。

（3）各元器件上需要接线的端子必须全部画出，并标上与电气原理图导线编号相一致的编号。

（4）接线图中的导线有单根导线、导线组、电缆之分，可用连续线和中断线来表示。走向相同的导线可以合并，绘成一股，用线束来表示，到达接线端子或电器元件的连接点时再分别画出。

6. 简图或位置图

简图或位置图是指表示成套装置、设备或装置中各个项目的位置的一种简图，用来表明电气原理图中各元器件在控制板上的实际安装位置。它是用图形符号绘制的图，用来表示一个区域或一个建筑物内成套电气装置中的元件位置和连接布线，如图 9.4 所示。

简图或位置图的绘制原则如下。

（1）体积大和较重的电器元件应安装在电气安装板的下方，而发热元件应安装在电气安装板的上方。

（2）强电、弱电应分开，弱电应屏蔽，防止外界干扰。

（3）需要经常维护、检修、调整的电器元件安装位置不宜过高或过低。

（4）电器元件的布置应考虑整齐、美观、对称。外形尺寸和结构类似的电器安装在一起，以利于安装和配线。

（5）电器元件布置不宜过密，应保留一定的间隙。如果走线槽，应加大各排电器间距，以利于布线和维修。

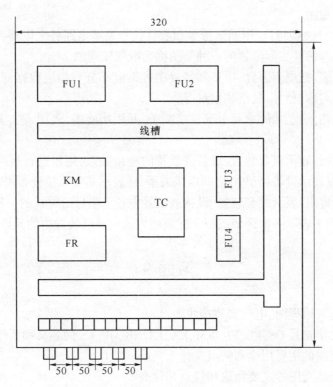

图9.4　位置图

小　　结

本章主要介绍了电气识图基本知识、常用电气图纸的种类及相应的用途。

一、电气识图基本知识

（1）电气图定义：用电气图形符号、带注释的围框或简化外形表示电气系统或设备中组成部分之间相互关系及其连接关系的一种图。

（2）电气图的特点：阐述工作原理，描述产品的构成和功能；元件和连接线是电气图的主要表达内容；图形符号、文字符号（或项目代号）是电气图的主要组成部分。

（3）电气图用图形符号：用于图样或其他文件，以表示一个设备或概念的图形、标记或字符。

（4）电气设备用图形符号：主要适用于各种类型的电气设备或电气设备部件上，使得操作人员了解其用途和操作方法，也可用于安装或移动电气设备的场合，诸如禁止、警告、规定或限制等需要注意的事项。

（5）电气技术中的文字符号：分基本文字符号和辅助文字符号，基本文字符号分单字母符号和双字母符号。

二、常用电气图分类

（1）系统图或框图：用符号或带注释的框概略表示系统或分系统的基本组成、相互关系及其主要特征的一种简图。

（2）电路图（电气原理图）：用图形符号和项目代号表示电路各个电器元件的连接关系和电气工作原理而不考虑其实际位置的一种简图称为电气原理图。

（3）设备元件表：把成套装置、设备和装置中各组成部分和相应数据列成的表格，其用途表示各组成部分的名称、型号、规格和数量等。

（4）端子功能图：表示功能单元全部外接端子，并用功能图、表图或文字表示其内部功能的一种简图。

（5）安装接线图：表示成套装置、设备或装置的连接关系，用以进行接线和检查的一种简图，安装接线图不仅表示设备（元件）之间连接关系，还表示其实际位置布局。

（6）简图或位置图：表示成套装置、设备或装置中各个项目的位置的一种简图。它是用图形符号绘制的图，用来表示一个区域或一个建筑物内成套电气装置中的元件位置和连接布线。

习题 9

9.1　什么是电气原理图、电气安装接线图？

9.2　请写出文字符号 QS、FU、FR、KM、KA、KT、SB、QF、KS 的意义和图形符号。

9.3　电气原理图的主要用途和特点是什么？

9.4　电气安装接线图的主要用途和特点是什么？

第10章

基本电气控制线路

【本章目标】

会阅读基本电气控制原理图;

会阅读基本电气控制安装接线图;

会控制线路的安装调试;

掌握常用电气故障排除方法。

异步电动机是工农业中应用最为广泛的一种电动机,异步电动机的控制线路绝大部分仍由继电器、接触器等有触点电器组成。一个电力拖动系统的控制线路可以比较简单,也可以相当复杂。但是,从实践中我们知道,任何复杂的控制线路总是由一些比较简单的环节有机地组合起来的。

10.1 电动机连续运行控制线路

10.1.1 点动正转控制电路

电气设备工作时常常需要进行点动调整,如车刀与工件位置的调整、电动葫芦的升降及移动控制、地面操作的小型行车的电气控制等,因此需要用点动控制电路来完成。

点动控制是按下按钮,电动机就启动运转;松开按钮,电动机就失电停转。点动正转控制线路是用按钮、接触器来控制电动机运转的最简单的正转控制,其原理图如图 10.1 所示,由主电路和控制电路两部分组成。

1. 识读电气原理图

电动机点动正转控制原理图如图 10.1 所示,在控制线路中,断路器 QF 用作电源开关,起隔离电源的作用;熔断器 FU1、FU2 分别为主电路、控制电路的短路保护;启动按钮 SB 控制接触器 KM 的线圈得电、失电;接触器 KM 的主触头控制电动机 M 的启动与停止。点动控制电动机运行时间较短,并由操作人员在附近监视,故一般不设过载保护环节。

2. 电路工作原理

在分析各种控制线路的原理时,为了简单明了,常用电器文字符号和箭头配以少量文字说明来表达线路的工作原理。例如,点动正转控制线路的工作原理可叙述如下。

点动控制

先合上电源开关 QF。

启动:按下 SB→KM 线圈得电→KM 主触头闭合→电动机 M 启动运转。

停止:松开 SB→KM 线圈失电→KM 主触头分断→电动机 M 失电停转,停止使用时断开电源开关 QF。

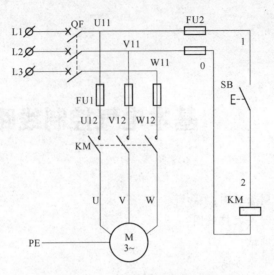

图 10.1　点动正转控制原理图

这种用接触器来控制电动机与用手动开关控制电动机相比有许多优点，它不仅能实现远距离自动控制和具有欠压、失压保护功能，而且具有控制容量大、工作可靠、操作频率高、使用寿命长等优点，因而在电力拖动系统中得到了广泛应用。

3. 点动正转控制安装接线图

电动机点动正转控制安装接线图如图 10.2 所示。

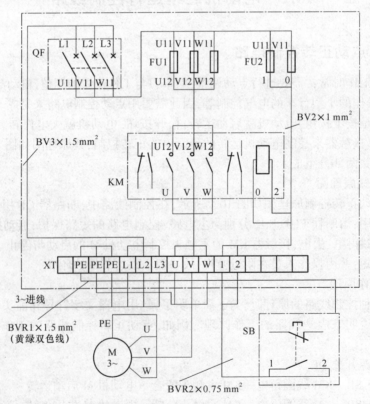

图 10.2　点动正转控制安装接线图

10.1.2　连续运转控制电路

有些机床或生产机械需要电动机连续运转。如果用点动控制电路实现电动机的连续运转,则需要启动按钮 SB 不能断开,这显然是不符合生产实际要求的,故为了实现电动机的连续运行,可采用接触器的自锁控制电路。

因为电动机在运行过程中,如果长期负载过大,或启动操作频繁,或者缺相运行等原因,都有可能使电动机定子绕组的电流增大,超过其额定值。而在这种情况下,熔断器往往并不熔断,从而引起定子绕组过热,使温度升高,若温度超过允许温升就会使绝缘损坏,缩短电动机的使用寿命,严重时甚至会使电动机的定子绕组烧毁。因此,对电动机还必须采取过载措施。过载保护是指当电动机出现过载时能自动切断电动机电源,使电动机停转的一种保护。最常用的过载保护是由热继电器来实现的。

1. 识读电气原理图

具有过载保护的自锁正转控制线路原理图如图 10.3 所示。此线路所用的电器元件,比点动正转控制线路增加了一个停止按钮 SB2 和一个热继电器 FR,并把其热元件串接在三相主电路中,把常闭触头串接在控制电路中。这种线路的主电路和点动控制线路的主电路基本相同,只是串入了热继电器 FR 的热元件。在控制电路中串接了一个停止按钮 SB2 和热继电器 FR 的常闭触头,在启动按钮 SB1 的两端并接了接触器 KM 的一对常开辅助触头。

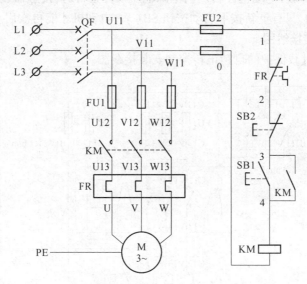

图 10.3　过载保护的自锁正转控制线路

2. 电路工作原理

1) 启动(先合上电源开关 QF)

当松开 SB1,其常开触头恢复分断后,因为接触器 KM 是处于吸合状态,常开辅助触头仍然闭合,控制电路应保持接通,所以接触器 KM 继续得电,电动机 M 实现连续运转。像这种当松开启动按钮 SB1 后,接触器 KM 通过自身常开辅助触头而使线圈保持得电的作用叫作自锁。

与启动按钮 SB1 并联起自锁作用的常开辅助触头叫作自锁触头。

2）停止

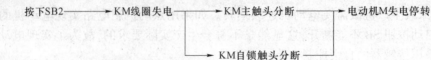

当松开 SB2 后，因为接触器 KM 的自锁触头在切断控制电路时已分断，解除了自锁，SB1 也是分断的，所以接触器 KM 不能得电，电动机 M 也不会转动。

电路设有以下保护环节：

（1）短路保护：发生短路时，熔断器 FU 的熔体熔断而切断电路起保护作用。

（2）过载保护：采用热继电器 FR 实现。但热继电器在三相异步电动机控制线路中也只能作过载保护，不能作短路保护。因为热继电器的热惯性大，即热继电器的双金属片受热膨胀弯曲需要一定的时间。当电动机发生短路时，由于短路电流很大，热继电器还没来得及动作，供电线路和电源设备可能已经损坏。而在电动机启动时，由于启动时间很短，热继电器还未动作，电动机就已经启动完毕。总之，热继电器与熔断器两者所起的作用不同，不能互相代替。

连续控制

（3）欠压、失压保护：通过接触器的自锁实现。当电源电压因某种原因而严重失压或欠压时，接触器 KM 断电释放，电动机停转。当电源电压恢复正常时，接触器线圈不会自行通电，电动机也不会自行启动，只有重新按下启动按钮 SB1 后，电动机才能再次启动。

3. 连续运转安装接线图

图 10.4 所示为过载保护的自锁正转控制安装接线图。

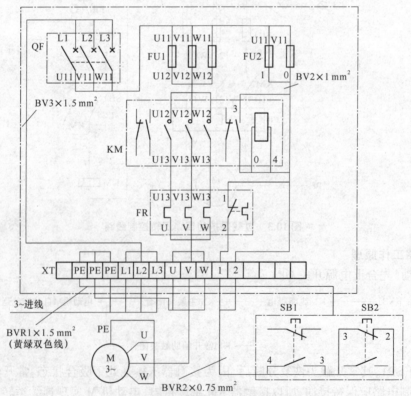

图 10.4 过载保护的自锁正转控制安装接线图

10.2　接触器联锁的正反转控制线路

1. 识读电气原理图

在生产实践中经常用到接触器联锁的正反转控制线路,其电气原理图如图 10.5 所示。线路中采用了两个接触器,即正转用的接触器 KM1 和反转用的接触器 KM2,它们分别由正转按钮 SB1 和反转按钮 SB2 控制。从主电路图可以看出,这两个接触器的主触头所接通的电源相序不同,KM1 按 L1-L2-L3 相序接线,KM2 则按 L3-L2-L1 相序接线。相应地,控制电路有两条,一条是由按钮 SB1 和 KM1 线圈等组成的正转控制电路;另一条是由按钮 SB2 和 KM2 线圈等组成的反转控制电路。

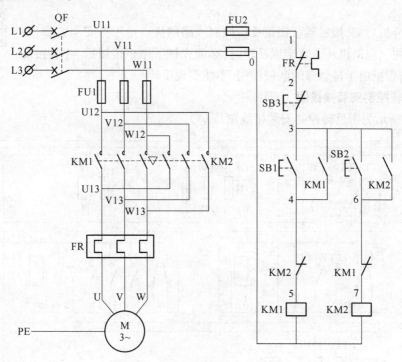

图 10.5　正反转控制电气原理图

必须指出,接触器 KM1 和 KM2 的主触头不允许同时闭合,否则将造成两相电源(L1 相和 L3相)短路事故。为了避免两个接触器 KM1 和 KM2 同时得电动作,在正、反转控制电路中分别串接了对方接触器的一对常闭辅助触头,这样,当一个接触器得电动作时,通过其常闭辅助触头使另一个接触器不能得电动作,接触器间这种互相制约的作用叫作接触器联锁(或互锁)。实现联锁作用的常闭辅助触头称为联锁触头(或互锁触头),联锁符号用"▽"表示。动作原理如下。

2. 电路工作原理

先合上电源开关 QF。

1) 正转控制

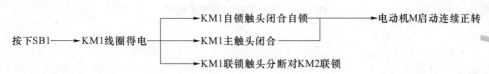

2）反转控制

3）停止

按下停止按钮 SB3→控制电路失电→KM1（或 KM2）主触头分断→电动机 M 失电停转。

从以上分析可知，接触器联锁正反转控制线路的优点是工作安全可靠，缺点是操作不便。电动机从正转变成反转时，必须先按下停止按钮后，才能按反转启动按钮，否则由于接触器的联锁作用，不能实现反转。

正反转控制

3. 正反转控制安装接线图

图 10.6 所示为正反转控制安装接线图。

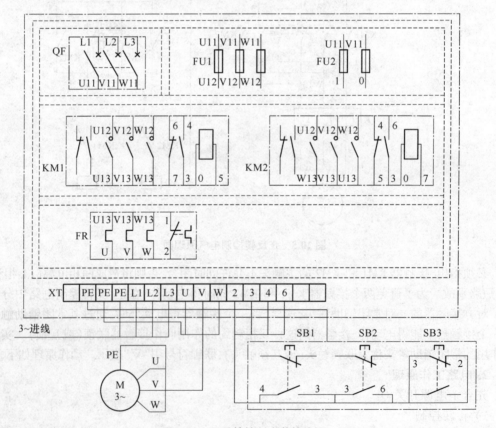

图 10.6　正反转控制安装接线图

项目 7　接触器联锁正反转控制线路的安装调试

任务 1　完成项目准备工作

1. 工具准备

根据项目内容,准备好必备的工具和测试仪表,如常用电工工具、兆欧表、钳形电流表、万用表等。

2. 元器件准备

项目实施前应仔细阅读电气原理图(见图 10.5),并根据原理图确定所需元器件的名称、型号、规格和数量等,填写表 10.1。

表 10.1　设备元件表

序号	代号	名称	型号	数量	备注
1	QF	断路器	DZX4-2P/5A	1	
2	FU1	熔断器	RT18-32/32A	3	
3	FU2	熔断器	RT18-32/2A	2	
4	FR	热继电器	3UA59-2C[25A]	1	西门子
5					
6					
7					
8					

3. 元器件检查与测试

根据所列设备元件表,检测电器元件的好坏。电器元件检测方法如表 10.2 所示。

表 10.2　电器元件检测

	检测内容	检测要求
检测电器元件	外观检查	无裂纹和碰伤,绝缘部件无受潮、发霉等痕迹,零部件齐全,接线柱无锈等
	动作机构检查	手动操作分合灵活,无卡滞现象
	元件线圈、触点检查	无断路、短路;无变形或氧化腐蚀等现象;触头状态是否与标注一致、接触器的线圈电压与电源电压是否相等

任务 2　控制线路安装

控制线路安装步骤如表 10.3 所示。

表 10.3　控制线路安装步骤

安装步骤	内容	工艺要求
元器件布置	按照安装接线图布置元器件	（1）电器元件布置合理，要方便安装、拆解和测试，并有利于发热元器件散热 （2）安装牢固，防止电器元件外壳被压裂损坏
配线	按照安装接线图进行配线	（1）布线时，严禁损伤线芯和导线绝缘 （2）走线合理，并尽可能做到横平竖直，变换走向要垂直 （3）同一平面的导线应做到高低一致或前后一致，避免交叉 （4）线端子、导线线头上都应套有与电路图上相应接点线号一致的编码套管，并按线号进行连接，连接必须牢固，不得松动 （5）导线与接线端子连接时，不得压绝缘层，不露铜过长 （6）一般一个接线端子只能连接一根导线，如果采用专门设计的端子，可以连接两根或多根导线 （7）电源和电动机配线、按钮接线要经过接线端子，进出线槽的导线要有端子标号

任务 3　控制线路调试

1. 线路检测

由于不同的电气控制线路的工作任务不相同，所以调试过程的顺序不一定相同，但主要顺序是基本一样的。

（1）先查线，后通电。通电前先检查线路。

（2）先保护，后操作。先做保护部分整定，后调试操作部分。

（3）先单元，后整体。先调单元部分，后调整体部分。

下面介绍一种常用的线路测试方法——电阻分段测量法，使用本方法测试线路应在不带电状态下进行；所测量电路若与其他电路并联，必须断开并联电路，否则所测电阻值不准确；测量高电阻元器件时，要将万用表的电阻挡转换到适当挡位。

1）控制电路测试

按照电气原理图（见图 10.5）的标注，用万用表的红、黑两根表棒对每条支路逐段测量相邻两点之间的电阻，1-2（"通"为正常状态）、2-3（"通"为正常状态）、3-4（"断"为正常状态）、4-5（"通"为正常状态）、5-0（"有一定电阻值"为正常状态）；第一条支路检查完毕后再依次检查下一条支路，3-6（"断"为正常状态）、6-7（"通"为正常状态）、7-0（"有一定电阻值"为正常状态）；然后如果按下 SB1 或接触器 KM1，3-4 应由"断"变为"通"，按下 SB2 或接触器 KM2，3-6 应由"断"变为"通"；按下接触器 KM1，6-7 应由"通"变为"断"，按下接触器 KM2，4-5 应由"通"变为"断"。

如果线路正常状态应为"通"而实际测得某两点间电阻值很大（∞），则说明该两点间接触不良或导线断路；如果线路正常状态应为"断"而实际测得某两点间电阻值很小（0），则说明该两点间有短路。

2）主电路测试

按照电气原理图(见图 10.5)的标注,用万用表的红、黑两根表棒对每条支路逐段测量相邻两点之间的电阻,U11-U12("通"为正常状态)、U12-U13("断"为正常状态)、U13-U("有一定电阻值"为正常状态);测试完第一条主电路后,按此法依次测量其他主电路。

用万用表电阻挡测量 FU2 下口两端是否导通,若导通则说明线路中有短路情况,应进行检查并排除,全部检查无误后方可通电试车。

2. 通电试车

通电试车必须由教师在场监督才能进行。

任务 4　考核评价

本项目考核评价分为两部分:学生互评表和教师评价表,如表 10.4、表 10.5 所示。

表 10.4　教师评分标准表

项目内容	配分	评分标准	扣分	得分
电动机、电器元件检查	10 分	(1)电动机质量常规检查,漏检一项扣 5 分 (2)电器元件漏检一项扣 5 分		
安装元件	20 分	(1)不按图纸安装扣 15 分 (2)元件安装不牢固,每只扣 5 分 (3)元件安装不整齐、不匀称、不合理,每只扣 4 分 (4)损坏元件扣 15 分 (5)走线槽安装不符合要求,每处扣 3 分		
接线质量	30 分	(1)不按电路图接线扣 20 分 (2)错、漏、多接一根线扣 5 分 (3)按钮引出线多一根扣 3 分 (4)开关进、出线接错扣 15 分 (5)按钮开关颜色错误扣 5 分 (6)接点不符合要求,每个点扣 2 分 (7)损伤导线绝缘或线芯,每根扣 4 分 (8)漏接接地线扣 10 分 (9)热继电器未整定或整定错扣 5 分 (10)导线使用错误,每根扣 3 分 (11)配线不美观、不整齐、不合理,每处扣 2 分		
通电试车	30 分	(1)第一次试车不成功扣 20 分 (2)第二次试车不成功扣 30 分		
安全、文明生产	10 分	违反安全、文明生产扣 5~10 分		
工时		共 3 小时,每超过 10 分钟扣 5 分		
备注		各项扣分最高不超过该项配分		

表 10.5　学生评价标准表

序号	过程与顺序		观察点（指标）	√或×
1	着装	绝缘鞋	是否穿	
		工作服和安全帽	是否穿戴整齐	
2	自带工具	万用表	是否携带	
		一字改锥	是否携带	
		十字改锥	是否携带	
3	元件检查	三相异步电动机	是否检查外观	
		低压元器件	是否检查外观	
			是否正确使用万用表（调到蜂鸣挡）	
			是否用万用表进行性能检测	
			元器件是否齐全	
4	元件安装	布局	元件安装是否整齐、匀称、合理	
		安装	元件安装是否牢固	
			安装过程中是否损坏元件	
5	接线	安全检查	检查控制柜是否通电	
		数量	触点上的接线数不能超过2根	
		线缆裸漏金属部分	裸漏的长度不能超过1 mm	
		接线呈现	是否按照接线图接线	
		导线使用	是否损伤导线绝缘或线芯	
		安装质量	导线是否全部入槽	
			导线颜色是否保证前后对应	
			主电路导线是否采用红黄绿三色	
			控制电路是否采用蓝色导线	
6	电机	接线	电机接线是否正确	
7	安全操作	工具、仪表操作	操作前后是否清点工具、仪表	
			操作过程中是否将工具或仪表放置在危险的地方了	
	规范操作	工具摆放	安装过程中，是否摆放工具、仪表、耗材等	
			完成任务后，是否按规定处理废弃物、清理现场	
8	上电运行	线路检查	仪表是否使用正确	
			检查整体线路是否接通	
		上电	是否按照安全规范进行上电操作	
			是否发生跳闸现象	
			是否出现接触器不吸合现象	
			是否一次试车成功	
			上电完成之后是否及时断开电源	
9	实训结束	操作时间	是否在40 min之内完成	
		团队合作	小组成员是否全员参与	
		整理	工位是否干净、整洁	

10.3　时间继电器自动控制星形-三角形(Y-D)降压启动线路

凡是在正常运行时定子绕组接成三角形的三相异步电动机,可以采用 Y-D 降压启动的方法来达到限制启动电流的目的。

启动时,定子绕组首先接成星形,待转速上升到接近额定转速时,将定子绕组的接线由星形换接成三角形,电动机便进入了全电压正常运行状态。因功率在 4 kW 以上的三相笼型异步电动机均为三角形接法,故都可以采用 Y-D 降压启动方法。电动机启动时接成星形,加在每相定子绕组上的启动电压为三角形接法的 $1/\sqrt{3}$,启动电流为三角形接法的 $1/3$,启动转矩为三角形接法的 $1/3$,故这种方法只适用于轻载或空载下启动。

1. 识读电气原理图

时间继电器自动控制 Y-D 降压启动电路如图 10.7 所示。该线路除了有电源开关 QF、过载保护 FR 和短路保护 FU 外,主要控制部分是由三个接触器、一个时间继电器和两个按钮开关组成。时间继电器 KT 用作控制星形降压启动的时间和完成 Y-D 自动切换,线路的工作原理如下。

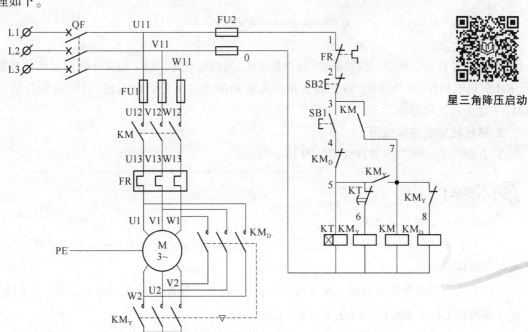

星三角降压启动

图 10.7　时间继电器自动控制 Y-D 降压启动电路

2. 电路工作原理

1) 启动

先合上电源开关 QF。

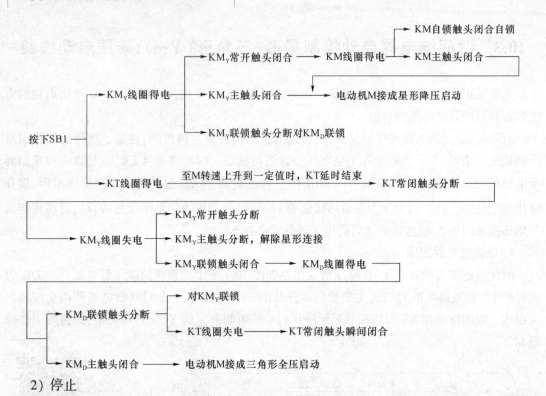

2）停止

停止时按下 SB2 即可。该线路中，接触器 KM_Y 先得电，通过 KM_Y 的常开辅助触头使接触器 KM 后得电动作，这样 KM_Y 的主触头是在无负载的条件下进行闭合的，故可延长接触器 KM_Y 主触头的使用寿命。

3. 降压启动安装接线图

Y–D 降压启动电气安装接线图如图 10.8 所示。

💡【小提示】

Y–D 降压启动注意事项

（1）Y–D 降压启动只能用于正常运行时为三角形接法的电动机，接线时必须将接线盒内的短接片拆除。

（2）接线时要保证电动机三角形接法的正确性，即接触器 KM_D 主触头闭合时，应保证定子绕组的 U1 与 W2、V1 与 U2、W1 与 V2 相连接。

（3）接触器 KM_Y 的进线必须从三相定子绕组的末端引入，若误将其首端引入，则在 KM_Y 吸合时，会产生三相电源短路事故。

（4）线路全部安装完毕后，用万用表电阻挡测量 FU2 下口两端是否导通，若导通则说明线路中有短路情况，应进行检查并排除。

（5）配电盘与电动机按钮开关之间连线应穿入金属软管内。

（6）通电前首先检查一下熔体规格及时间继电器、热继电器的整定值是否符合要求。

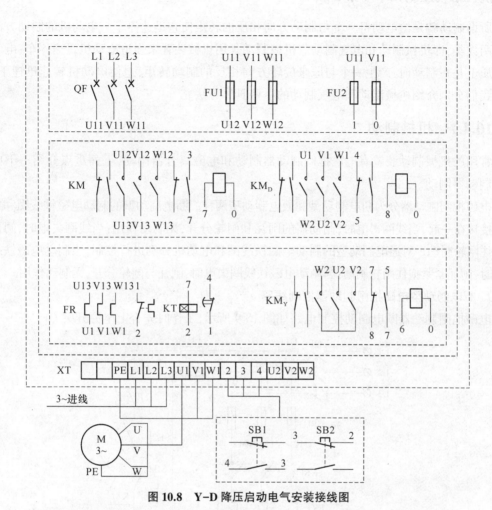

图 10.8 Y-D 降压启动电气安装接线图

项目 8 Y-D 降压启动控制线路的安装调试

任务 1 完成项目准备工作(参考项目 7)

任务 2 控制线路安装(参考项目 7)

任务 3 控制线路调试(参考项目 7)

任务 4 考核评价(参考项目 7)

10.4 制动控制线路

由于惯性的关系,三相异步电动机从切除电源到完全停止旋转总要经过一段时间,这往往不能适应某些生产机械工艺的要求。例如,万能铣床、卧式镗床、组合机床以及桥式起重机的行走,吊钩的升降等,无论是从提高生产效率,还是从安全及准确停车等方面考虑,都要求电动机能迅速停车,必须对电动机进行制动控制。

所谓制动就是给电动机一个与制动方向相反的转矩使它迅速停车。电动机的制动方法可分为两大类,即机械制动和电气制动。机械制动是用机械装置来强迫电动机迅速停车;电气制动实质上是在制动时,产生一个与原来旋转方向相反的制动转矩,迫使电动机转速迅速下降。下面我们分别介绍机械制动和电气制动的一些具体方法。

10.4.1　机械制动

常用的机械制动装置有电磁抱闸制动器制动和电磁离合器制动,下面重点介绍一下电磁抱闸制动器制动。

电磁抱闸制动器分为断电制动型和通电制动型两种。断电制动型的制动电磁铁线圈和电动机直接接在一起,当线圈得电时,制动器的闸瓦和闸轮分开,无制动作用;当线圈失电时,闸瓦紧紧抱住闸轮制动。对通电制动型的制动电磁铁线圈和电动机分别进行控制,当制动电磁铁线圈得电时,闸瓦紧紧抱住闸轮制动;当制动电磁铁线圈失电时,闸瓦与闸轮分开,无制动作用。

1. 断电制动型电磁抱闸制动器控制线路

电磁抱闸制动器断电制动控制电路如图 10.9 所示,工作时先合上电源开关 QF。

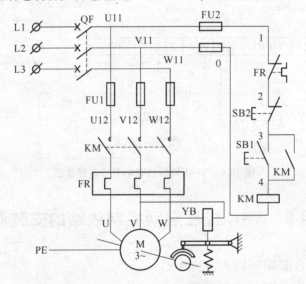

图 10.9　电磁抱闸制动器断电制动控制电路

1）启动运转

按下启动按钮 SB1,接触器 KM 线圈得电,其自锁触头和主触头闭合,电动机 M 接通电源,同时电磁抱闸制动器 YB 线圈得电,衔铁与铁芯吸合,衔铁克服弹簧拉力,迫使制动杠杆向上移动,从而使制动器的闸瓦与闸轮分开,电动机正常运转。

2）制动停转

按下停止按钮 SB2,接触器 KM 线圈失电,其自锁触头和主触头分断,电动机 M 失电,同时电磁抱闸制动器 YB 线圈也失电,衔铁与铁芯分开,在弹簧拉力的作用下闸瓦紧紧抱住闸轮,使电动机被迅速制动而停转。

电磁抱闸制动器断电制动在起重机械上被广泛采用,其优点是能够准确定位,可防止电动机突然断电时重物自行坠落。当重物起吊到一定高度时,按下停止按钮,电动机和电磁抱闸制动器的线圈同时断电,闸瓦立即抱住闸轮,电动机立即制动停转,重物随之被准确定位。这种制动方法的缺点是不经济,因为电磁抱闸制动器线圈耗电时间与电动机一样长。另外,切断电源后,由于电磁抱闸制动器的制动作用,手动调整工件很困难。

2. 通电制动型电磁抱闸制动器控制线路

通电制动型电磁抱闸制动器的通电制动与上述断电制动稍有不同,当电动机得电运转时,电磁抱闸制动器线圈断电,闸瓦与闸轮分开,无制动作用;当电动机失电须停转时,电磁抱闸制动器的线圈得电,使闸瓦紧紧抱住闸轮制动;当电动机处于停转常态时,电磁抱闸制动器线圈也无电,闸瓦与闸轮分开,这样操作人员可以用手扳动主轴调整工件、对刀等。

电磁抱闸制动器通电制动控制的电路如图 10.10 所示,工作时先合上电源开关 QF。

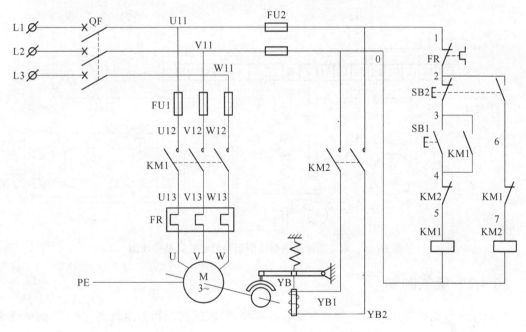

图 10.10 电磁抱闸制动器通电制动的电路

1) 启动运转

按下启动按钮 SB1,接触器 KM1 线圈得电,其自锁触头和主触头闭合,电动机 M 启动运转。由于接触器 KM1 联锁触头分断,使接触器 KM2 不能得电动作,所以电磁抱闸制动器的线圈无电,衔铁与铁芯分开,在弹簧拉力的作用下闸瓦与闸轮分开,电动机不受制动正常运转。

2) 制动停转

按下复合按钮 SB2,其常闭触头先分断,使接触器 KM1 线圈失电,其自锁触头和主触头分断,电动机 M 失电,KM1 联锁触头恢复闭合,待 SB2 常开触头闭合后,接触器 KM2 线圈得电,KM2 主触头闭合,电磁抱闸制动器 YB 线圈得电,铁芯吸合衔铁,衔铁克服弹簧拉力,带动杠杆向下移动,使闸瓦紧抱闸轮,电动机被迅速制动而停转。KM2 联锁触头分断对 KM1 联锁,电磁抱闸通电制动型制动器电气安装接线图如图 10.11 所示。

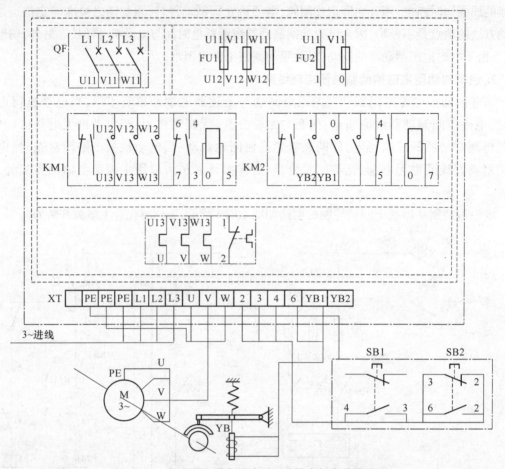

图 10.11　电磁抱闸通电制动型制动器电气安装接线图

10.4.2　电气制动

　　三相异步电动机常用的电气制动方法有反接制动、能耗制动和回馈制动三种，下面重点介绍一下前两种制动方法。

　　由于反接制动时，转子与旋转磁场的相对速度接近于两倍的同步转速，所以定子绕组中流过的反接制动电流相当于全电压直接启动时电流的两倍，因此反接制动的特点是制动迅速、冲击大，通常适用于 10 kW 以下的小容量电动机。为了减小冲击电流，通常要求在电动机主电路中串接一定的电阻以限制反接制动电流，这个电阻称为反接制动电阻。

　　值得注意的是，当电动机转速接近零值时，应立即切断电动机电源，否则电动机将反转。为此，在反接制动线路中，为保证电动机的转速在接近零时能迅速切断电源，防止反向启动，常利用速度继电器（又称反接制动继电器）来自动切断电源。

　　反接制动的关键在于电动机电源相序的改变，且当转速下降接近于零时，能自动将电源切除。为此采用了速度继电器来检测电动机的速度变化，在 120～3 000 r/min 范围内速度继电器触头动作，常开触点闭合；当转速低于 100 r/min 时，其触头恢复原位，其电气控制原理如

图 10.12 所示。该线路的主电路和正反转控制线路的主电路相似,只是在反接制动时增加了三个限流电阻 R。线路中 KM1 为正转运行接触器,KM2 为反接制动接触器,KS 为速度继电器,其轴与电动机轴相连(图 10.12 中用点画线表示)。

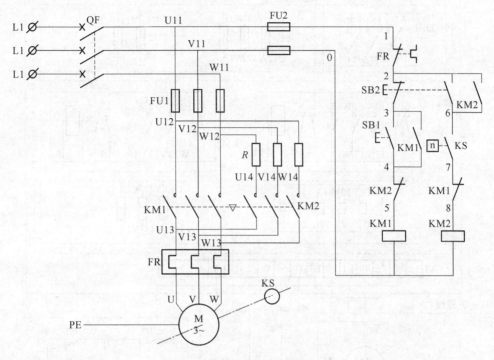

图 10.12　反接制动电气控制原理

1. 单向启动

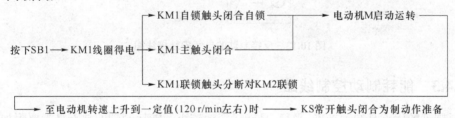

2. 反接制动

按下SB2──►KM1线圈失电,KM1联锁触头恢复闭合──►KM2线圈得电─┐
┌─KM2自锁触头闭合自锁──►反接制动──►当电动机转速低于100 r/min时,KS常开触头分断──┘
├─KM2主触头闭合　　　　　　　　　　　►KM2线圈失电──►KM2主触头分断──►电动机M失电,
└─KM2联锁触头分断对KM1联锁　　　　　　　制动过程结束

反接制动线路上限流电阻 R 的大小可参考下述经验公式进行估算。

在电源电压为 380 V 时,若要使反接制动电流等于电动机直接启动时启动电流的一半,则三相电路每相应串入的电阻 R 可取为

$$R \approx 1.5 \times 220 / I_N (\Omega)$$

若使反接制动电流等于启动电流 I_N,则每相串入的电阻 R' 可取为

$$R' \approx 1.3 \times 220 / I_N (\Omega)$$

如果反接制动时只在电源两相中串接电阻,则电阻值应加大,分别取上述电阻值的1.5倍。反接制动的电气安装接线图如图10.13所示。

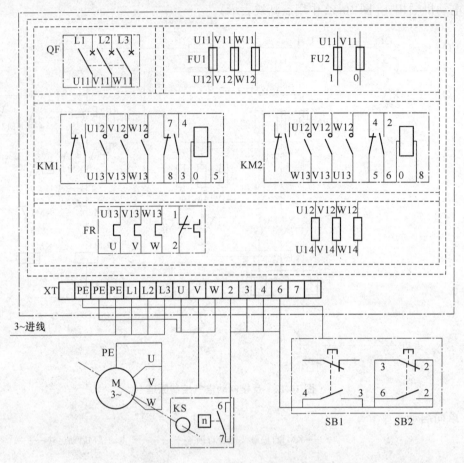

图 10.13　反接制动的电气安装接线图

10.4.3　能耗制动控制线路

能耗制动的优点是制动准确、平稳,且能量消耗较小。能耗制动的缺点是需要附加直流电源装置,设备费用较高,制动力较弱,在低速时制动力矩小。因此能耗制动一般用于要求制动准确、平稳的场合,如铣床、镗床、磨床等的机床控制线路中。

能耗制动一般有两种方法,10 kW以下小容量电动机一般采用无变压器半波整流能耗制动,10 kW以上容量较大的电动机多采用有变压器全波整流能耗制动自动控制线路,如图10.14所示。

1. 单向启动运转

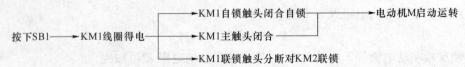

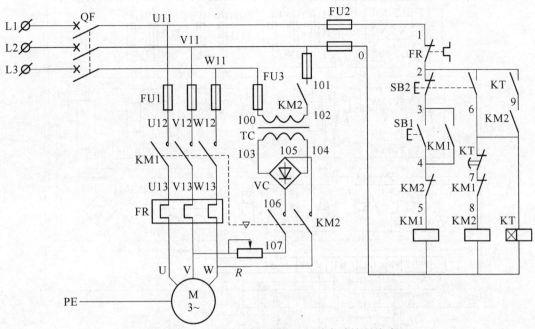

图 10.14　变压器全波整流能耗制动自动控制线路

2. 能耗制动停转

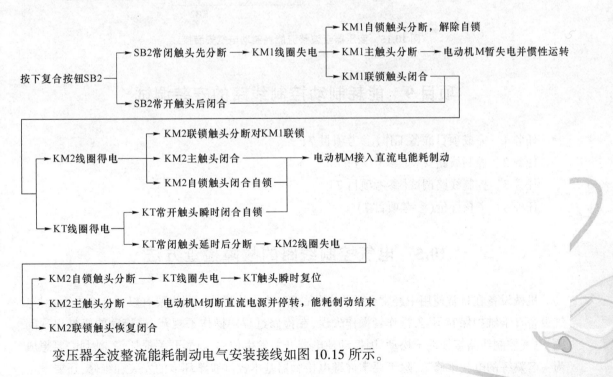

变压器全波整流能耗制动电气安装接线如图 10.15 所示。

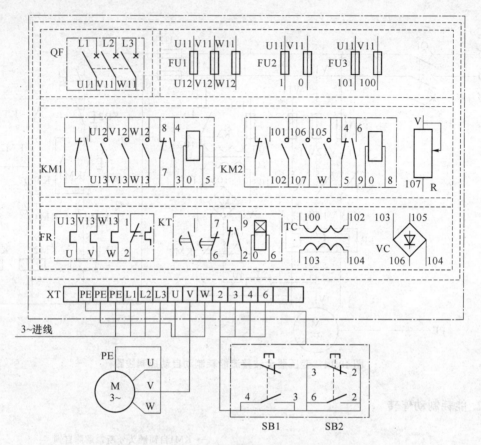

图 10.15　变压器全波整流能耗制动电气安装接线

项目9　能耗制动控制线路的安装调试

任务1　完成项目准备工作(参考项目7)

任务2　控制线路安装(参考项目7)

任务3　控制线路调试(参考项目7)

任务4　考核评价(参考项目7)

10.5　电气控制线路的故障检查方法

机械设备在日常使用中经常会发生电气故障,造成故障的原因主要有以下几个方面:对电气设备日常维护保养不当,操作者操作失误,在检修过程中操作不规范,被拖动的机械出现问题,电气控制线路接线端子松动,因振动使电器开关发生位移,电器开关损坏等。因此,要想成为一名熟练的电气维修工,除了要掌握继电接触器基本控制线路环节的安装和维修,还要学会阅读、分析电气控制电路的方法、步骤,加深对典型控制线路环节的理解和应用,并在实践中不断地总结提高,才能搞好维修工作。下面重点介绍几种基本故障检查方法。

10.5.1 故障查询法

机械设备在运行中难免发生各种故障,严重时还会引起事故。这些故障主要可分为两大类:一类有明显的外部特征,如电动机、变压器、电磁铁线圈过热冒烟,在排除这类故障时,除了更换损坏了的电动机、电器,还必须找出和排除造成上述故障的原因;另一类没有外部特征,如在控制电路中由于电器元件调整不当、动作失灵、小零件损坏、导线断裂、开关击穿等原因引起的故障,这类故障在机床电路中经常碰到,由于没有外部特征,常需要用较多的时间去寻找故障部位,有时还需要运用各类测量仪表才能找出故障点,方能进行调整和修复,使电气设备恢复正常运行。当机械设备发生电气故障后,切忌再通电试车和盲目动手检修。在检修前,通过观察法来了解故障前后的操作情况和故障发生后出现的异常现象,以便根据故障现象判断出故障发生的部位,进而准确地排除故障。从某种意义上讲,故障的维修并不困难,难点在于故障的查找,如何对控制电路的故障进行检修呢? 一般来说,可以分成"望""问""闻""切"四个步骤。

1. "望"

首先弄清电路型号、组成及功能。例如,输入信号是什么,输出信号是什么,由什么元件受令、什么元件检测、什么元件分析、什么元件执行、各部分在哪些地方、操作方式有哪些等。这样可以根据以往的经验,将系统按原理和结构分成几部分,再根据控制元件(如接触器、时间继电器)的型号大概分析其工作原理,然后对故障系统进行初步检查。检查内容包括:系统外观有无明显操作损伤,各部分连线是否正常,控制柜内元件有无损坏、烧焦,导线有无松脱等。

2. "问"

询问系统的主要功能、操作方法、故障现象、故障过程、内部结构、其他异常情况、有无故障先兆等,通过询问往往能得到一些很有用的信息。

3. "闻"

听一下电路工作时有无异常响声,如振动声、摩擦声等,这对确定电路故障范围十分有用。

4. "切"

"切"即检查电路,检查电路应该按以下几个步骤进行。

第一步:保养性例行检修。当电气控制系统运行到规定时间后,不管系统是否发生了故障,都必须进行保养性例行检修。因为电路在运行过程中,会磨损、老化,内部元器件会蒙上污垢,特别是在湿度较高的雨季,容易造成漏电、接触不良和短路故障。所有这些都需要采取一定的措施,恢复其原有性能。

第二步:对于比较明显的故障,应单刀直入,首先排除。例如,明显的电源故障、导线断线、绝缘烧焦、继电器损坏、触头烧损、行程开关卡滞等,都应该首先排除,以消除其影响,使其他故障更加直观,易于观察和测量。

第三步:多故障并存的电路,应分清主次,按步检修。如果电路生疏,多种故障同时出现或相继出现,按第一步和第二步检修难以奏效时应理清头绪,根据故障的情况分出主次,先易后难。检修时,应注意遵循分析→判断→检查→修理,再分析→判断→检查→修理的基本规律,及时纠正分析和判断的结果,一步一步地进行,逐个排除存在的故障。

如果对电路原理比较熟悉,应首先弄清电路元件的实际排列位置,然后根据故障情况,确定出测量关键点,根据测量结果确定出故障所在的部位。

一般来说,对电路的检修应按一定的步骤进行。首先是检修电源,然后按照电路动作的流程,从后向前,一部分一部分地进行。这样做的优点是:每一步的检修结果都可以在电路的实际动作中加以验证和确定,保证检修过程不走弯路。

第四步:根据控制电路的控制旋钮和可调部分判断故障范围。由于电气控制系统种类较多,每种设备的电路互不相同,控制按钮和可调部分也无可比性,因此这种方法应根据具体设备制定。电路都是分"块"的,各部分既相互联系,又相对独立。根据这一特点,先按照可调部分是否有效、调整范围是否改变、控制部分是否正常、互相之间联锁关系能否保持等,大致确定故障范围;根据关键点的检测,逐步缩小故障点;最后找出故障元件。

10.5.2　通电检查法

通电检查法是指机械设备发生电气故障后,根据故障的性质,在条件允许的情况下通电检查故障发生的部位和原因。

1. 通电检查要求

在通电检查时,必须注意人身和设备的安全。要遵守安全操作规程,不得随意触动带电部分,要尽可能切断主电路电源,只在控制电路带电的情况下进行检查;若需要电动机运转,则应使电动机与机械传动部分脱开,使电动机在空载下运行,这样既减小了试验电流也可避免机械设备的运动部分发生误动作和碰撞,以免故障扩大。在检修时应预先充分估计局部线路动作后可能发生的不良后果。

2. 测量方法及注意事项

在通电检查时,用测量法确定故障是维修电工工作中用来准确确定故障点的一种行之有效的检查方法。常用的测量工具和仪表有验电笔、校验灯、万用表、钳形电流表等,主要通过对电路进行带电或断电时的有关参数(如电压、电阻、电流等)的测量来判断电器元件的好坏、设备的绝缘情况以及线路的通断情况。随着科学技术的发展,测量手段也在不断更新。例如,在晶闸管-电动机自动调速系统中,利用示波器来观察晶闸管整流装置的输出波形、触发电路的脉冲波形,就能很快判断系统的故障位置。

在用测量法检查故障点时,一定要保证各种测量工具和仪表完好,使用方法正确,尤其是要注意防止感应电、回路电及其他并联电路的影响,以免产生误判断。

3. 故障检查具体方法

1) 校验灯法

用校验灯检查故障的方法有两种,一种是 380 V 的控制电路,另一种是经过变压器降压的控制电路。对于不同的控制电路所使用的校验灯应有所区别,380 V 校验灯法如图 10.16 所示,首先将校验灯的一端接在低电位处,再用另外一端分别碰触需要判断的各点。如果灯亮则说明电路正常,如果灯不亮则说明电路有故障。对于 380 V 的控制电路应选用 220 V 的灯泡,低电位端应接在零线上,测试情况如表 10.6 所示。

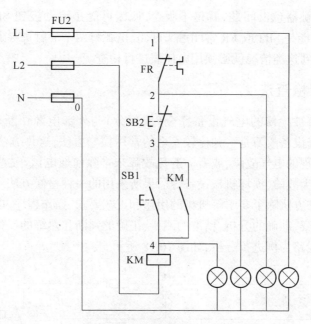

图 10.16　380 V 校验灯法

表 10.6　测试情况

故障现象	测试状态	0-2	0-3	0-4	故障点
按下 SB1 时， KM 不吸合	未按下 SB1	不亮	不亮	亮	FR 常闭触头接触不良
		亮	不亮	亮	SB2 常闭触头接触不良
		亮	亮	不亮	KM 线圈断路
	断开 KM 线圈，按下 SB1	亮	亮	不亮	SB1 接触不良

2）验电笔法

用验电笔检查电路故障的优点是安全、灵活、方便，缺点是受电压限制，并与具体电路结构有关（如变压器输出端是否接地等），因此，测试结果不是很准确。另外，有时电器元件触头烧断，但是因有爬弧，用验电笔测试仍然发光，而且亮度还较强，这样也会造成判断错误。验电笔判断法如图 10.17 所示。

在图 10.17 中，如果按下 SB1 或 SB3 后，接触器 KM 不吸合，遇到这种情况可以用验电笔从 A 点开始依次检测 B、C、D、E 和 F 点，观察验电笔是否发光，且亮度是否相同。如果在检查过程中发现某点发光变暗，则说明被测点以前的元件或导线有问题。停电后仔细检查，直到查出问题消除故障为止。但是，在检查过程中有时还会发现各点都亮，

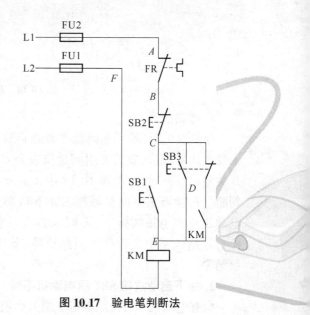

图 10.17　验电笔判断法

而且亮度都一样,接触器也没问题,就是不吸合,原因可能是启动按钮 SB1 本身触头有问题(如不能导通),也可能是 SB2 或 FR 常闭触头断路,电弧将两个静触头导通或因绝缘部分被击穿使两触头导通,遇到这类情况就必须用电压表进行检查。

10.5.3 断电检查法

断电检查法是将被检修的电气设备完全(或部分)与外部电源切断后进行检修的方法。采取断电检查法检修设备故障是一种比较安全的常用检修方法,这种方法主要针对有明显的外表特征、容易被发现的电气故障,或者为避免故障未排除前通电试车,造成短路、漏电、再一次损坏电器元件、扩大故障、损坏机械设备等后果所采用的一种检修方法。

使用好这种检修方法除了要了解机械的用途和工艺要求、操作程序、电气线路的工作原理之,还要靠敏锐的观察、准确的分析、精准的测量、正确的判断和熟练的操作。下面以机床设备单向启动自锁控制线路为例进行分析,如图 10.18 所示。

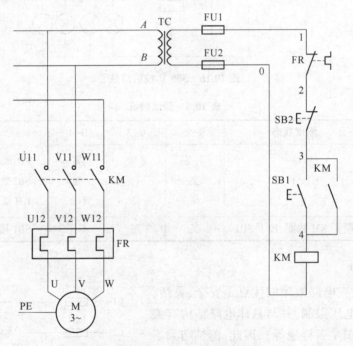

图 10.18　单向启动自锁控制线路

1. 短路故障

故障发生后,除了询问操作者短路故障的部位和现象,主要还是自己去仔细观察。如果未发现故障部位,就需要用测量仪表分步检查,在检查主电路接触器 KM 上口部分的导线和开关是否短路时,应将图 10.18 中 A 或 B 点断开,否则会因变压器一次线圈的导通而造成误判断。在检查主电路接触器 KM 下口部分的导线和开关是否短路时,也应在端子板处将电动机三根电源线拆下,否则也会因为电动机三相绕组的导通影响判断的准确性。若要检查控制线路中是否存在短路故障,就应将熔断器 FU1、FU2 中的一个拆下,以免影响测量结果。

2. 按下启动按钮 SB1 后电动机不转

检查电动机不转的原因应从两方面进行检查分析,一方面是当按下启动按钮 SB1 后接触器 KM 是否吸合,如果不吸合应当首先检查电源和控制线路部分;如果按下启动按钮 SB1 后接触器 KM 吸合而电动机不转,则应检查电源和主电路部分。有些机床设备出现故障是由机械原因造成的,但是从反映出的现象来看却好像是电气故障,这就需要电气维修人员遇到具体情况一定要头脑清醒地对待检修工作中的问题。

断电检查法除了以上介绍的有关方面应注意的问题,在具体操作过程中还应根据故障的性质采用合理的处理方法。有时发现变压器在使用过程中冒烟,在处理这类故障时应首先判别出造成故障的原因,是由于电气线路造成的,还是由于变压器本身造成的。这类故障不能采用通电检查法,而只能采用断电检查法。

10.5.4　电压检查法

电压检查法是利用电压表或万用表的交流电压挡对线路进行带电测量,是查找故障点的有效方法。电压检查法有电压分阶测量法和电压分段测量法。

1. 电压分阶测量法

测量检查时,首先把万用表的转换开关置于交流电压 500 V 的挡位上,然后按图 10.19 所示的方法进行测量。

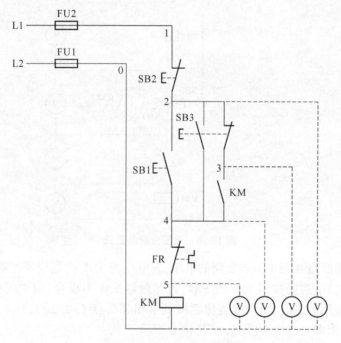

图 10.19　电压分阶测量法

断开主电路,接通控制电路的电源。若按下启动按钮 SB1 或 SB3,接触器 KM 不吸合,则说明控制电路有故障。

检测时,需要两人配合进行。一人先用万用表测量 0 和 1 两点之间的电压。若电压为 380 V,则说明控制电路的电源电压正常。然后由另一人按下 SB1 不放,一人用黑表棒接到 0 点上,用红表棒依次接到 2、3、4、5 各点上,分别测量出 0-2、0-3、0-4、0-5 两点间的电压,根据测量结果即可找出故障点,如表 10.7 所示。

表 10.7　电压分阶测量法所测电压值及故障点

故障现象	测试状态	0-2	0-3	0-4	0-5	故障点
按下 SB1 或 SB3 时, KM 不吸合	按下 SB1 不放	0	0	0	0	SB2 常闭触头接触不良
		380 V	0	380 V 或 0	380 V 或 0	SB3 常闭触头接触不良
		380 V	380 V	0	0	SB1 触头接触不良
		380 V	380 V	380 V	0	FR 常闭触头接触不良
		380 V	380 V	380 V	380 V	KM 线圈断路

2. 电压分段测量法

测量检查时,把万用表的转换开关置于交流电压 500 V 的挡位上,按图 10.20 所示的方法进行测量。

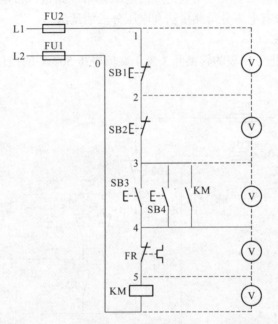

图 10.20　电压分段测量法

首先用万用表测量 0 和 1 两点之间的电压,若电压为 380 V,则说明控制电路的电源电压正常。然后,一人按下启动按钮 SB3 或 SB4,若接触器 KM 不吸合,则说明控制电路有故障。这时另一人可用万用表的红、黑两根表棒逐段测量相邻两点 1-2、2-3、3-4、4-5、5-0 之间的电压,根据测量结果即可找出故障点,如表 10.8 所示。

表 10.8　电压分段测量法所测电压值及故障点

故障现象	测试状态	1-2	2-3	3-4	4-5	5-0	故障点
按下 SB3 或 SB4 时, KM 不吸合	按下 SB3 或 SB4 不放	380 V	0	0	0	0	SB1 常闭触头接触不良
		0	380 V	0	0	0	SB2 常闭触头接触不良
		0	0	380 V	0	0	SB3 或 SB4 常开触头接触不良
		0	0	0	380 V	0	FR 常闭触头接触不良
		0	0	0	0	380 V	KM 线圈断路

10.5.5　电阻检查法

电阻检查法是利用万用表的电阻挡对线路进行断电测量,是一种安全、有效的方法。电阻检查法可分为电阻分阶测量法和电阻分段测量法。

1. 电阻分阶测量法

测量检查时,首先把万用表的转换开关置于倍率适当的电阻挡,然后按图 10.21 所示方法进行测量。

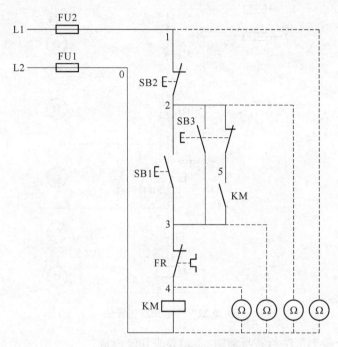

图 10.21　电阻分阶测量法

测量前先断开主电路电源,接通控制电路电源。若按下启动按钮 SB1 或 SB3,接触器 KM 不吸合,则说明控制电路有故障。

检测时应切断控制电路电源(这点与电压分阶测量法不同),然后一人按下 SB1 不放,另一人用万用表依次测量 0-1、0-2、0-3、0-4 两点间的电阻值,根据测量结果可找出故障点,如表 10.9 所示。

表 10.9　电阻分阶测量法所测电阻值及故障点

故障现象	测试状态	0-1	0-2	0-3	0-4	故障点
按下 SB1 或 SB3 时,KM 不吸合	按下 SB1 不放	∞	R	R	R	SB2 常闭触头接触不良
		∞	∞	R	R	SB1 或 SB3 常开触头接触不良
		∞	∞	∞	R	FR 常闭触头接触不良
		∞	∞	∞	∞	KM 线圈断路
注:R 为 KM 线圈电阻值。						

2. 电阻分段测量法

按图 10.22 所示方法测量时,首先切断电源,然后一人按下 SB3 或 SB4 不放,另一人把万用表的转换开关置于倍率适当的电阻挡,用万用表的红、黑两根表棒逐段测量相邻两点 1-2、2-3、3-4、4-5、5-0 之间的电阻值,如果测得某两点间电阻值很大(∞),则说明该两点间接触不良或导线断路,如表 10.10 所示。电阻分段测量法的优点是安全,缺点是测量电阻值不准确时,容易造成判断错误,为此应注意以下几点。

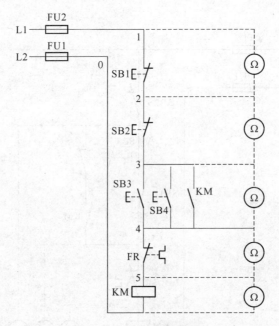

图 10.22　电阻分段测量法

（1）用电阻分段测量法检查故障时,一定要先切断电源。

（2）若所测量电路与其他电路并联,必须断开并联电路,否则所测电阻值不准确。

（3）测量高电阻电器元件时,要将万用表的电阻挡转换到适当挡位。

表 10.10　分段测量法所测电阻值及故障点

故障现象	测量点	电阻值	故障点
按下 SB3 或 SB4 时,KM 不吸合	1-2	∞	SB1 常闭触头接触不良
	2-3	∞	SB2 常闭触头接触不良
	3-4	∞	SB3 或 SB4 常开触头接触不良
	4-5	∞	FR 常闭触头接触不良
	5-0	∞	KM 线圈断路

10.5.6　短接检查法

电气设备的常见故障为断路故障,如导线断路、虚连、虚焊、触头接触不良、熔断器熔断等。对这类故障,除了用电压法和电阻法检查,还有一种更为简便可靠的方法,即短接法。检查时,用一根外层绝缘良好的导线将所怀疑的断路部位短接,若短接到某处时电路接通,则说明该处断路,短接检查法如图 10.23 所示。

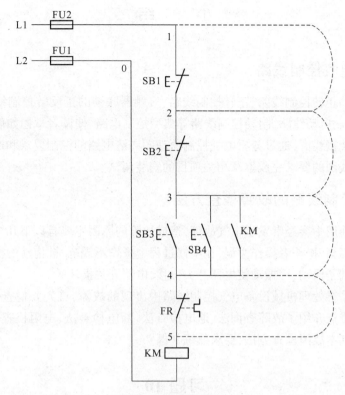

图 10.23　短接检查法

用短接法检查故障时必须注意以下几点。

(1) 用短接法检查时,用手拿着绝缘导线带电操作,所以一定要注意安全,避免触电事故。

(2) 短接法只适用于压降极小的导线及触头之类的断路故障;对于压降较大的电器,如电阻、线圈、绕组等断路故障不能采用短接法,否则会出现短路故障。

(3) 对于工业机械的某些要害部位,必须保证电气设备或机械设备不会出现事故的情况下,才能使用短接法。

短接法检查前,先用万用表测量图 10.23 所示 1-0 两点间的电压,若电压正常,可一人按下启动按钮 SB3 或 SB4 不放,然后另一人用一根绝缘良好的导线分别短接标号相邻的两点 1-2、2-3、3-4、4-5(注意:千万不要短接 5-0 两点,否则会造成短路)。当短接到某两点时,接触器 KM 吸合,则说明断路故障就在该两点之间,如表 10.11 所示。

表 10.11　短接法查找故障点

故障现象	短接点标号	KM 动作	故障点
按下 SB3 或 SB4 时,KM 不吸合	1-2	KM 吸合	SB1 常闭触头接触不良
	2-3	KM 吸合	SB2 常闭触头接触不良
	3-4	KM 吸合	SB3 或 SB4 常开触头接触不良
	4-5	KM 吸合	FR 常闭触头接触不良

小　结

一、基本电气控制线路

通过列举点动正转控制线路、正转控制线路、接触器联锁的正反转控制线路、时间继电器自动控制 Y-D 降压启动线路、制动控制线路等典型控制电路，使读者掌握如何阅读、分析电气控制原理图和安装接线图，通过分析电气控制原理图弄清电路的控制要求和逻辑动作关系，并能够按照安装接线图的要求完成本章相关项目的安装调试。

二、电气控制线路的故障检查方法

设备在日常使用中会经常发生电气故障，造成故障的原因主要有以下几个方面：对电气设备日常维护保养不当，操作者操作失误，在检修过程中操作不规范，被拖动的机械出现问题，电气控制线路接线端子松动，因振动使电器开关位移、电器开关损坏等。

正确分析和妥善处理机械设备电气控制线路中出现的故障，首先要检查出产生故障的部位和原因。本章重点介绍了故障查询法、通电检查法、断电检查法、电阻检查法、电压检查法、短接检查法六种基本故障检查方法，要求熟练掌握。

习题 10

10.1　什么叫自锁控制？试分析判断图 10.24 所示各控制电路能否实现自锁控制？若不能，试分析原因，并加以改正。

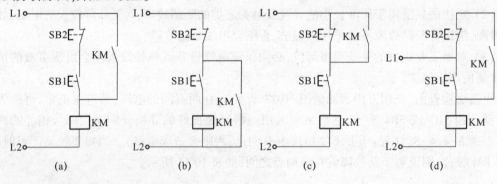

图 10.24　习题 10.1 用图

10.2　电器元件安装前应如何进行质量检验？

10.3　什么是欠压保护？什么是失压保护？为什么说接触器自锁控制线路具有失压和欠压保护作用？

10.4　在电动机的控制线路中，短路保护和过载保护各由什么电器来实现？它们能否相互代替使用？为什么？

10.5　简述接触器联锁正反转控制电路的工作过程。

10.6　简述 Y-D 启动控制电路的工作过程。

10.7　设计一个专用机床的电气控制线路,其要求如下:

(1) 既能点动控制又能连续控制;

(2) 有短路、过载、失压和欠压保护作用。

10.8　请设计出三相异步电动机断相保护线路,其要求如下:

当电动机工作时,只要三相电源中任何一相电源断路都会造成接触器释放,切断电动机电源达到断相保护的目的。

条件:三相断路器一个,交流接触器两个,按钮开关三个,热继电器一个。

10.9　试画出能在两地控制同一台电动机正反转点动与连续控制的电路图。

10.10　请利用改变触头位置和电路变形的方法画出三种双重联锁的正反转控制线路。

10.11　有两台电动机 M1、M2,要求 M1 启动后 M2 才能启动,M2 停止后 M1 才能停止。两台电动机都要求有短路、过载、欠压和失压保护,设计其控制电路。

10.12　为两台三相异步电动机设计一个控制线路,要求如下:

(1) 两台电动机互不影响地独立操作;

(2) 能同时控制两台电动机的启动与停止;

(3) 当一台电动机发生过载时,两台电动机均停止。

10.13　设计一辆小车运行的控制线路,小车由异步电动机拖动,其动作程序如下:

(1) 小车由原位开始前进,到终端后自动停止;

(2) 在终端停留 2 min 后自动返回原位停止;

(3) 要求在前进或后退途中任意位置都能停止或再次启动。

10.14　如图 10.25 所示,设计一个专用机床运行的电路图,其动作过程如下:

(1) 按下启动按钮 SB1 后,刀架由原位开始前进,当碰到位置开关 SQ1 时返回(刀架返回是靠机械改变的),当返回到原位碰到位置开关 SQ2 时刀架停止;

(2) 要求在前进或后退途中任意位置都能停止或再次启动。

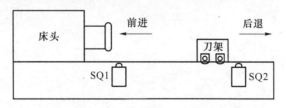

图 10.25　习题 10.14 用图

10.15　画出三相异步电动机断电延时的 Y-D 降压启动控制线路图。

10.16　设计一台三相交流异步电动机的控制电路,要求点动时为星形接法,运行时为三角形接法。

10.17　如图 10.26 所示,要求行车启动后可以自动往返运动,停止时只需按下停止按钮即可,画出其电气原理图。

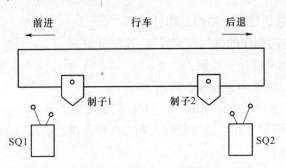

前进　　　行车　　　后退

制子1　　　制子2

SQ1　　　SQ2

图 10.26　习题 10.17 用图

10.18　有一台化铁炉送料机,要求按下启动按钮 SB1 后电动机工作,带动料斗上升。当上升到装料口碰上 SQ1 时料斗倒料并停车,延时 1 min 后开始下降,当下降到地面并碰上 SQ2 后停止,延时 3 min 后开始上升送料。如此循环工作,停车时按下停止按钮 SB2 即可。请设计出电气原理图。

10.19　以图 10.7 所示电路为例,采用电阻分段测量法进行电路检查,试叙述测量过程。

附录

维修电工国家职业标准

1 职业概况

1.1 职业名称

维修电工。

1.2 职业定义

从事机械设备和电气系统线路及器件等安装、调试与维护、修理的人员。

1.3 职业等级

本职业共设五个等级,分别为初级(国家职业资格五级)、中级(国家职业资格四级)、高级(国家职业资格三级)、技师(国家职业资格二级)、高级技师(国家职业资格一级)。

1.4 职业环境

室内、室外。

1.5 职业能力特征

具有一定的学习、理解、观察、判断、推理和计算能力,手指、手臂灵活,动作协调,并能高空作业。

1.6 基本文化程度

初中毕业。

1.7 培训要求

1.7.1 培训期限

全日制职业学校教育根据其培养目标和教学计划确定培训期限。晋级培训期限:初级不少于 500 标准学时;中级不少于 400 标准学时;高级不少于 300 标准学时;技师不少于 300 标准学时;高级技师不少于 200 标准学时。

1.7.2 培训教师

培训初、中、高级维修电工的教师应具有本职业技师以上职业资格证书或相关专业中、高级专业技术职务任职资格;培训技师和高级技师的教师应具有本职业高级技师职业资格证书

2年以上或相关专业高级专业技术职务任职资格。

1.7.3　培训场地设备

标准教室及具备必要实验设备的实践场所和所需的测试仪表及工具。

1.8　鉴定要求

1.8.1　适用对象

从事或准备从事本职业的人员。

1.8.2　申报条件

1. 初级（具备以下条件之一者）

（1）经本职业初级正规培训达规定标准学时数，并取得毕（结）业证书。

（2）在本职业连续见习工作3年以上。

（3）本职业学徒期满。

2. 中级（具备以下条件之一者）

（1）取得本职业初级职业资格证书后，连续从事本职业工作3年以上，经本职业中级正规培训达规定标准学时数，并取得毕（结）业证书。

（2）取得本职业初级职业资格证书后，连续从事本职业工作5年以上。

（3）连续从事本职业工作7年以上。

（4）取得经劳动保障行政部门审核认定的、以中级技能为培养目标的中等以上职业学校本职业（专业）毕业证书。

3. 高级（具备以下条件之一者）

（1）取得本职业中级职业资格证书后，连续从事本职业工作4年以上，经本职业高级正规培训达规定标准学时数，并取得毕（结）业证书。

（2）取得本职业中级职业资格证书后，连续从事本职业工作8年以上。

（3）取得高级技工学校或经劳动保障行政部门审核认定的、以高级技能为培养目标的高等职业学校本职业（专业）毕业证书。

（4）取得本职业中级职业资格证书的大专以上本专业或相关专业毕业生，连续从事本职业工作3年以上。

4. 技师（具备以下条件之一者）

（1）取得本职业高级职业资格证书后，连续从事本职业工作5年以上，经本职业技师正规培训达规定标准学时数，并取得毕（结）业证书。

（2）取得本职业高级职业资格证书后，连续从事本职业工作10年以上。

（3）取得本职业高级职业资格证书的高级技工学校本职业（专业）毕业生和大专以上本专业或相关专业毕业生，连续从事本职业工作满2年。

5. 高级技师（具备以下条件之一者）

（1）取得本职业技师职业资格证书后，连续从事本职业工作3年以上，经本职业高级技师正规培训达规定标准学时数，并取得毕（结）业证书。

（2）取得本职业技师职业资格证书后，连续从事本职业工作5年以上。

1.8.3 鉴定方式

分为理论知识考试和技能操作考核。理论知识考试采用闭卷笔试方式,技能操作考核采用现场实际操作方式。理论知识考试和技能操作考核均实行百分制,成绩皆达60分以上者为合格。技师、高级技师鉴定还须进行综合评审。

1.8.4 考评人员与考生配比

理论知识考试考评人员与考生配比为1:15,每个标准教室不少于2名考评人员;技能操作考核考评员与考生配比为1:5,且不少于3名考评员。

1.8.5 鉴定时间

理论知识考试时间不少于120分钟;技能操作考核时间为:初级不少于150分钟,中级不少于150分钟,高级不少于180分钟,技师不少于200分钟,高级技师不少于240分钟;论文答辩时间不少于45分钟。

1.8.6 鉴定场所设备

理论知识考试在标准教室里进行;技能操作考核应在具备每人一套的待修样件及相应的检修设备、实验设备和仪表的场所里进行。

2 基本要求

2.1 职业道德

2.1.1 职业道德基本知识

2.1.2 职业守则

(1)遵守法律、法规和有关规定。

(2)爱岗敬业,具有高度的责任心。

(3)严格执行工作程序、工作规范、工艺文件和安全操作规程。

(4)工作认真负责,团结合作。

(5)爱护设备及工具、夹具、刀具、量具。

(6)着装整洁,符合规定;保持工作环境清洁有序,文明生产。

2.2 基础知识

2.2.1 电工基础知识

(1)直流电与电磁的基本知识。

(2)交流电路的基本知识。

(3)常用变压器与异步电动机。

(4)常用低压电器。

(5)半导体二极管、晶体三极管和整流稳压电路。

(6)晶闸管基础知识。

(7)电工读图的基本知识。

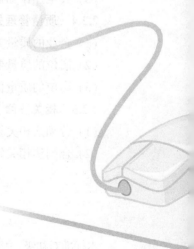

（8）一般生产设备的基本电气控制线路。

（9）常用电工材料。

（10）常用工具（包括专用工具）、量具和仪表。

（11）供电和用电的一般知识。

（12）防护及登高用具等使用知识。

2.2.2　钳工基础知识

1. 锯削

（1）手锯。

（2）锯削方法。

2. 锉削

（1）锉刀。

（2）锉削方法。

3. 钻孔

（1）钻头简介。

（2）钻头刃磨。

4. 手工加工螺纹

（1）内螺纹的加工工具与加工方法。

（2）外螺纹的加工工具与加工方法。

5. 电动机的拆装知识

（1）电动机常用轴承种类简介。

（2）电动机常用轴承的拆卸。

（3）电动机拆装方法。

2.2.3　安全文明生产与环境保护知识

（1）现场文明生产要求。

（2）环境保护知识。

（3）安全操作知识。

2.2.4　质量管理知识

（1）企业的质量方针。

（2）岗位的质量要求。

（3）岗位的质量保证措施与责任。

2.2.5　相关法律、法规知识

（1）劳动法相关知识。

（2）合同法相关知识。

3　工作要求

本标准对初级、中级、高级、技师、高级技师的技能要求依次递进，高级别包括低级别的要求。

3.1 初级

职业功能	工作内容	技能要求	相关知识
工作前准备	劳动保护与安全文明生产	（1）能够正确准备个人劳动保护用品 （2）能够正确采用安全措施保护自己,保证工作安全	
	工具、量具及仪器、仪表	能够根据工作内容合理选用工具、量具	常用工具、量具的用途和使用、维护方法
	材料选用	能够根据工作内容正确选用材料	电工常用材料的种类、性能及用途
	读图与分析	能够读懂 CA6140 车床、Z535 钻床、5 t以下起重机等一般复杂程度机械设备的电气控制原理图及接线图	一般复杂程度机械设备的电气控制原理图、接线图的读图知识
装调与维修	电气故障检修	（1）能够检查、排除动力和照明线路及接地系统的电气故障 （2）能够检查、排除 CA6140 车床、Z535 钻床等一般复杂程度机械设备的电气故障 （3）能够拆卸、检查、修复、装配、测试30 kW以下三相异步电动机和小型变压器 （4）能够检查、修复、测试常用低压电器	（1）动力、照明线路及接地系统的知识 （2）常见机械设备电气故障的检查、排除方法及维修工艺 （3）三相异步电动机和小型变压器的拆装方法及应用知识 （4）常用低压电器的检修及调试方法
	配线与安装	（1）能够进行 19/0.82 以下多股铜导线的连接并恢复其绝缘 （2）能够进行直径 19 mm 以下的电线铁管煨弯、穿线等明、暗线的安装 （3）能够根据用电设备的性质和容量,选择常用电器元件及导线规格 （4）能够按图样要求进行一般复杂程度机械设备的主、控线路配电板的配线及整机的电气安装工作 （5）能够校验、调整速度继电器、温度继电器、压力继电器、热继电器等专用继电器 （6）能够焊接、安装、测试单相整流稳压电路和简单的放大电路	（1）电工操作技术与工艺知识 （2）机床配线、安装工艺知识 （3）电子电路基本原理及应用知识 （4）电子电路焊接、安装、测试工艺方法
	调试	能够正确进行 CA6140 车床、Z535 钻床等一般复杂程度的机械设备或一般电路的试通电工作,能够合理应用预防和保护措施,达到控制要求,并记录相应的电参数	（1）电气系统的一般调试方法和步骤 （2）试验记录的基本知识

3.2 中级

职业功能	工作内容	技能要求	相关知识
工作前准备	工具、量具及仪器、仪表	能够根据工作内容正确选用仪器、仪表	常用电工仪器、仪表的种类、特点及适用范围
	读图与分析	能够读懂 X62W 铣床、MGB1420 磨床等较复杂机械设备的电气控制原理图	（1）常用较复杂机械设备的电气控制线路图 （2）较复杂电气图的读图方法
装调与维修	电气故障检修	（1）能够正确使用示波器、电桥、晶体管图示仪 （2）能够正确分析、检修、排除 55 kW 以下的交流异步电动机、60 kW 以下的直流电动机及各种特种电机的故障 （3）能够正确分析、检修、排除交磁电机扩大机、X62W 铣床、MGB1420 磨床等机械设备控制系统的电路及电气故障	（1）示波器、电桥、晶体管图示仪的使用方法及注意事项 （2）直流电动机及各种特种电机的构造、工作原理和使用与拆装方法 （3）交磁电机扩大机的构造、原理、使用方法及控制电路方面的知识 （4）单相晶闸管变流技术
	配线与安装	（1）能够按图样要求进行较复杂机械设备的主、控线路配电板的配线（包括选择电器元件、导线等），以及整台设备的电气安装工作 （2）能够按图样要求焊接晶闸管调速器、调功器电路，并用仪器、仪表进行测试	明、暗电线及电器元件的选用知识
	测绘	能够测绘一般复杂程度机械设备的电气部分	电气测绘基本方法
	调试	能够独立进行 X62W 铣床、MGB1420 磨床等较复杂机械设备的通电工作，并能正确处理调试中出现的问题，经过测试、调整，最后达到控制要求	较复杂机械设备电气控制调试方法

3.3　高级

职业功能	工作内容	技能要求	相关知识
工作前准备	读图与分析	能够读懂经济型数控系统、中高频电源、三相晶闸管控制系统等复杂机械设备控制系统和装置的电气控制原理图	（1）数控系统基本原理 （2）中高频电源电路基本原理
装调与维修	电气故障检修	能够根据设备资料，排除 B2010A 龙门刨床、经济型数控、中高频电源、三相晶闸管、可编程序控制器等机械设备控制系统及装置的电气故障	（1）电力拖动及自动控制原理基本知识及应用知识 （2）经济型数控机床的构成、特点及应用知识 （3）中高频炉或淬火设备的工作特点及注意事项 （4）三相晶闸管变流技术基础
	配线与安装	能够按图样要求安装带有 80 点以下开关量输入输出的可编程控制器	可编程控制器的控制原理、特点、注意事项及编程器的使用方法
	测绘	（1）能够测绘 X62W 铣床等较复杂机械设备的电气原理图、接线图及电器元件明细表 （2）能够测绘晶闸管触发电路等电子线路并绘出其原理图 （3）能够测绘固定板、支架、轴、套、联轴器等机电装置的零件图及简单装配图	（1）常用电子元件的参数标识及常用单元电路 （2）机械制图及公差配合知识 （3）材料知识
	调试	能够调试经济型数控系统等复杂机械设备及装置的电气控制系统，并达到说明书的电气技术要求	有关机械设备电气控制系统的说明书及相关技术资料
	新技术应用	能够结合生产应用可编程序控制器改造较简单的继电器控制系统，编制逻辑运算程序，绘出相应的电路图，并应用于生产	（1）逻辑代数、编码器、寄存器、触发器等数字电路的基本知识 （2）计算机基本知识
	工艺编制	能够编制一般机械设备的电气修理工艺	电气设备修理工艺知识及其编制方法
培训指导	指导操作	能够指导本职业初、中级工进行实际操作	指导操作的基本方法

3.4 技师

职业功能	工作内容	技能要求	相关知识
工作前准备	读图与分析	（1）能够读懂复杂设备及数控设备的电气系统原理图 （2）能够借助词典读懂进口设备相关外文标牌及使用规范的内容	（1）复杂设备及数控设备的读图方法 （2）常用标牌及使用规范英汉对照表
装调与维修	电气故障检修	（1）能够根据设备资料，排除龙门刨V5系统、数控系统等复杂机械设备的电气故障 （2）能够根据设备资料，排除复杂机械设备的气控系统、液控系统的电气故障	（1）数控设备的结构、应用及编程知识 （2）气控系统、液控系统的基本原理及识图、分析与排除故障的方法
	配线与安装	能够安装大型复杂机械设备的电气系统和电气设备	具有变频器及可编程序控制器等复杂设备电气系统的配线与安装知识
	测绘	（1）能够测绘经济型数控机床等复杂机械设备的电气原理图、接线图 （2）能够测绘具有双面印制线路的电子线路板，并绘出其原理图	（1）常用电子元器件、集成电路的功能，常用电路，以及手册的查阅方法 （2）机械传动、液压传动知识
	调试	能够调试龙门刨V5系统等复杂机械设备的电气控制系统，并达到说明书的电气控制要求	（1）计算机的接口电路基本知识 （2）常用传感器的基本知识
	新技术应用	能够推广、应用国内相关职业的新工艺、新技术、新材料、新设备	国内相关职业"四新"技术的应用知识
	工艺编制	能够编制生产设备的电气系统及电气设备的大修工艺	机械设备电气系统及电气设备大修工艺的编制方法
	设计	能够根据一般复杂程度的生产工艺要求，设计电气原理图、电气接线图	电气设计基本方法
培训指导	指导操作	能够指导本职业初、中、高级工进行实际操作	培训教学基本方法
	理论培训	能够讲授本专业技术理论知识	
管理	质量管理	（1）能够在本职工作中认真贯彻各项质量标准 （2）能够应用全面质量管理知识，实现操作过程的质量分析与控制	（1）相关质量标准 （2）质量分析与控制方法
	生产管理	（1）能够组织有关人员协同作业 （2）能够协助部门领导进行生产计划、调度及人员的管理	生产管理基本知识

3.5 高级技师

职业功能	工作内容	技能要求	相关知识
工作前准备	读图与分析	（1）能够读懂高速、精密设备及数控设备的电气系统原理图 （2）能够借助词典读懂进口设备的图样及技术标准等相关主要外文资料	（1）高速、精密设备及数控设备的读图方法 （2）常用进口设备外文资料英汉对照表
装调与维修	电气故障检修	（1）能够解决复杂设备电气故障中的疑难问题 （2）能够组织人员对设备的技术难点进行攻关 （3）能够协同各方面人员解决生产中出现的诸如设备与工艺、机械与电气、技术与管理等综合性的或边缘性的问题	（1）机械原理基本知识 （2）电气检测基本知识 （3）诊断技术基本知识
	测绘	能够对复杂设备的电气测绘制定整套方案和步骤，并指导相关人员实施	常见各种复杂电气的系统构成，各子系统或功能模块常见电路的组成形式、原理、性能和应用知识
	调试	能够对电气调试中出现的各种疑难问题或意外情况提出解决问题的方案或措施	抗干扰技术一般知识
	新技术应用	能够推广、应用国内外相关职业的新工艺、新技术、新材料、新设备	国内外"四新"技术的应用知识
	工艺编制	能够制定计算机数控系统的检修工艺	计算机数控系统、伺服系统，功率电子器件和电路的基本知识及修理工艺知识
	设计	（1）能够根据较复杂的生产工艺及安全要求，独立设计电气原理图、电气接线图、电气施工图 （2）能够进行复杂设备系统改造方案的设计、选型	（1）较复杂生产设备电气设计的基本知识 （2）复杂设备系统改造方案设计、选型的基本知识
培训指导	指导操作	能够指导本职业初、中、高级工和技师进行实际操作	培训讲义的编制方法
	理论培训	能够对本职业初、中、高级工进行技术理论培训	

4 比例表

4.1 理论知识

项　目			初级/%	中级/%	高级/%	技师/%	高级技师/%
基本要求		职业道德	5	5	5	5	5
		基础知识	22	17	14	10	10
相关知识	工作前准备	劳动保护与安全文明生产	8	5	5	3	2
		工具、量具及仪器、仪表	4	5	4	3	2
	装调与维修	材料选用	5	3	3	2	2
		读图与分析	9	10	10	6	5
		电气故障检修	15	17	18	13	10
		配线与安装	20	22	18	5	3
		调试	12	13	13	10	7
		测绘	—	3	4	10	12
		新技术应用	—	—	2	9	12
		工艺编制	—	—	2	5	8
		设计	—	—	—	9	12
	培训指导	指导操作	—	—	2	2	2
		理论培训	—	—	—	2	2
	管理	质量管理	—	—	—	3	3
		生产管理	—	—	—	3	3
合　计			100	100	100	100	100

4.2 技能操作

项目			初级/%	中级/%	高级/%	技师/%	高级技师/%
技能要求	工作前准备	劳动保护与安全文明生产	10	5	5	5	5
		工具、量具及仪器、仪表	5	10	8	2	2
		材料选用	10	5	2	2	2
		读图与分析	10	10	10	7	7
	装调与维修	电气故障检修	25	26	25	15	8
		配线与安装	25	24	15	5	2
		调试	15	18	19	10	5
		测绘	—	2	7	10	9
		新技术应用	—	—	3	13	20
		工艺编制	—	—	4	8	10
		设计	—	—	—	13	16
	培训指导	指导操作	—	—	2	2	4
		理论培训	—	—	—	2	4
	管理	质量管理	—	—	—	3	3
		生产管理	—	—	—	3	3
合 计			100	100	100	100	100

注:中级以上"劳动保护与安全文明生产"与"材料选用"模块内容按初级标准考核;高级以上"工具、量具及仪器、仪表"模块内容按中级标准考核;高级技师"管理"模块内容按技师标准考核。

参考文献

[1] 许晓峰.电机及拖动[M].北京:高等教育出版社,2004.

[2] 刘子林.电机与电气控制[M].北京:电子工业出版社,2003.

[3] 袁维义.电工技能实训[M].北京:电子工业出版社,2003.

[4] 安顺合.电气设备安全运行与维修手册[M].北京:机械工业出版社,1999.

[5] 徐君贤,朱平.电工技术实训[M].北京:机械工业出版社,2001.

[6] 刘光源.电工技能训练[M].北京:中国劳动社会保障出版社,2001.

[7] 职业技能鉴定教材编审委员会.维修电工[M].北京:中国劳动出版社,2002.

[8] 中华人民共和国劳动和社会保障部.国家职业标准——维修电工[M].北京:中国劳动社会保障出版社,2002.

[9] 静梅.电力拖动控制线路与技能训练[M].北京:中国劳动社会保障出版社,2001.

[10] 方承远.工厂电气控制技术[M].北京:机械工业出版社,2000.

[11] 赵承荻.电机及应用[M].北京:高等教育出版社,2003.

[12] 周文森,黄金屏,陈岫.新编实用电工手册[M].北京:北京科学技术出版社,2000.

[13] 田淑珍.电机与电气控制技术[M].北京:机械工业出版社,2009.